生命と社会の数理モデルのための

微分方程式入門

稲葉 寿・國谷 紀良・中田 行彦　共著

培風館

はじめに

微分方程式それ自体を研究対象としようとする場合以外，微分方程式を学ぶ意義の大部分は，それが現象の数理モデルを表現する手段であるという点にあるだろう．近代科学の最も基礎的な範型はニュートンによる古典力学であることはよく知られているが，たとえば，質点の運動方程式は未知の位置座標の 2 階常微分方程式となる．このとき，一定の外力のもとで物体の初期時刻の位置と速度を与えると，その後の質点の位置は，方程式を解くことで一意的に決定される．これは，微分方程式で表現された因果律であり，近代科学の基本的精神を表現している．

物理現象を数学的に記述することが近代的な数理モデルのはじまりであるが，その方法論は 18 世紀から 20 世紀にかけて，科学技術の大発展を可能とした中心的なアイディアだった．この思想は，物理学や工学の対象だけではなく，社会現象や生命現象の理解にも適用することができる．19 世紀後半には，経済現象への数理モデルの適用がはじまり，近代経済学の形成に大きな力となった．1920 年代には，ロトカの人口数理モデル，ケルマックとマッケンドリックによる感染症数理モデルが現れた．ロトカが構想したように，生命現象も相互作用する個体群として微分方程式のシステムによって記述・理解できるのではないかというシステム論は，1950 年代には一般的に受容されることになり，生命現象を数理モデルを通じて理解しようとする数理生物学は，1980 年代に研究分野として確立されるにいたった．

こうした微分方程式モデルにみることができる近代科学の歴史的な精神を伝えることは高等教育の一つの目標であるが，さらに，2020 年から世界的なパンデミックとなった新型コロナの流行においては，流行過程の理解，予測や制御手段の評価において，微分方程式による数理モデルが不可欠であることが広く認識されるようになった．いまや微分方程式による数理モデルは「根拠に基づく政策」を推進・理解するのための基本的リテラシーとして求められている．それこそが本書執筆の直接的な動機となった．物理学や工学への応用を意識した著作はすでに数多くあるから，我々のここでの目的は，生物学や社会科学への応用を意識して，現象の数理モデルを作成するツールとしての常微分方程式の基礎知識を提供するということである．

本書をまとめるにあたって，若い同好の士である中田行彦 (青山学院大学)，國谷紀良 (神戸大学) のお二人を誘い，生物学的な応用例などを補足していただくとともに，内容を点検していただいた．我々の共通の関心は生物数学であり，特に，個体群ダイナミクスの微分方程式モデルの数理解析である．上記の事情と我々の関心から，本書は常微分方程式のテキストとしてはこれまでにはない題材を含んでいる．読者が生命と社会の数理モデルを考えていくための準備として利用していただければ幸甚である．

2024 年 4 月

著者を代表して　稲葉　寿

目　　次

1

1階微分方程式

本章では，未知関数の1階微分までを含む初等的な単独微分方程式の紹介を行う．より高い階数の微分を含む方程式は，変数を増やせば1階の連立微分方程式に還元できるから，1階の微分方程式の理論は重要である．解の存在定理などの基礎理論は1階の連立方程式に対して定式化される．ここでは単独 (スカラー) の方程式しか扱わないが，線形の連立微分方程式は第3章で，非線形の連立微分方程式は第4章で扱う．

1.1 最 初 の 例

x を独立変数とする関数 $y = y(x)$ と，その導関数 $y' = y'(x)$ が満たす関係が，F を既知の関数として，

$$F(x, y, y') = 0 \tag{1.1}$$

と表されているとき，(1.1) を，関数 y とその1階導関数 y' を含む**1階の常微分方程式**とよぶ．同様に，ある関数 $y = y(x)$ の n 階導関数までを含む関係式

$$F(x, y, y', \cdots, y^{(n)}) = 0 \tag{1.2}$$

は，**n 階の常微分方程式**という．常微分方程式とは，方程式を満たす関数の独立変数が1つであることを示す．独立変数が複数である場合は**偏微分方程式**となるが，本書ではもっぱら常微分方程式を考える．このため，本書において微分方程式は，特に断りがなければ常微分方程式をさす．また，本書において未知関数 y の独立変数 x は実数とし，従属変数 $y = y(x)$ も実数値関数を想定するが，場合によっては複素数値の場合も考える．独立変数が実数である常微分方程式は，従属変数が複素数値であっても，すべての変数が実数であるような常微分方程式に還元できる [23]．

ある関数 $y = y(x)$ が方程式 (1.1) の**解**であるとは，その関数が定義されている区間で微分可能で，方程式 (1.1) を満たしていることをいう．したがって，微分

方程式を考えるとき求める関数の定義域を明示すべきであるが，初等的な問題では定義域の指定が省略されていることが多い．

1階の微分方程式 (1.1) が，未知関数の1階導関数 y' について解けているとき，微分方程式 (1.1) は次のように表すことができる：

$$\frac{dy}{dx} = f(x, y). \tag{1.3}$$

この形の微分方程式を**正規型の微分方程式**という．同様に n 階の微分方程式 (1.2) が，未知関数の n 階導関数 $y^{(n)}$ について解けているとき，

$$y^{(n)}(x) = f(x, y, y', \cdots, y^{(n-1)}) \tag{1.4}$$

を正規型という．以下ではもっぱら正規型の微分方程式を扱う．(1.4) 右辺の関数 f は，領域 $D \subset \mathbb{R}^{n+1}$ で連続であると仮定する．したがって，以下で考える n 階の微分方程式の解 y としては n 階連続微分可能なものを想定する．

正規型の n 階微分方程式 (1.4) において，定義域の一点 $x = x_0$ において，y_{0j}，$j = 1, 2, \cdots, n$ を与えられた数として，

$$y(x_0) = y_{01},\ y'(x_0) = y_{02},\ \ \cdots,\ \ y^{(n-1)}(x_0) = y_{0n} \tag{1.5}$$

という n 個の条件を満たすような未知関数 y を求める問題を**初期値問題**という．(1.5) を**初期条件** (あるいは初期データ) とよぶ．

以下でみるように，微分方程式が現象の数理モデルとして提案される場合，解となる関数 y は，注目する現象量の時間変動を記述している．初期値問題は，初期時刻における状態を与えて，その後の現象の状態量 y を定量的に求めようという問題にほかならない．はじめに述べたように本書では，そうした数理モデルへの応用を念頭に，微分方程式を考えていくこととしたい[1)]．

最初の例として，独立変数を t とする関数 $y = y(t)$ に関する，最も単純な微分方程式を考えよう：

$$y' = ay. \tag{1.6}$$

ここで a は実数の定数である．また，y' は $\frac{dy}{dt}$ を表す．未知関数 y の独立変数を t としているのは，現象のモデルでは，時間 t に関する未知関数 $y = y(t)$ を求めようという場合が多いためで，x やほかの文字を独立変数として使ってもよい．時

1) 本書は伝統的な解析的手法のみを扱うが，計算機利用を前提とした現代的なテキストとしては [19] を推薦しておきたい．

間 t は実数全体 $\mathbb{R}$ や $\mathbb{R}$ 上のある区間を動くとする．

未知関数 y が t に依存する変数であることを明示して，微分方程式 (1.6) を，次のように表すことも多い：

$$y'(t) = ay(t). \tag{1.7}$$

また，ライプニッツの記法を用いて，(1.6) を

$$\frac{dy}{dt} = ay \tag{1.8}$$

などと書いてもよい．y の微分係数 y' は，y の瞬間変化率を表す：

$$y'(t) = \lim_{h \to 0} \frac{y(t+h) - y(t)}{h}. \tag{1.9}$$

したがって (1.6) は，y の瞬間変化率が，y と比例することを示している．

微分方程式 (1.6) が表す現象はどのようなものだろうか? $y = y(t)$ が，時刻 t における人口規模や生物個体群密度を表すと考えてみよう．人口数はむろん自然数だが，y が非常に大きな数であれば，連続量で近似的に記述できると考えられる．あるいは，一定領域に生存する個体群「密度」と解釈すれば，連続量と考えられる．このとき，y'/y は y の**成長率** (一個体当たり・単位時間当たりの増加率または減少率) を表す．y の成長率が一定であるとき，その成長率を定数 a で表せば，

$$\frac{1}{y}\frac{dy}{dt} = a \tag{1.10}$$

が成り立ち，(1.10) から (1.6) を得る．すなわち，微分方程式 (1.6) は，人口規模が一定の成長率 a で，$a > 0$ ならば増加，また $a < 0$ ならば減少している現象を表す．$a = 0$ のとき，(1.6) は $y' = 0$ となる．このときは，y が時間によらず一定の値をとり，人口規模は時間変動しない．

(1.6) の解は，任意定数 C を用いて，

$$y(t) = Ce^{at} \tag{1.11}$$

と表される．(1.11) は t を変数とする指数関数である．(1.11) が微分方程式 (1.6) の解であることは，微分してみれば，

$$y' = aCe^{at} = ay$$

となることからわかる．(1.11) が任意定数 C を含むことから，方程式 (1.6) の解は 1 つに定まらず，無数に存在することがわかる．一般的に，微分方程式の解は無数に存在する．

ある時刻における人口規模がわかっていて，この人口規模の時間変化が，微分方程式 (1.6) で表されるとき，時刻 t における人口規模を調べよう．時刻 $t = t_0$ における y の値を y_0 とする．ここで y_0 は実数とする．この初期条件は，次のように表される：

$$y(t_0) = y_0. \tag{1.12}$$

この (1.12) を満たす微分方程式 (1.6) の解は，(1.11) より求められる．(1.11) より

$$y(t_0) = Ce^{at_0} \tag{1.13}$$

でなければならないから，

$$Ce^{at_0} = y_0 \iff C = y_0 e^{-at_0} \tag{1.14}$$

と C と決めればよい．したがって，条件 (1.12) を満たす微分方程式 (1.6) の解は

$$y = y_0 e^{a(t-t_0)} \tag{1.15}$$

と求められる．

先に述べたように，条件 (1.12) を微分方程式 (1.6) の初期条件といい，t_0 は初期時刻，y_0 は未知関数 y の初期値という．したがって，(1.15) は**初期値問題の解**である．一方，任意定数 (積分定数) を含む解 (1.11) を**一般解**という．一般に，n 階の微分方程式は n 個の任意定数を含む解をもつ．一般解の任意定数に何らかの値を代入して得られる個々の解を**特殊解**や**特解**という．たとえば，$y(t) = 5e^{at}$ は $y(0) = 5$ となる (1.6) の特殊解である．

例 1.1　未知関数 $y = y(x)$ に関する以下の微分方程式を考えてみよう：

$$y = x\frac{dy}{dx} - \left(\frac{dy}{dx}\right)^2. \tag{1.16}$$

これは正規型ではない．また，C を任意定数として，関数 $y = Cx - C^2$ がこの方程式を満たす解であることは代入してみればわかるが，これは任意定数を 1 つ含むから一般解である．ところが，$y = x^2/4$ という関数もこの方程式を満たす．この 2 次関数は，一般解の任意定数に何を入れても表現できない．このような解を**特異解**という．したがって，一般解が求まってもそれで解がすべてつくされるとは限らない． ■

○**演習問題 1.1**　未知関数 $y = y(t)$ に関する微分方程式 (1.6) に対して，変数変換 $w = ye^{-at}$ を考える．$w = w(t)$ に関する微分方程式を導き，(1.6) の解が，(1.11) のみであることを示せ．

人口学や集団生物学においては，18 世紀に『人口論』[2)]で幾何級数的な人口増加の法則を論じた経済学者マルサスにちなんで，$y = y(t)$ が時刻 t における人口規模を表すとき，微分方程式 (1.6) を**マルサスモデル**とよび，成長率 a を**マルサスパラメータ**，指数関数的人口増加の法則 (1.15) を**マルサスの法則**という．

解 (1.15) の対数をとると，$y_0 > 0$ として，

$$\log y(t) = \log y_0 + a(t - t_0) \tag{1.17}$$

となるが，これは，縦軸を $\log y(t)$，横軸を時間 t とした「片対数グラフ」において，傾きが a で，点 $(t_0, \log y_0)$ を通る直線を表す．増加または減少する量が指数関数的であるかどうかは，データの片対数グラフをつくって，その直線性を確かめればよい (図 1.1).

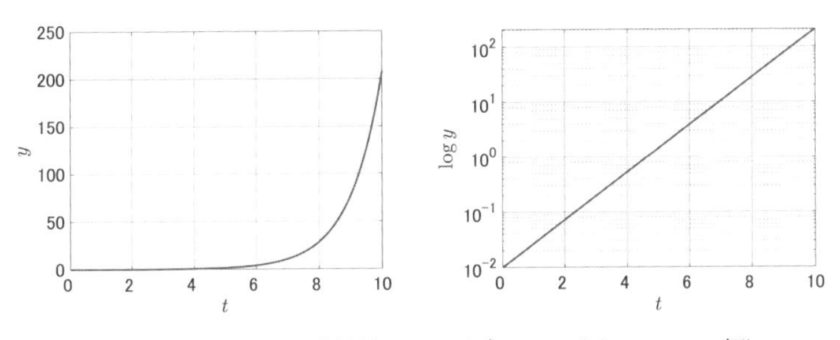

図 1.1　指数関数と片対数グラフ ($y' = y$, $y(0) = 0.01$ の解)

指数関数的な増加の法則 (1.15) の一つの重要な特徴は，それが「ねずみ算」や「倍々ゲーム」を表していることである．いま，$a > 0$ として，y が 2 倍となるのに要する時間 T を計算しよう．T は**倍増時間**とよばれる．倍増時間 T は，次の関係

$$y(t + T) = 2y(t) \tag{1.18}$$

を満たす．解 (1.15) から

$$y(t + T) = e^{aT} y(t) \tag{1.19}$$

が成り立つ．したがって，y の倍増時間 T は

$$e^{aT} = 2 \iff T = \frac{\log 2}{a} \tag{1.20}$$

と求められる．ここで，$\log 2 \sim 0.69314 \cdots \sim \frac{69}{100}$ である．すなわち，成長率がパーセント表示されている場合，その数で 69 を割った商が，およその倍増時間に

2)　An Essay on the Principle of Population (1798).

なる．また，n を自然数とすると，

$$y(nT+t) = e^{anT}y(t) = (e^{aT})^n y(t) = 2^n y(t) \tag{1.21}$$

であるから，y は時間 T が経過するごとに 2 倍になるという「ねずみ算」的 (等比数列的) な増加を示す．

○**演習問題** 1.2　$a < 0$ のときは，倍増時間の代わりに，y が半分となる**半減期**が計算できる．上と同様にして半減期を示す公式を導け．プルトニウム 239 はアルファ線をだして崩壊する．その半減期はおよそ 24000 年である．崩壊率 a を計算せよ．

1.2　1 階線形微分方程式

$a(t), b(t)$ を与えられた連続関数とするとき，未知関数 $y(t)$ に関する **1 階線形微分方程式**とは，

$$y' = a(t)y + b(t) \tag{1.22}$$

という方程式である．すなわち，未知関数の 1 階微分が未知関数の 1 次式で表される場合であり，「線形」というのは，方程式 (1.22) が，未知関数 y とその微分 y' に関しては 1 次式になっていることを意味している．$b(t)$ のような項 (y の零次の項) を**非同次項**，(1.22) を**非同次方程式**という．$b(t) \equiv 0$ のとき，方程式 (1.22) は**同次方程式** (あるいは斉次方程式) という．「同次」(homogeneous) という言葉は，数学ではいろいろな意味で使われるので注意する必要がある．

1.2.1　同次方程式の場合

まずはじめに，$b(t) \equiv 0$ の場合を考えてみよう：

$$y' = a(t)y. \tag{1.23}$$

いま，$z(t) = \log|y(t)|$ として，新しい関数 z を定義すれば

$$\frac{dz}{dt} = \frac{1}{y}\frac{dy}{dt} = a(t) \tag{1.24}$$

となる．ただしここで，$y \neq 0$ と仮定しておく．これをある点 (初期点) t_0 から t まで積分すると，

$$z(t) - z(t_0) = \int_{t_0}^{t} a(s)\,ds. \tag{1.25}$$

したがって，

$$\log|y(t)| - \log|y(t_0)| = \log\left|\frac{y(t)}{y(t_0)}\right| = \int_{t_0}^{t} a(s)\,ds \tag{1.26}$$

となるから，

$$y(t) = \pm|y(t_0)|\exp\left(\int_{t_0}^{t} a(s)\,ds\right) \tag{1.27}$$

となるが，$t = t_0$ で等号が成り立つためには，

$$y(t) = y(t_0)\exp\left(\int_{t_0}^{t} a(s)\,ds\right) \tag{1.28}$$

でなければならない．(1.28) が，$t = t_0$ で $y = y(t_0)$ という初期条件を満たす微分方程式 (1.23) の解である．

一方，初期条件を与えない場合，$a(t)$ の不定積分の一つを $\int a(t)\,dt$ として，(1.24) を積分すれば，

$$z(t) = \int a(t)\,dt + C \tag{1.29}$$

である．ここで，C は任意の積分定数である．よって，

$$y(t) = \pm e^{C}\exp\left(\int a(t)\,dt\right) \tag{1.30}$$

となるが，ここで，改めて $\pm e^{C}$ を C と書いて，さらに $C = 0$ も含めて，任意の定数を表すとすれば，

$$y(t) = C\exp\left(\int a(t)\,dt\right) \tag{1.31}$$

という任意定数を 1 つ含んだ解 (**一般解**) が得られる．ここで注意すべきことは，積分 $\int a(t)\,dt$ が既存の関数によって表されない場合でも，解としては問題なく，「解けた」とみなすことである．微分方程式の解は初等関数などでは表されないことが一般的である．

同次方程式 (1.23) のすべての解は，任意定数 C を用いて (1.31) と表されるから，同次方程式 (1.23) の解の線形結合は，再び同次方程式 (1.23) の解となっている．そこで以下が成り立つ：

定理 1.1 (重ね合わせの原理)　y_1, y_2 を同次方程式 (1.23) の解とする．任意の定数 c_1, c_2 に対して，$c_1 y_1 + c_2 y_2$ も同次方程式 (1.23) の解である．

定理 1.1 は，同次方程式 (1.23) のすべての解の集合は，1 次元のベクトル空間 (線形空間) であることを示している．この視点は，連立線形微分方程式を考える次章でもキーとなる．

○**演習問題** 1.3　次の微分方程式の一般解を求めよ．

(1) $y' = ty$　　(2) $y' = \sin t \cdot y$

○**演習問題** 1.4　以下の初期値問題を解け：

$$\frac{dy(t)}{dt} = ae^{-bt}y(t), \quad y(t_0) = y_0.$$

ここで a, b は定数である．このような関数 y を**ゴンペルツ関数**という．もともとは年齢の関数としての死亡率を与えるモデルとして考えられた (ただしその場合は $b < 0$)．近年では，COVID-19 の累積感染者数にフィットする曲線として注目された[3)]．

1.2.2　非同次方程式の場合

次に，非同次 (非斉次) 方程式 (1.22) を考えよう．今度は，はじめに初期値問題ではなく一般解を求めてみよう．上でみたように，$b(t) \equiv 0$ であるとき，対応する同次方程式の解は C を任意定数として，

$$C \exp\left(\int a(t)\,dt\right) \tag{1.32}$$

で与えられた．そこで，この任意定数を「関数」に置き換えて，非同次方程式を満たすようにできないか，と考えてみよう．すなわち，

$$y(t) = C(t) \exp\left(\int a(t)\,dt\right) \tag{1.33}$$

として，未知関数 $C(t)$ を求める問題に置き換えてみる．(1.33) を (1.22) に代入すれば，

$$\begin{aligned} &C'(t) \exp\left(\int a(t)\,dt\right) + a(t)C(t) \exp\left(\int a(t)\,dt\right) \\ &\quad = a(t)C(t) \exp\left(\int a(t)\,dt\right) + b(t) \end{aligned} \tag{1.34}$$

となるから，

$$C'(t) = b(t) \exp\left(-\int a(t)\,dt\right) \tag{1.35}$$

である．右辺は既知の関数だから，両辺を t で積分して，

$$C(t) = K + \int b(t) \exp\left(-\int a(t)\,dt\right) dt. \tag{1.36}$$

ここで K は積分定数である．したがってこれを (1.33) に代入すれば，

3)　Prog. Theor. Exp. Phys. 2020, 123J01 DOI:10.1093/ptep/ptaa148

$$y(t) = \exp\left(\int a(t)\,dt\right)\left[K + \int b(t)\exp\left(-\int a(t)\,dt\right)dt\right] \tag{1.37}$$

として一般解が得られる．このような解法を**定数変化法**とよぶ．

(1.22) は以下のように書き直せる：

$$\frac{d}{dt}\left(y(t)\exp\left(-\int a(t)\,dt\right)\right) = b(t)\exp\left(-\int a(t)\,dt\right). \tag{1.38}$$

これは，(1.22) という微分方程式に $\exp\left(-\int a(s)\,ds\right)$ という関数を乗じて変形すると，未知関数 $y(t)\exp\left(-\int a(t)\,dt\right)$ の微分が既知の関数になるように変形できることを示している．そのような関数を**積分因子**とよぶ．定数変化法は積分因子を求めていることにほかならない．積分因子が存在すれば，1 回の積分で微分方程式は解けたことになる．一般に，有限回の代数演算と微分積分演算によって解を求めることを**求積法**というが，こうして解が求められる微分方程式は限られている．

次に，非同次方程式 (1.22) に初期条件 $y(t_0) = y_0$ を課してみよう．このときは，(1.33) の試験的な解を以下のような定積分でつくると見通しがよい：

$$y(t) = C(t)\exp\left(\int_{t_0}^{t} a(s)\,ds\right). \tag{1.39}$$

ただし，初期条件を満たすように $C(t_0) = y_0$ とする．そこで，(1.35) は

$$C'(t) = b(t)\exp\left(-\int_{t_0}^{t} a(s)\,ds\right), \quad C(t_0) = y_0 \tag{1.40}$$

となるが，$C'(t)$ を t_0 から t まで積分すれば，

$$C(t) = y_0 + \int_{t_0}^{t} b(\zeta)\exp\left(-\int_{t_0}^{\zeta} a(s)\,ds\right)d\zeta. \tag{1.41}$$

これを (1.39) に代入すれば，

$$y(t) = \exp\left(\int_{t_0}^{t} a(s)\,ds\right)\left[y_0 + \int_{t_0}^{t} b(\zeta)\exp\left(-\int_{t_0}^{\zeta} a(s)\,ds\right)d\zeta\right] \tag{1.42}$$

という**初期値問題の解**を得る．

少し変形すると (1.42) は以下のように書き直せる：

$$y(t) = y_0\exp\left(\int_{t_0}^{t} a(s)\,ds\right) + \int_{t_0}^{t} b(\zeta)\exp\left(\int_{\zeta}^{t} a(s)\,ds\right)d\zeta. \tag{1.43}$$

これを**定数変化法の公式**という.

1.2.3 線形微分方程式の解の一般構造

定数変化法の公式 (1.43) は, 1階の線形微分方程式の解の構造について重要な情報を与えている. いま, 解を2つの部分に分けてみよう. すなわち, $y = y_1 + y_2$ として,

$$y_1(t) = y_0 \exp\left(\int_{t_0}^{t} a(s)\,ds\right), \quad y_2(t) = \int_{t_0}^{t} b(\zeta) \exp\left(\int_{\zeta}^{t} a(s)\,ds\right) d\zeta. \tag{1.44}$$

このときすぐにわかるように, y_1 は $b = 0$ となる同次方程式の解で, 初期条件を満たすものになっている. 一方 y_2 は, $t = t_0$ でゼロとなる初期条件 (**ゼロ初期条件**とよぶ) を満たす非同次方程式 (1.22) の特殊解になっている.

この構造は, 線形方程式に一般的なものであることに注意しよう. いま, (1.22) を満たすような解 (特殊解) を1つみつけたとしよう. それを $y^*(t)$ とすれば,

$$\frac{dy^*}{dt} = a(t)y^* + b(t) \tag{1.45}$$

であるから, (1.22) を満たす任意の解 $y(t)$ に対して, $z(t) := y(t) - y^*(t)$ と定義すると,

$$\frac{dz}{dt} = a(t)z \tag{1.46}$$

となることがわかる. すなわち,

$$\begin{aligned} y &= y^* + z \\ &= [\text{非同次方程式 (1.22) の特殊解}] + [\text{同次方程式 (1.23) の一般解}] \end{aligned} \tag{1.47}$$

という構造になっている.

したがって, 非同次方程式を解く場合, 1つの特殊解が得られれば, 方程式の非同次項 b を消去した同次方程式の問題に還元できる. 初期値問題を解く場合には, 同次方程式の解として初期条件を満たすものをつくり, それにゼロ初期条件を満たす非同次方程式の特殊解を加えればよいことになる.

また, y_1, y_2 がそれぞれ非同次方程式 $y' = a(t)y + b_1(t)$, $y' = a(t)y + b_2(t)$ の解であれば, $y_1 + y_2$ は $y' = a(t)y + b_1(t) + b_2(t)$ の解となることは見やすい. このことから, 非同次項が複雑である場合, 非同次項を分解して, それぞれに対応する解を求めて和をとれば, もとの非同次方程式の特殊解が得られる. これも重ね合わせの原理の応用である.

○**演習問題** 1.5　以下の 1 階線形微分方程式の解を求めよ．初期条件があるときは初期値問題の解，そうでないときは一般解を求めること．

(1) $\dfrac{dy}{dt} = ay + \sin t$ (a は定数)

(2) $\dfrac{dy}{dt} = y + at + b, \quad y(0) = 1$ (a, b は定数)

(3) $\dfrac{dy}{dt} = \dfrac{y}{t} + t^2, \quad y(1) = y_0,\ t \neq 0$

例 1.2 **(ローンの返済)**　定数変化法の公式を使ってローンの均等返済方式について考えてみよう．年利 α で総額 $S(0)$ の借金を行い，毎年の支払い額を $p > 0$ とすると，t 年後における負債額は

$$\frac{dS(t)}{dt} = \alpha S(t) - p \tag{1.48}$$

と変化する．したがって定数変化法の公式から，

$$S(t) = S(0)e^{\alpha t} + \int_0^t e^{\alpha(t-\tau)}(-p)\,d\tau = S(0)e^{\alpha t} + \frac{p}{\alpha}(1 - e^{\alpha t}). \tag{1.49}$$

そこで，ローンの返済期間を T とすれば，

$$0 = S(T) = S(0)e^{\alpha T} + \frac{p}{\alpha}(1 - e^{\alpha T}). \tag{1.50}$$

したがって，毎年の支払額と元本の比率は

$$\frac{p}{S(0)} = \frac{\alpha}{1 - e^{-\alpha T}} \tag{1.51}$$

となる．たとえば，年利 2 パーセントで，30 年のローンを組めばおよそ元本の 4.4 パーセントを毎年支払うことになる．一方，支払いの総額と元本の比率は

$$\frac{pT}{S(0)} = \frac{\alpha T}{1 - e^{-\alpha T}} \tag{1.52}$$

となるから，およそ元本の 33 パーセント増しを払うことになる．実社会では離散時間モデルを使用することになるが，金利が数パーセントの場合は結果に大きな違いはないだろう．　■

○**演習問題** 1.6　数理モデル (1.48) を離散時間モデルとして定式化すれば，

$$S(n+1) = (1+r)S(n) - p \tag{1.53}$$

となる．ここで，$S(n)$ は $n = 0, 1, 2, \cdots$ という離散時間における債務額であり，r は 1 期間における利率である．α が例 1.2 でみた連続的な利率であれば，$e^{\alpha} = 1 + r$ であり，p は 1 期間の均等返済額となる．返済期間が T であるとき，p と $S(0)$ の比を計算して，上記の結果と比較せよ．

○**演習問題** 1.7　方程式 (1.48) は，個人年金の計算にも使えることに注意しよう[4]．年利 α で運用しながら，毎年 p の年金を T 年間受給するために最初に準備すべき元本は，(1.50) から，

$$S(0) = \frac{p}{\alpha}(1 - e^{-\alpha T}) \tag{1.54}$$

となる．この元本 $S(0)$ を貯蓄によって形成するために，現役時代に毎年 q だけ貯蓄して，U 年間，年利 α で運用するとしよう．q を求めよ．

例 1.3 **(移民のある人口)**　非同次の１階線形微分方程式を使う数理モデルとして以下を考えてみよう：

$$\frac{dP}{dt} = rP(t) + f(t). \tag{1.55}$$

ここで $P(t)$ は時刻 t でのある地域の人口サイズとしよう．さらに，r は人口の出生率と死亡率の差としての固有の成長率 (**内的成長率**) である．$f(t)$ は，時刻 t における純移動人口 (転入する人口と転出する人口の差) としよう．$f(t) \equiv 0$ のときは，先にみたマルサスモデルになる．初期データを $P(0) = P_0$ とするとき，(1.55) の解は定数変化法の公式 (1.43) から，

$$P(t) = e^{rt}P_0 + \int_0^t e^{r(t-s)}f(s)\,ds \tag{1.56}$$

となる．もし移民のサイズが一定の正値であれば，$f(t) = f_0 > 0$ として，$r \neq 0$ であれば，

$$P(t) = e^{rt}P_0 + \frac{f_0}{r}(e^{rt} - 1) \tag{1.57}$$

となる．そこで，$r > 0$ であれば，

$$\lim_{t\to\infty} e^{-rt}P(t) = P_0 + \frac{f_0}{r} \tag{1.58}$$

となることがわかる．これは外から移民が補充される場合でも，時間が十分経過すると，人口は成長率 r で指数関数的に増加することを意味している．

次に，$r < 0$ の場合を考えてみよう．このときは (1.57) において，$t \to \infty$ とすれば，

$$\lim_{t\to\infty} P(t) = -\frac{f_0}{r} \tag{1.59}$$

となる．すなわち，人口サイズは一定の値に収束して，その値は初期値には関係なく，移民のサイズと内的人口成長率で決まる．この極限 $P^* = -\frac{f_0}{r}$ は，(1.55)

4)　ここで考える年金は積み立て方式であるが，賦課方式では人口学的条件の考察が必要である [12].

の**定常解**である．すなわち，$P(t) = P^*$ は (1.55) の時間に依存しない解である．

■

○**演習問題** 1.8　解の表現 (1.56) を用いて以下に答えよ．ただし $r < 0$ とする．

(1) ある時刻 $T > 0$ が存在して，$f(t)$ が $t > T$ で恒等的にゼロとなるとき，ある定数 $C > 0$ が存在して，

$$|P(t)| \leq Ce^{rt}, \quad t > 0 \tag{1.60}$$

となることを示せ．

(2) $\int_0^\infty |f(s)|\, ds < \infty$ であれば，任意の初期条件に対して，

$$\lim_{t\to\infty} P(t) = 0 \tag{1.61}$$

となることを示せ．

○**演習問題** 1.9　以下の 1 階線形微分方程式を考える：

$$\frac{dx(t)}{dt} = \alpha(t)x(t) + \beta(t), \quad t > 0. \tag{1.62}$$

ただし $\alpha(t), \beta(t)$ は半開区間 $[0, \infty)$ で有界連続な与えられた関数であり，実数 $\alpha^* > 0$ が存在して，

$$\int_0^\infty |\alpha(s) - \alpha^*|\, ds < \infty \tag{1.63}$$

であると仮定する．このとき，$\lim_{t\to\infty} e^{-\alpha^* t}x(t)$ が存在することを示し，その値を求めよ．

例 1.4 **(微分不等式)**　微分方程式ではなく，微分不等式を考えることもしばしば必要である．いま，$y(t)$ は区間 $[a, b]$ で微分可能で，区間 $[a, b]$ で連続な関数 $f(t)$ が存在して，

$$\frac{dy(t)}{dt} \leq ky(t) + f(t) \tag{1.64}$$

であるとする．ここで k は定数である．この不等式を解くためには，積分因子の考え方が利用できる．(1.64) の両辺に正数 e^{-kt} をかけて整理すれば

$$\frac{d}{dt}(y(t)e^{-kt}) \leq f(t)e^{-kt}. \tag{1.65}$$

これを a から t まで積分すれば，

$$y(t)e^{-kt} - y(a)e^{-ka} \leq \int_a^t f(s)e^{-ks} ds$$

となり，

$$y(t) \leq y(a)e^{k(t-a)} + \int_a^t e^{k(t-s)} f(s)\, ds \tag{1.66}$$

が成り立つことがわかる．

■

○**演習問題** 1.10 **(積分不等式)** $u(t)$ は区間 $[0,\infty)$ で連続関数，a,b,c は定数であり，以下の不等式が成り立っているとする：

$$u(t) \le a + \int_0^t (bu(x)+c)\,dx, \quad b>0,\ t\ge 0. \tag{1.67}$$

このとき，(1.67) の右辺を y とおいて y の微分不等式を導き，$t\in[0,\infty)$ で以下の不等式が成り立つことを示せ：

$$u(t) \le ae^{bt} + \frac{c}{b}(e^{bt}-1). \tag{1.68}$$

この不等式は**グロンウォールの不等式**とよばれている．

例 1.5 **(ベルヌーイの微分方程式)** 一見すると1階の線形微分方程式ではないが，式変形や変数変換などによって1階の線形微分方程式に帰着できる方程式がある．それらを網羅することはできないが，応用上重要な例として**ベルヌーイ**[5)]**の微分方程式**を紹介しよう．

以下のような関数 $y=y(x)$ の1階微分方程式を考えてみよう：

$$y' = p(x)y + q(x)y^n, \quad y>0. \tag{1.69}$$

もし $n=0$ または $n=1$ であれば，(1.69) は1階の線形微分方程式であるから，すでに解けることがわかっている．それ以外の場合は，右辺は未知関数の1次式にはならず「非線形」であって，これまでの解法は使えない．しかしこの方程式 (**ベルヌーイ型**とよばれる) は，以下の変数変換で1階の線形微分方程式に還元できる．いま，

$$z(x) = y^{1-n}(x), \quad n\ne 0,1 \tag{1.70}$$

とおけば，$z'(x) = (1-n)\,y(x)^{-n}y'(x)$ より，以下の式が成り立つことがわかる：

$$z' = (1-n)p(x)z(x) + (1-n)q(x). \tag{1.71}$$

この方程式は線形微分方程式だから，定数変化法を用いて解が求められる．そこで $y=z^{\frac{1}{1-n}}$ として y が求まる． ■

○**演習問題** 1.11 $w=w(t)$ を年齢 t (生まれてからの経過時間) における魚の体重を表す関数とすると，

$$\frac{dw}{dt} = \alpha w^{\frac{2}{3}} - \beta w, \quad w(0)=w_0$$

と表される (**ベルタランフィの法則**)．ここで，w_0 は初期の体重である．$\alpha w^{\frac{2}{3}}$ は体表面積に比例した体重増加を表し，$-\beta w$ は呼吸による体重減少を表す．α, β は正の定数である．この方程式を解き，$\lim_{t\to\infty} w(t)$ を求めよ．

---

5) 5.1 節で扱う感染症モデルを考察したダニエル・ベルヌーイの叔父のヤコブ・ベルヌーイのこと．バカエル [2] に紹介がある．

○**演習問題** 1.12　以下の方程式は**リッカチの微分方程式**とよばれる：

$$\frac{dy}{dt} = p(t)y + q(t)y^2 + r(t). \tag{1.72}$$

ここで，p, q, r は与えられた連続関数である．これはベルヌーイ型の方程式に定数項が付いた形だが，求積法 (初等関数と微積分演算の有限回の組合せ) では解けないことが知られている [20]．ただし，p, q, r が定数であれば変数分離形 (次節参照) である．数理モデルとしては，たとえば，ロジスティック方程式 (1.4 節参照) で成長する個体群に外部からの移入があればこのような方程式になる．1 つの特殊解 $z(t)$ が知られているならば，$w = y - z$ という新変数に関するベルヌーイ型の方程式

$$\frac{dw}{dt} = (p(t) + 2q(t)z(t))w + q(t)w^2 \tag{1.73}$$

に書き換えられることを示せ．したがって，リッカチの微分方程式 (1.72) は，特殊解が 1 つみつかれば解析的に解くことができる．

1.3　変数分離形の微分方程式

正規型の 1 階の微分方程式 $y' = f(x, y)$ の右辺 $f(x, y)$ が x のみの関数，y のみの関数の積になっている場合を考えよう．すなわち $f(x, y) = g(x)h(y)$ と表されるとき，1 階の微分方程式 (1.3) は，次の微分方程式となる：

$$\frac{dy}{dx} = g(x)h(y). \tag{1.74}$$

1 階の微分方程式 (1.74) は，**変数分離形**の微分方程式とよばれる．

いま，$h(y) \neq 0$ と仮定すれば，

$$\frac{1}{h(y)}\frac{dy}{dx} = g(x) \tag{1.75}$$

となるが，この両辺は x の関数であるから，x について積分すれば，C を積分定数として，

$$\int \frac{1}{h(y)}\frac{dy}{dx}\,dx = \int g(x)\,dx + C. \tag{1.76}$$

このとき，左辺で x から y へ積分変数を変えれば，

$$\int \frac{1}{h(y)}\frac{dy}{dx}\,dx = \int \frac{dy}{h(y)}, \tag{1.77}$$

したがって，

$$\int \frac{dy}{h(y)} = \int g(x)\,dx + C \tag{1.78}$$

となる．この右辺の積分は既知の関数の不定積分であり，これは初等関数で記述

できなくとも (積分が実行できなくても)，1 つの既知の関数を与えている．したがって，左辺の積分が実行できれば y について解いた形で一般解を得られる．この計算は，通常 (1.75) からただちに，

$$\frac{1}{h(y)}\,dy = g(x)\,dx \tag{1.79}$$

として，この両辺を積分することで (1.78) のように計算される．

次に，初期値問題を考えよう．(1.74) に初期条件 $y(x_0) = y_0$ を与えよう．このとき，(1.75) を区間 $[x_0, x]$ で定積分すれば，

$$\int_{x_0}^{x} \frac{1}{h(y(s))} y'(s)\,ds = \int_{x_0}^{x} g(s)\,ds. \tag{1.80}$$

そこで，$F(y)$ を $1/h(y)$ の不定積分とすれば，

$$\frac{1}{h(y(s))} y'(s) = \frac{dF(y(s))}{ds} \tag{1.81}$$

であるから，

$$F(y(x)) - F(y(x_0)) = \int_{x_0}^{x} g(s)\,ds \tag{1.82}$$

を得る．この計算は，$y = y(x)$ を新変数とする置換積分によって，

$$\int_{x_0}^{x} \frac{1}{h(y(s))} y'(s)\,ds = \int_{y(x_0)}^{y(x)} \frac{1}{h(y)}\,dy \tag{1.83}$$

と計算したと考えてもよい．

上で除外した $h(y) = 0$ となるような孤立した y がある場合を考えよう．そのような点を $y = y^*$ とすると，(1.75) のような式変形はその点で破綻していることになる．しかしこのときは，明らかに $y(t) = y^*$ という定数関数が，方程式 (1.74) を満たしている．このような解を**定常解** (**平衡解**) とよぶ．

例 1.6　次の微分方程式の一般解を求めてみよう：

$$y'(x) = \sin x \cdot y(x)(1 - y(x)). \tag{1.84}$$

定数関数 $y(x) \equiv 0, 1$ は明らかに (1.84) の解である．すべての x に対して，$y(x) \neq 0, 1$ となる解を考えよう．(1.84) より

$$\frac{1}{y(1-y)}\frac{dy}{dx} = \sin x \implies \int \frac{1}{y(1-y)}\,dy = \int \sin x\,dx.$$

ここで $\frac{1}{y(1-y)} = \frac{1}{y} + \frac{1}{1-y}$ なので，C_1, C_2 を任意定数として

$$\int \frac{1}{y(1-y)}\,dy = \log\left|\frac{y}{1-y}\right| + C_1, \quad \int \sin x\,dx = -\cos x + C_2$$

であるから，任意定数 C をとり直して，

$$\frac{y}{1-y} = Ce^{-\cos x} \iff y = \frac{Ce^{-\cos x}}{1+Ce^{-\cos x}}$$

を得る．■

多くの微分方程式では，積分できても，y について解くことが難しかったり，解いても多価関数のような複雑な表記となることがある．そのような場合は，以下の例のように，y と x が満たす関係式 (陰関数表示) を示せばよい．

例 1.7　次の微分方程式の一般解を求めてみよう：

$$y'(x) = \frac{\sin x}{\sin y(x) + y(x)}. \tag{1.85}$$

方程式 (1.85) から

$$(\sin y + y)\,\frac{dy}{dx} = \sin x \implies \int (\sin y + y)\,dy = \int \sin x\,dx.$$

これより，一般解

$$-\cos y + \frac{y^2}{2} = -\cos x + C$$

を得る．■

例 1.8　以下の方程式を考えてみよう：

$$(1+t^2)y\frac{dy}{dt} + t(y^2-4) = 0. \tag{1.86}$$

ここで変数分離を行えば，

$$\frac{yy'}{y^2-4} + \frac{t}{1+t^2} = 0.$$

ただし $y^2 = 4$ になるときは $y = \pm 2$ で，これは 2 つの特殊解 (平衡解) である．それ以外の一般解は，上式を積分して，

$$\int \frac{y\,dy}{y^2-4} + \int \frac{t\,dt}{1+t^2} = C.$$

ここで，C は積分定数である．積分を実行して，

$$\frac{1}{2}\log|y^2-4| + \frac{1}{2}\log|1+t^2| = C.$$

したがって，

$$(y^2-4)(1+t^2)=\pm e^{2C}.$$

このとき，$\pm e^{2C}$ を改めて定数 C とおけば，

$$(y^2-4)(1+t^2)=C \tag{1.87}$$

が解となる．このとき，つくり方から C はゼロではないが，ゼロも含めれば，(1.87) は平衡解 $y=\pm 2$ も特殊解として含む表現になっている． ■

例 1.9 一見すると変数分離形ではないが，変数分離形に帰着できる方程式はいろいろある．その一つとして**相似方程式**がある[6)]．以下のような方程式を考えよう：

$$\frac{dy}{dx}=f\left(\frac{y}{x}\right), \quad x\neq 0. \tag{1.88}$$

関数 f は，変数 y と x の比 y/x のみに依存している．このような場合，$z=y/x$ を新しい従属変数として定義すれば，

$$\frac{dy}{dx}=z+x\frac{dz}{dx}$$

であるから，

$$\frac{dz}{dx}=\frac{f(z)-z}{x} \tag{1.89}$$

となる．これは変数分離形の方程式にほかならない．したがって，$f(z)-z\neq 0$ であれば，C を積分定数として，

$$\int\frac{dz}{f(z)-z}=\int\frac{dx}{x}=\log|x|+C. \tag{1.90}$$

左辺の積分を実行して，$z=y/x$ とすれば相似方程式の解を得る．$f(z^*)=z^*$ という点 z^* があれば，$y=z^*x$ も解となる． ■

○**演習問題 1.13** $y=g(x)$ が (1.88) を満たす場合，$\alpha\neq 0$ を定数として，$y=g(\alpha x)/\alpha$ も解であることを示せ．

○**演習問題 1.14** 未知関数 $y=y(x)$ に関する以下の微分方程式を解け．初期条件がない場合は一般解を求めよ．

(1) $x(e^y+4)+e^{x+y}y'=0$

(2) $y'=(x+y)^2, \quad y(0)=0$

(3) $y'=\dfrac{2y-x}{x}, \quad y(1)=y_0,\ x>0$

---

6) 「同次方程式」とよばれることも多いが，線形同次方程式とまぎらわしいので，ここでは相似方程式とよんでおく．

1.4　ロジスティック方程式

19 世紀のベルギーの数学者フェアフルストが提案した人口動態の数理モデルを紹介しよう[7].

人口規模が，環境収容力に対して十分小さく，人口成長にとって必要な資源が十分肥沃であるときは，マルサスが指摘したような指数関数的な人口規模の成長が可能であると考えられるが，資源や環境は有限であり，人口規模の増加にともない，一人当たりの資源量は低下して，人口の成長率は抑制されると考えられる．人口規模がその成長に与える負の影響は**密度効果**とよばれている．フェアフルストは，次のような密度効果を含む人口動態の数理モデルを提案した：

$$\frac{dP}{dt} = r\left(1 - \frac{P}{K}\right)P. \tag{1.91}$$

ここで，$P(t)$ は時刻 t における人口規模を表す．また，r, K は正の定数である．微分方程式 (1.91) は，**ロジスティック方程式**あるいは**フェアフルスト–パール方程式**とよばれ，一定の環境のもとで，成長に上限のある人口成長のモデルとして有名である．また 5.4 節でみるように，ロジスティック方程式は感染症の数理モデルにおいてもよく利用される．実際それは，感染者数や累積感染者数を表すモデルになる．

(1.91) において，人口成長率は

$$\frac{P'}{P} = r\left(1 - \frac{P}{K}\right) \tag{1.92}$$

と表されることがわかる ((1.10) と比較せよ)．(1.92) は，人口の成長率が人口規模 P に依存することを表す．特に，$P < K$ のとき成長率は正であり，$P > K$ のとき成長率は負となる．この方程式の右辺は P だけの関数だから，変数分離形である．はじめに右辺がゼロになる点を考えると，$P = 0$ と $P = K$ が 2 つの特殊解 (平衡解) となることがわかる．また，密度効果が無視できるような状況，すなわち人口規模が十分小さいときは，P の 2 次項は非常に小さいから，人口動態は，以下の微分方程式で近似できると考えられる：

$$\frac{dP}{dt} = rP. \tag{1.93}$$

このとき，微分方程式 (1.93) はマルサスモデル (1.6) にほかならない．このことから，パラメータ r は資源制約のない場合の人口成長率であることがわかる．

---

7) 詳しい歴史については [2] を参照.

$P \neq 0, P \neq K$ と仮定して，(1.91) に変数分離を実行して積分すれば，

$$\int \frac{1}{\left(1-\frac{P}{K}\right)P}\,dP = \int r\,dt = rt + C \tag{1.94}$$

となる．ここで，C は積分定数である．左辺において，

$$\frac{1}{\left(1-\frac{P}{K}\right)P} = \frac{1}{P} + \frac{1}{K}\frac{1}{1-\frac{P}{K}}$$

であるから，

$$\int \frac{1}{\left(1-\frac{P}{K}\right)P}\,dP = \log|P| - \log\left|1-\frac{P}{K}\right|,$$

したがって，(1.94) から，

$$\left|\frac{P}{1-\frac{P}{K}}\right| = e^{rt+C}$$

を得る．$\pm e^{C}$ を改めて C と書き，P について解けば，

$$P(t) = \frac{Ce^{rt}}{1+\frac{C}{K}e^{rt}} \tag{1.95}$$

という一般解を得る．このとき，$C=0$ とおけば $P(t)=0$ という定常解を得る．また，$C=\infty$ とすれば，$P(t)=K$ という定常解を得る．

ここで，$P(0)=P_0>0, P_0 \neq K$ を初期データとして与えると，

$$C = \frac{P_0}{1-\frac{P_0}{K}}$$

となるから，

$$P(t) = \frac{K}{1+(\frac{K}{P_0}-1)e^{-rt}} \tag{1.96}$$

を得る．(1.96) の表す曲線 $P=P(t)$ は**ロジスティック関数 (曲線)** とよばれ，

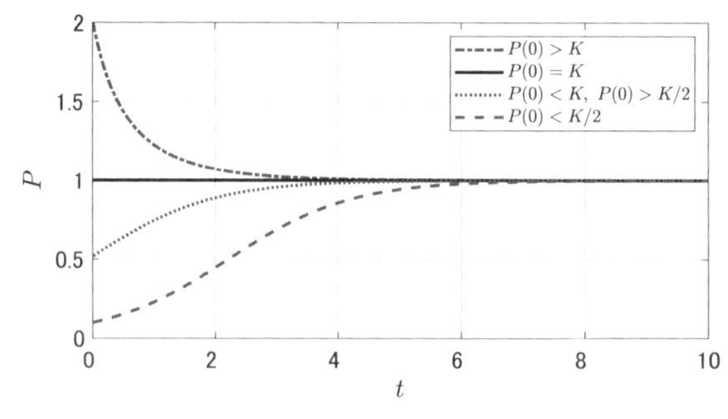

図 1.2　ロジスティック曲線 ($r=K=1$)

$$\lim_{t\to\infty} P(t) = K \tag{1.97}$$

が成り立つ．K は**環境容量**とよばれ，その環境において人口や生物個体群が，長期的に存在しうるサイズを表している．$0 < P_0 < K$ であれば P は単調増加で上に有界，$\lim_{t\to\infty} P(t) = K$ となる．$P_0 = K$ であれば，すべての時刻 $t > 0$ で $P(t) = K$ である．$P_0 > K$ であれば，P は単調減少し $\lim_{t\to\infty} P(t) = K$ となる．いずれの場合も，人口サイズは環境容量 K に収束する (図 1.2).

○**演習問題** 1.15　$P(t)$ の変曲点を求めよ．

○**演習問題** 1.16　ロジスティック方程式 (1.91) の右辺は定数項のない P の 2 次式だから，これはベルヌーイの微分方程式である．そこで，変数変換 $z(t) = \frac{1}{y(t)}$ を考える．$z = z(t)$ に関する線形微分方程式を求め，ロジスティック方程式の解を導け．

例 1.10 (非自律的ロジスティック方程式)　パラメータが時間に依存する以下のようなロジスティック方程式を考えてみよう[8)]：

$$\frac{dx(t)}{dt} = x(t)(\alpha(t) - \beta(t)x(t)). \tag{1.98}$$

ここで $\alpha(t)$, $\beta(t)$ は与えられた正値連続関数である．ベルヌーイの微分方程式と同様に，$z := x^{-1}$ を新変数とすれば，1 階線形微分方程式

$$z'(t) = -\alpha(t)z(t) + \beta(t) \tag{1.99}$$

を得る．これを定数変化法で解けば，

$$z(t) = z(0)e^{-\int_0^t \alpha(\sigma)d\sigma} + \int_0^t e^{-\int_s^t \alpha(\sigma)d\sigma}\beta(s)\,ds.$$

そこで，

$$x(t) = \frac{x(0)e^{\int_0^t \alpha(\sigma)d\sigma}}{1 + x(0)\int_0^t \beta(s)e^{\int_0^s \alpha(\sigma)d\sigma}ds} \tag{1.100}$$

を得る．

非自律的ロジスティック方程式 (1.98) はおもしろい性質をもっている．その 2 つの正の解を $x(t)$, $y(t)$ としよう．このとき，$x(0) > y(0) > 0$ であれば，すべての $t > 0$ で $x(t) > y(t) > 0$ となる (**順序保存性**)．実際，$x - y = w$ とおけば w は以下を満たす：

$$w'(t) = \alpha(t)w(t) - \beta(t)(x(t) + y(t))w(t).$$

8)　パラメータが独立変数に依存しない定数である微分方程式を「**自律的**」といい，そうでない場合を「**非自律的**」という．

したがって,

$$w(t) = w(0)\exp\left(\int_0^t [\alpha(s) - \beta(s)(x(s)+y(s))]\,ds\right)$$

であるから, $w(0) > 0$ であれば $w(t) > 0$ である. さらに, 以下のような**漸近的比例性**が成り立つ: ある $C > 0$ が存在して,

$$\lim_{t\to\infty} \frac{y(t)}{x(t)} = C. \tag{1.101}$$

これを示すために, はじめに $x(0) > y(0)$ と仮定する. このとき, 順序保存性から $x(t) > y(t)$ である.

$$\frac{d}{dt}\frac{y(t)}{x(t)} = -\frac{\beta xy(y-x)}{x^2} > 0$$

であるから, y/x は単調増大で 1 より小さい. したがって, ある $0 < C \leq 1$ が存在して $\lim_{t\to\infty}(y(t)/x(t)) = C$ となる. $x(0) < y(0)$ の場合も同様である. このような解の漸近的比例性を**弱エルゴード性**ともいう [15]. ■

1.5 完全微分方程式

未知関数 $y = y(x)$ に関する 1 階の微分方程式は, 適当な変形によって,

$$\frac{d}{dx}\phi(x,y) = 0 \tag{1.102}$$

の形にできた場合に, 1 回の積分によって以下のように解くことができる:

$$\phi(x,y) = C. \tag{1.103}$$

ここで, C は任意定数である. このとき, $y = y(x)$ の形に陽に解けていなくても, 陰関数として $y(x)$ は決定されていると考えられる.

一方, (1.102) を微分してみると,

$$\frac{d}{dx}\phi(x,y(x)) = \frac{\partial \phi}{\partial x} + \frac{\partial \phi}{\partial y}y'(x) = 0 \tag{1.104}$$

となる. したがって, 関数 P, Q を

$$P(x,y) = \frac{\partial \phi}{\partial x}, \quad Q(x,y) = \frac{\partial \phi}{\partial y} \tag{1.105}$$

とおけば,

$$P(x,y) + Q(x,y)\frac{dy}{dx} = 0 \tag{1.106}$$

という形の 1 階微分方程式を得る. すなわち (1.105) を満たす関数 $\phi(x,y)$ がみつ

かれば，1 階微分方程式 (1.106) は (1.104) の形に変形できるから，解は (1.103) として得られることになる．

(1.106) は，$dy = \frac{dy}{dx}\,dx$ という微分の関係式[9]を使えば，

$$P(x,y)\,dx + Q(x,y)\,dy = 0 \tag{1.107}$$

という微分式であるともいえる．すなわち，このような微分式も一つの微分方程式である．ここまでくると，上記の議論が y を独立変数と考えても同じように展開できることがわかる．すなわち (1.107) は，

$$P(x,y)\frac{dx}{dy} + Q(x,y) = 0 \tag{1.108}$$

という 1 階微分方程式であるともみなせる．(1.107) に対して (1.105) のような関数 ϕ があれば，(1.107) は，

$$d\phi(x,y) = \frac{\partial \phi}{\partial x}\,dx + \frac{\partial \phi}{\partial y}\,dy = 0 \tag{1.109}$$

と書ける．このような微分方程式を**完全微分方程式**という．すなわち，微分方程式 (1.107) が完全微分方程式であれば，その解は $\phi(x,y) = C$ (C は定数) として与えられる．この解は 2 次元平面上の曲線を表すと考えられ，それを**解曲線**とよぶ．

例 1.11　微分式

$$x\,dx + y\,dy = 0 \tag{1.110}$$

が完全微分方程式であるかどうか考えてみよう．(1.105) の条件を満たす ϕ が存在すれば，

$$\phi_x(x,y) = x, \quad \phi_y(x,y) = y \tag{1.111}$$

でなければならない．最初の式を x で積分すれば，$\phi(x,y) = x^2/2 + C(y)$ を得る．このとき，C は y の任意の関数であってよい．したがって 2 番目の式から $C'(y) = y$ となるから，再び積分して $C(y) = y^2/2 + K$ となる．ここで K は任意定数である．よって，$\phi(x,y) = \frac{1}{2}(x^2 + y^2) + K$ が，求める条件を満たす関数である．すなわち，(1.110) は完全微分式であり，

$$\phi(x,y) = \frac{1}{2}(x^2 + y^2) = C \tag{1.112}$$

が解となる．ただし，C は非負の任意定数である．すなわち，解曲線は原点を中心とする円群である．この完全微分方程式 (1.110) は，接線方向のベクトルと動径方向のベクトルが直交することを示している．■

---

9)　微分積分で学んだように，独立変数 x の増分 Δx に対応する y の増分の主要部 $dy = \frac{dy}{dx}\Delta x$ を y の**微分**という．$y = x$ という関数を考えれば $dx = \Delta x$ なので，$dy = \frac{dy}{dx}dx$ となる．

これまで考えてきた正規型の1階微分方程式 $y' = f(x, y)$ は,

$$f(x, y)\,dx - dy = 0 \tag{1.113}$$

という微分方程式ともみなせる．したがって，この微分方程式が完全微分方程式であるための条件がわかれば，正規型の方程式 (1.3) が解けることになる．そこで，微分方程式 (1.107) に対して，(1.105) のような関数 ϕ がみつかる条件を考えてみよう．以下の定理が成り立つ：

定理 1.2　$P(x, y)$, $Q(x, y)$ は単連結領域[10] $D \subset \mathbb{R}^2$ で連続微分可能とする．このとき，(1.105) を満たす関数 ϕ が存在するための必要十分条件は,

$$\frac{\partial P}{\partial y} = \frac{\partial Q}{\partial x} \tag{1.114}$$

である.

証明　必要な条件であることは，(1.105) が成り立っていて，ϕ が連続微分可能であれば微分の順序交換ができるから,

$$\frac{\partial P(x, y)}{\partial y} = \frac{\partial^2 \phi}{\partial y \partial x} = \frac{\partial^2 \phi}{\partial x \partial y} = \frac{\partial Q(x, y)}{\partial x}$$

となることからわかる．(1.114) が十分条件であることを示そう．D は連結領域であるから，初期点 $(x_0, y_0) \in D$ と任意の点 $(x, y) \in D$ は領域内の道 Γ_1 でつなぐことができる．この道に沿う線積分

$$\phi(x, y) = \int_{\Gamma_1} P(x, y)\,dx + Q(x, y)\,dy \tag{1.115}$$

は，道 Γ_1 によらない関数となる．実際，図 1.3 のように (x_0, y_0) と (x, y) を結ぶ Γ_1 以外の道 Γ_2 があるとき，Γ_1 と Γ_2 を逆にたどってできる閉曲線 $\Gamma = \Gamma_1 \cup (-\Gamma_2)$ に沿っての線積分を考えると，領域が単連結であれば，この閉曲線の内部 D はすべて領域に含まれるから，グリーンの定理によって,

$$\int_{\Gamma} P(x, y)\,dx + Q(x, y)\,dy = \iint_D \left(\frac{\partial Q}{\partial x} - \frac{\partial P}{\partial y}\right) dxdy$$

となるが，これは条件 (1.114) よりゼロとなる．したがって，$d\omega = P\,dx + Q\,dy$ とするとき $\int_{\Gamma_1} d\omega - \int_{\Gamma_2} d\omega = 0$ だから，2つの線積分 $\int_{\Gamma_1} d\omega$ と $\int_{\Gamma_2} d\omega$ の値は等しい．すなわち (1.114) が単連結領域で成り立てば，(1.115) で定義される ϕ は道のとり方によらない．そこで，$A = (x_0, y_0)$, $B = (x_0, y)$, $C = (x, y)$, $D = (x, y_0)$

---

10)　考えている領域内の任意の2点を領域内の道でつなぐことができるような2次元開集合で，領域内に描いた任意の閉曲線を，領域をはみでることなく連続的に一点にまで縮められるとき，この領域を**単連結**とよぶ.

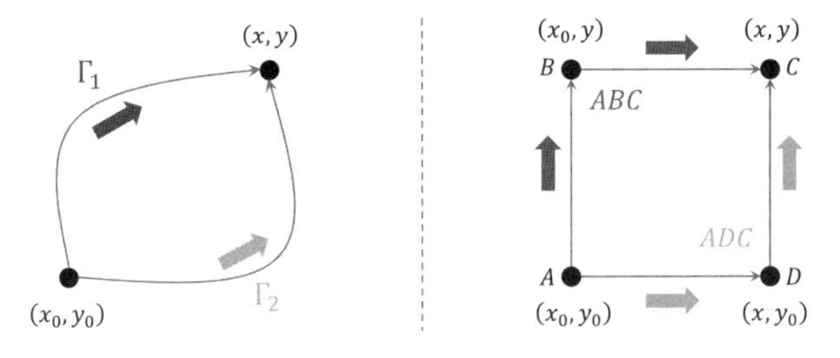

図 1.3　定理 1.2 の証明中の積分路

を頂点とする四角形 $ABCD$ を考え，A から C まで領域内の道をつないで積分すると考えると，道 ABC に沿って積分すれば，

$$\phi(x,y)=\int_{x_0}^{x}P(\zeta,y)\,d\zeta+\int_{y_0}^{y}Q(x_0,\eta)\,d\eta. \tag{1.116}$$

このことから $\phi_x=P$ を得る．また，ADC に沿って積分すれば，

$$\phi(x,y)=\int_{x_0}^{x}P(\zeta,y_0)\,d\zeta+\int_{y_0}^{y}Q(x,\eta)\,d\eta \tag{1.117}$$

となる．このとき $\phi_y=Q$ を得る．したがって，(1.115) で ϕ を定義すれば (1.105) が成り立つ．□

完全微分の条件 (1.114) が成り立つとき，(1.107) の (x_0,y_0) を通る解は，

$$\phi(x,y)=\phi(x_0,y_0) \tag{1.118}$$

で与えられる．(1.116), (1.117) で与えられる ϕ は，$\phi(x,y)=0$ とおけば (x_0,y_0) を通る解を与える．

例 1.12　変数分離形の方程式

$$\frac{dy}{dx}=f(x)g(y)$$

を考えてみよう．これを微分式としてみれば，

$$f(x)\,dx-\frac{1}{g(y)}\,dy=0$$

となるから，完全微分の条件

$$\frac{\partial}{\partial y}f(x)=\frac{\partial}{\partial x}\frac{-1}{g(y)}=0$$

が成り立つ．よって，たとえば (x_0,y_0) を通る解は，(1.116) から，

$$\int_{x_0}^{x}f(\zeta)\,d\zeta-\int_{y_0}^{y}\frac{d\eta}{g(\eta)}=0 \tag{1.119}$$

である. ■

一般の微分式

$$P(x,y)\,dx + Q(x,y)\,dy = 0 \tag{1.120}$$

が与えられたとき，これがそのまま完全微分式になることはめったにない．しかし何らかのゼロでない関数 $\mu(x,y)$ を乗じた式

$$\mu(x,y)P(x,y)\,dx + \mu(x,y)Q(x,y)\,dy = 0 \tag{1.121}$$

が完全微分になる場合，すなわち

$$\frac{\partial}{\partial y}\mu(x,y)P(x,y) - \frac{\partial}{\partial x}\mu(x,y)Q(x,y) \tag{1.122}$$

となるときは，(1.121) を解くことで解 (x と y の関係式) が得られる．このような μ を**積分因子**という．条件 (1.122) を整理すれば，μ に関する偏微分方程式

$$Q(x,y)\frac{\partial\mu}{\partial x} - P(x,y)\frac{\partial\mu}{\partial y} = \mu(x,y)\left(\frac{\partial P}{\partial y} - \frac{\partial Q}{\partial x}\right) \tag{1.123}$$

を得るが，この方程式も解ける場合は限られている．条件 (1.122) が，x または y だけの関数である μ によって満たされるというケースが，直接の計算でみつかる場合もある．以下はその例である．

例 1.13 1階の線形微分方程式

$$\frac{dy}{dx} = a(x)y(x) + b(x)$$

を微分式として書くと，

$$(a(x)y + b(x))\,dx - dy = 0 \tag{1.124}$$

となるから，これは $a = 0$ でない限り完全微分式ではない．そこで，

$$\mu(x) := \exp\biggl(-\int a(x)\,dx\biggr)$$

として，両辺にかければ，

$$\mu(x)(a(x)y + b(x))\,dx - \mu(x)\,dy = 0 \tag{1.125}$$

は完全微分式になっている．実際，

$$\frac{\partial}{\partial y}\mu(x)(a(x)y + b(x)) = \mu(x)a(x) = \frac{\partial}{\partial x}(-\mu(x))$$

である．

次に，初期条件 $y_0 = y(x_0)$ のもとで，$\mu(x) = \exp(-\int_{x_0}^{x} a(x)\,dx)$ として (1.116)

を適用してみよう．

$$\int_{x_0}^{x} \mu(\zeta)(a(\zeta)y + b(\zeta))\,d\zeta + \int_{y_0}^{y} (-\mu(x_0))\,d\eta = 0 \tag{1.126}$$

ここで，積分を実行すれば，

$$y(x)\left(1 - e^{-\int_{x_0}^{x} a(\zeta)d\zeta}\right) + \int_{x_0}^{x} b(s)\,e^{-\int_{x_0}^{s} a(\zeta)d\zeta} ds - (y(x) - y_0) = 0$$

を得る．これを整理すれば，定数変化法の公式

$$y(x) = y_0\,e^{\int_{x_0}^{x} a(\zeta)d\zeta} + \int_{x_0}^{x} e^{\int_{s}^{x} a(\zeta)d\zeta} b(s)\,ds \tag{1.127}$$

が得られる．■

○**演習問題** 1.17　$\mu(x) = x^\alpha$ が以下の方程式の積分因子になるように α を決めて，方程式を解け：

$$\left(\frac{1}{x} + xy\right) dx + x^2 dy = 0.$$

1.6　初期値問題の解の存在と一意性

変数分離形の微分方程式や線形微分方程式は，未知関数が既知の関数の組合せで表すことができるような重要な例であるが，求積法で微分方程式の解である未知関数が求められるのは限られた場合である．しかし解が解析的に得られなくとも，微分方程式が何らかの現象を表しているのであれば，その解の性質を調べる必要があるが，その前提として，そもそも解は存在しているかどうか，存在しているならば (初期条件に対して) 一意的か，を問うこと，すなわち微分方程式の初期値問題が**適切な問題**[11]を構成しているかどうかを考察することが必要である．なお，解の存在と一意性のほかにも，初期値やパラメータへの解の連続的依存性を調べる必要があるが，ここでは省略する[12]．

次の正規型の 1 階微分方程式の初期値問題について考える：

$$\frac{dy}{dx} = f(x, y), \quad y(x_0) = y_0. \tag{1.128}$$

ここで，$f(x, y)$ は $\mathbb{R}^2$ の部分集合で定義された 2 変数関数とする．初期値問題 (1.128) の解は存在するか，また存在するとして，その解は 1 つに定まるのか，調べよう．

11)　well-posed problem. アダマールが定式化した概念で，局所的な解の存在と一意性，初期値に対する連続的依存性がある場合に，初期値問題は適切であるといわれる．

12)　たとえば [23] を参照．

はじめに，初期条件が与えられても解の一意性が成り立たない場合はいくらでもあることに注意しておこう．以下のような初期値問題を考えてみよう：

$$\frac{dy}{dx} = 3y^{\frac{2}{3}}, \quad y(0) = 0. \tag{1.129}$$

ここで，b を正の定数とし，$D = \{(x, y) : x \in \mathbb{R},\ |y| < b\}$ の範囲で初期値問題 (1.129) を考える．$y = x^3$ と $y \equiv 0$ が (1.129) の解となっていることがすぐ確認できる．すなわち解は一意的ではない．さらに，c_1, c_2 を $c_1 < 0 < c_2$ を満たす定数とすると，以下の関数も (1.129) の解となる：

$$y(x) = \begin{cases} (x - c_1)^3, & x \in (c_1 - b^{\frac{1}{3}}, c_1), \\ \quad 0, & x \in [c_1, c_2], \\ (x - c_2)^3, & x \in (c_2, c_2 + b^{\frac{1}{3}}). \end{cases} \tag{1.130}$$

定数 c_1, c_2 の選び方は無数にあるため，初期値問題 (1.129) の解は無数に存在する．一方，半平面 $D = \{(x, y) : x \in \mathbb{R},\ y > 0\}$ で (1.129) を考えると，$(x_0, y_0) \in D$ を通る解は，

$$y(x) = (x - x_0 + y_0^{\frac{1}{3}})^3, \quad x_0 - y_0^{\frac{1}{3}} < x < \infty \tag{1.131}$$

として，ただ一つに定まる．このように，初期値問題の解の一意性は無条件では成り立たない．

一方，(1.128) の解の存在に関しては，考えている領域 D で f が連続関数であれば，与えられた点 $(x_0, y_0) \in D$ を通る局所的な解 (初期点の近傍だけで存在するような解) をもっていることが示される (**ペアノの定理** [20])．そこで，以下ではもう少し条件を強めて，存在と一意性が同時に成り立つ場合を考えよう．

初期値問題 (1.128) の両辺を x_0 から x まで積分すると，

$$y(x) = y_0 + \int_{x_0}^{x} f(s, y(s))\, ds \tag{1.132}$$

を得る．すなわち，初期値問題 (1.128) の解 $y = y(x)$ は，その定義域上で積分方程式 (1.132) を満たす．逆に，積分方程式 (1.132) の連続解 $y = y(x)$ が存在すればそれは微分可能で，初期値問題 (1.128) の解でもある．このことから，積分方程式 (1.132) の連続解の存在と一意性について考えればよいことになる．ここでは 1 次元の方程式 (1.132) を考えるが，以下の議論は，y が n 次元ベクトル値である場合に，絶対値をノルムに読み替えることでまったく同様に成り立つ．

$a > 0$, $b > 0$ として，

$$D := \{(x, y) : |x - x_0| \le a,\ |y - y_0| \le b\} \subset \mathbb{R}^2 \tag{1.133}$$

と定める．D は点 (x_0, y_0) を内点として含む長方形領域である．$f(x,y)$ について以下の仮定をおく．

(F1) $f(x,y)$ は D 上で連続である．

(F2) 正の定数 $L>0$ が存在し，任意の 2 点 $(x,y_1),(x,y_2)\in D$ に対し，

$$|f(x,y_1)-f(x,y_2)|\le L|y_1-y_2| \tag{1.134}$$

が成り立つ．

条件 (F2) の L は**リプシッツ定数**とよばれ，(F2) を満たす $f(x,y)$ は y について**リプシッツ連続**であるといわれる．

リプシッツ条件 (1.134) が成り立つためには，f がどのような条件を満たせばよいだろうか？ 変数 y についての平均値の定理を使えば，ある $\theta\in[0,1]$ が存在して，

$$f(x,y_1)-f(x,y_2)=\frac{\partial f}{\partial y}(x,y_2+\theta(y_1-y_2))(y_1-y_2) \tag{1.135}$$

となる．したがって偏微分 $\frac{\partial f}{\partial y}$ が D で一様に有界であれば，リプシッツ条件が成り立つ．特に閉領域で偏微分係数が連続であれば，そこで最大値を達するから，その領域ではリプシッツ条件が成り立つことになる．

例 1.14 (1.129) の右辺は，原点でリプシッツ条件を満たさない．実際，$f(y)=3y^{\frac{2}{3}}$ は原点以外では微分可能で，$y'=2y^{-\frac{1}{3}}$ であるから，原点の近傍では変化率

$$\frac{f(y_1)-f(y_2)}{y_1-y_2}$$

はいくらでも大きくなる． ■

条件 (F1) より，2 変数関数 $|f(x,y)|$ は D 上で最大値をもつ．この最大値を M とおく：

$$M:=\max_{(x,y)\in D}|f(x,y)|.$$

この M に対して，定数 α を以下のように定める：

$$\alpha:=\min\left\{a,\frac{b}{M}\right\}.$$

このとき，$0\le\alpha M\le b$ が成り立つことに注意する．さらに，閉区間 I を定める：

$$I=\{x:|x-x_0|\le\alpha\}.$$

定理 1.3 (解の存在と一意性) $f(x,y)$ に対して，(F1), (F2) を仮定する．初期値問題 (1.128) の解 $y=y(x)$ が，$x\in I$ の範囲でただ一つ存在する．

証明 積分方程式 (1.132) に対して連続解の存在と一意性を示せばよい．初期点 $(x_0, y_0) \in D$ に対して，以下のような連続関数列 $\{\phi_n\}_{n=0,1,2,\cdots}$ を考えよう：

$$\phi_0(x) = y_0, \quad \phi_n(x) = y_0 + \int_{x_0}^{x} f(s, \phi_{n-1}(s))\, ds, \quad n = 1, 2, \cdots. \tag{1.136}$$

まず $|x - x_0| \leq \alpha$ であれば，$(x, \phi_n(x)) \in D$ であることを示す．$n = 0$ では明らかに成り立つ．$n = 1$ のときは，

$$|\phi_1(x) - y_0| \leq \left| \int_{x_0}^{x} f(s, y_0)\, ds \right| \leq |x - x_0| M \leq b \tag{1.137}$$

であるから，$(x, \phi_1(x)) \in D$ である．$n = k - 1$ まで成り立ったとすると，$(x, \phi_{k-1}(x)) \in D$ なので，$\max_{s \in I} |f(s, \phi_{k-1}(s))| \leq M$ であり，

$$|\phi_k(x) - y_0| \leq \left| \int_{x_0}^{x} f(s, \phi_{k-1}(s))\, ds \right| \leq |x - x_0| M \leq \alpha M \leq b \tag{1.138}$$

となり，$(x, \phi_k(x)) \in D$ である．すなわち，数学的帰納法により任意の自然数 n に対して，$(x, \phi_n(x)) \in D$ である．このとき，数学的帰納法とリプシッツ条件 (1.134) によって，

$$|\phi_{n+1}(x) - \phi_n(x)| \leq M L^n \frac{|x - x_0|^{n+1}}{(n+1)!}, \quad x \in I \tag{1.139}$$

が成り立つことが示される．実際，$n = 0$ で成り立つことは

$$|\phi_1(x) - \phi_0(x)| \leq \left| \int_{x_0}^{x} |f(s, y_0)|\, ds \right| \leq M|x - x_0|$$

からわかる．そこで，$n = k$ で成り立っているならば，

$$\begin{aligned}
|\phi_{k+2}(x) - \phi_{k+1}(x)| &\leq \left| \int_{x_0}^{x} |f(s, \phi_{k+1}(s)) - f(s, \phi_k(s))|\, ds \right| \\
&\leq L \left| \int_{x_0}^{x} |\phi_{k+1}(s) - \phi_k(s)|\, ds \right| \\
&\leq L \left| \int_{x_0}^{x} M L^k \frac{|s - x_0|^{k+1}}{(k+1)!} ds \right| \\
&\leq M L^{k+1} \frac{|x - x_0|^{k+2}}{(k+2)!}.
\end{aligned} \tag{1.140}$$

したがって，$n = k + 1$ でも成り立つ．よって，数学的帰納法ですべての n について成り立つことがわかる．したがって，関数列 $\{\phi_n(x)\}_{n=0,1,2,\cdots}$ は区間 I 上で一様収束していることがわかる．実際，(1.140) より，

$$|\phi_{k+1}(x) - \phi_k(x)| \leq \frac{M}{L}\frac{(L\alpha)^{k+1}}{(k+1)!}, \quad x \in I \tag{1.141}$$

となる．そこで，関数項の級数

$$\sum_{k=0}^{\infty}(\phi_{k+1}(x) - \phi_k(x)) \tag{1.142}$$

は収束する優級数

$$\sum_{k=0}^{\infty}\frac{M}{L}\frac{(L\alpha)^{k+1}}{(k+1)!} \tag{1.143}$$

をもつことになる．したがって，

$$\phi_n(x) = \phi_0(x) + \sum_{k=0}^{n-1}(\phi_{k+1}(x) - \phi_k(x)) \tag{1.144}$$

であるから，ϕ_n は一様収束して，

$$\phi(x) = \lim_{n\to\infty}\phi_n(x) \tag{1.145}$$

が存在して連続になる．このとき，$|x - x_0| \leq \alpha$ であれば $|\phi_n(x) - y_0| \leq b$ であったから，$(x, \phi(x)) \in D$ であることもわかる．そこで，上で得た連続関数 $\phi(x)$ は，(1.132) を満たすことを示そう．$|x - x_0| \leq \alpha$ であれば，

$$\begin{aligned}
&\left|\int_{x_0}^{x} f(x, \phi_n(s))\,ds - \int_{x_0}^{x} f(s, \phi(s))\,ds\right| \leq \left|\int_{x_0}^{x} |f(x, \phi_n(s))\,ds - f(s, \phi(s))|\,ds\right| \\
&\qquad \leq \left|\int_{x_0}^{x} L|\phi_n(s) - \phi(s)|\,ds\right| \leq M\left|\int_{x_0}^{x}\sum_{k=n}^{\infty}\frac{(L\alpha)^{k+1}}{(k+1)!}\,ds\right| \\
&\qquad \leq M\alpha\sum_{k=n}^{\infty}\frac{(L\alpha)^{k+1}}{(k+1)!} \to 0, \quad n \to \infty.
\end{aligned} \tag{1.146}$$

したがって，

$$\phi_n(x) = y_0 + \int_{x_0}^{x} f(s, \phi_{n-1}(s))\,ds \tag{1.147}$$

において，$n \to \infty$ とすれば，

$$\phi(x) = y_0 + \int_{x_0}^{x} f(s, \phi(s))\,ds \tag{1.148}$$

となるから，ϕ が求める連続関数になる．

最後に一意性を示そう．もし，(1.132) を満たすもう一つの連続関数 ψ があったとすれば，

$$\psi(x) = y_0 + \int_{x_0}^{x} f(s, \psi(s))\,ds \tag{1.149}$$

であるから，(1.148) から辺々引くことで，

$$|\phi(x)-\psi(x)| \le \left|\int_{x_0}^{x} |f(x,\phi(s))-f(s,\psi(s))|\,ds\right|$$
$$\le L\left|\int_{x_0}^{x} |\phi(s)-\psi(s)|\,ds\right|$$
$$\le LK|x-x_0| \tag{1.150}$$

となる．ここで $K := \max_{|x-x_0|\le\alpha} |\phi(x)-\psi(x)|$ である．このとき，再び帰納法によって，

$$|\phi(x)-\psi(x)| < K\frac{(L|x-x_0|)^n}{n!} \le K\frac{(L\alpha)^n}{n!} \tag{1.151}$$

が任意の自然数 n で成り立つことがわかる．したがって，$n \to \infty$ とすれば $|\phi(x)-\psi(x)| \to 0$ となるから，$\phi = \psi$ でなければならない．すなわち，解は一意的である． □

ここでは証明しないが，以下の定理も成り立つ：

定理 1.4 領域 $D = \{(x,y) : |x-x_0| \le a, |y| < \infty\}$ において，$f(x,y)$ が連続であり，リプシッツ条件 (1.134) を満たすならば，(1.128) は区間 $|x-x_0| \le a$ で一意的な解をもつ．すなわち，定義域の端まで解は延長できる．

この定理は，f が帯状領域 D で有界であれば前の定理 1.3 から明らかであるが，f の有界性を仮定しなくても，リプシッツ条件によって解が定義域の端まで延長できるのである．実際，解の端点が D の内点であれば，そこを中心として上記の定理 1.3 の議論を繰り返すことができるから，延長解の端は境界に到達するか，あるいは y 方向に無限遠にいくはずだが，リプシッツ条件下では解は有界にとどまるから，後者は起こらない．特にこの定理から，線形微分方程式であれば，パラメータが連続であるような定義域全体で解が一意的に存在することがわかる [29, 40].

証明で使われた解に収束する関数列 $\{\phi_n\}$ をつくるやり方は，**ピカールの逐次近似法**とよばれ，解析学の基本的原理の一つとして非常に重要な考え方である．逐次代入法は，解に収束する関数列を具体的につくる手続きであり，誤差の評価も与えている．

○**演習問題 1.18** a を定数として，$f(x,y) = ay$ のとき，(1.136) によって関数列 $\phi_n(x)$ をつくり，ϕ を求めよ．

2

2 階線形微分方程式

ここでは，2 階の線形微分方程式を扱う．以下でみるように，2 階の微分方程式は連立の 1 階微分方程式に還元できるから，理論的には第 3 章で扱う連立微分方程式に包含されるといってよいが，単独の 2 階微分方程式は，古典力学の基礎方程式が 2 階の微分方程式であることから，物理学，工学における伝統的な諸問題に頻出する．さらに，特殊関数の源泉でもある．したがって，これだけ取り出して論ずる価値がある．また，解空間の構造を具体的に考えていくモデルケースとして非常に重要である．

2.1 基 礎 定 理

実数の区間 $I \subset \mathbb{R}$ で連続な関数 $a(x)$, $b(x)$, $c(x)$ と未知関数 $y(x)$ に関する関係式

$$y''(x) + a(x)y'(x) + b(x)y(x) = c(x) \tag{2.1}$$

を **2 階線形微分方程式**という．特に $c(x)$ を**非同次項**とよび，$c(x) \equiv 0$ のとき，(2.1) を**同次線形微分方程式**，c が恒等的にゼロではないとき**非同次線形微分方程式**とよぶ．以下では，パラメータ a, b, c としてはもっぱら実数値関数を考える．複素数値の場合は，実部と虚部に分けることで，実数値の場合に帰着される[1]．

定理 2.1　$x_0 \in I$ で初期条件

$$y(x_0) = y_0, \quad y'(x_0) = y_1 \tag{2.2}$$

を与えた場合，初期条件 (2.2) を満たす (2.1) の解 $y = \phi(x)$, $x \in I$ がただ一つ存在する．

この定理は，前章でみた 1 階微分方程式の解の存在定理から導かれる．実際，$z(x) = y'(x)$ として新しい関数 z を定義すると，(2.1) は以下のように連立の

1)　実独立変数で実従属変数の微分方程式を複素従属変数の方程式に拡張して考える「**複素化**」については，[23], [32] 参照．

1階方程式に書き換えられる：

$$\begin{aligned} y'(x) &= z(x), \\ z'(x) &= -a(x)z(x) - b(x)y(x) + c(x). \end{aligned} \tag{2.3}$$

この方程式は行列を使えば，以下のように書ける：

$$\frac{d}{dx}\boldsymbol{y}(x) = A(x)\boldsymbol{y}(x) + \boldsymbol{b}(x). \tag{2.4}$$

ここで，

$$\boldsymbol{y}(x) = \begin{pmatrix} y(x) \\ z(x) \end{pmatrix}, \ A(x) = \begin{pmatrix} 0 & 1 \\ -b(x) & -a(x) \end{pmatrix}, \ \boldsymbol{b}(x) = \begin{pmatrix} 0 \\ c(x) \end{pmatrix}$$

である．このようなベクトル型の方程式に対してもピカールの逐次近似法はまったく同様に成り立つことは容易に確かめられる．実際，絶対値の代わりにベクトルのノルムを用いればよい．上のような新変数を導入して考えれば，n 階の方程式でも１階の方程式に還元できるから，１階のベクトル型方程式で解の存在定理を示しておけば，高階の方程式の存在定理も示されたことになる．定義区間上で係数行列のノルム[2)]が有界であれば，リプシッツ条件も成り立つ．また，上記の変換からわかるように，2 階の方程式 (2.1) の一般解は，2 つの任意定数を含む解であり，初期条件を (2.2) のように与えれば，初期値問題の解が一意的に定まる．

ここで，同次方程式

$$y''(x) + a(x)y'(x) + b(x)y(x) = 0 \tag{2.5}$$

の解の集合の構造を考えてみよう．まず，初期値問題の解の一意性 (定理 2.1) から，次が成り立つ：

定理 2.2 同次方程式 (2.5) において，$y(x_0) = y'(x_0) = 0$ となる初期条件 (ゼロ初期条件) を満たす解は定数値関数 $y \equiv 0$ だけである．

また，同次線形方程式では以下が成り立つことは容易にわかる：

定理 2.3 ϕ_1, ϕ_2 を (2.5) を満たす 2 つの解とすれば，c_1, c_2 を係数とするその一次結合 $c_1\phi_1 + c_2\phi_2$ も解となる．

上記の定理は前章でもみたが，同次線形方程式一般に成り立つ原理で，**重ね合わせの原理**とよばれている．重ね合わせの原理が意味していることは，方程式 (2.5)

2) 行列のノルムについては次章参照．

を満たす関数の集合を考えると，それは線形空間 (ベクトル空間) の構造をもっているということである．そこで，関数の集合がなすベクトル空間の基礎概念を導入しよう．

定義 2.1　区間 $I \subset \mathbb{R}$ で定義された関数の組 $\{\phi_1, \phi_2\}$ に対して，

$$c_1\phi_1 + c_2\phi_2 \equiv 0 \tag{2.6}$$

を満たす定数の組 $\{c_1, c_2\}$ で，$(c_1, c_2) \neq (0, 0)$ となるものが存在するとき，ϕ_1, ϕ_2 は**一次従属**であるという．そうではない場合，すなわち，もし (2.6) が成り立てば $c_1 = c_2 = 0$ となるとき，$\{\phi_1, \phi_2\}$ は**一次独立**であるという．

例 2.1　$\{e^{at}, e^{bt}\}$ は，$a \neq b$ であれば任意の区間で一次独立である．実際もし，$c_1e^{at} + c_2e^{bt} = 0$ であれば $c_1 + c_2e^{(b-a)t} = 0$ となるが，これは区間全体で成り立つ式なので，微分しても成り立つべきである．よって，微分すれば $(b-a)c_2e^{(b-a)t} = 0$ となるが，これが成り立つためには $c_2 = 0$ でなければならない．すると，仮定された一次結合の関係式から，$c_1e^{at} = 0$ であり，$c_1 = 0$ となる．■

以下では，区間 I で連続微分可能な関数の集合を $C^1(I)$ と書く．

定義 2.2　$\phi_1, \phi_2 \in C^1(I)$ に対して，関数行列

$$W(\phi_1, \phi_2)(x) := \begin{pmatrix} \phi_1(x) & \phi_2(x) \\ \phi_1'(x) & \phi_2'(x) \end{pmatrix} \tag{2.7}$$

を**ロンスキー行列**という．また，その行列式 $\det W(\phi_1, \phi_2)(x)$ を**ロンスキー行列式 (ロンスキアン)** という．

ロンスキー行列式によって，同次方程式 (2.5) の解の一次独立性の判定ができる：

定理 2.4　2 階の同次線形微分方程式 (2.5) を満たす解の組 $\{\phi_1, \phi_2\}$ が区間 I で存在すると仮定する：

(1) $\{\phi_1, \phi_2\}$ が区間 I で一次独立であるためには，すべての $x \in I$ に対して，$\det W(\phi_1, \phi_2)(x) \neq 0$ となることが必要十分である．

(2) $\{\phi_1, \phi_2\}$ が区間 I で一次従属であるためには，すべての $x \in I$ に対して，$\det W(\phi_1, \phi_2)(x) = 0$ となることが必要十分である．

証明　はじめに (2) のほうから示そう．まず，「すべての $x \in I$ に対して，$\det W(\phi_1, \phi_2)(x) = 0$ となる」ことが一次従属性の必要条件になることを示す．$\{\phi_1, \phi_2\}$ が一次従属であれば，ある $(c_1, c_2) \neq (0, 0)$ に対して，$c_1\phi_1(x) + c_2\phi_2(x) =$

0 がすべての $x \in I$ に対して成り立つ．これを微分すれば，$c_1\phi_1'(x)+c_2\phi_2'(x)=0$ がすべての $x \in I$ に対して成り立つ．したがって，

$$\begin{pmatrix}\phi_1(x) & \phi_2(x)\\ \phi_1'(x) & \phi_2'(x)\end{pmatrix}\begin{pmatrix}c_1\\ c_2\end{pmatrix}=\begin{pmatrix}0\\ 0\end{pmatrix} \tag{2.8}$$

となるが，これは各点 $x \in I$ で，(c_1, c_2) に関する代数的な連立方程式としてみた (2.8) が非自明な解 ((0, 0) 以外の解) をもっていることにほかならないから，各点 $x \in I$ で $\det W(\phi_1, \phi_2)(x) = 0$ でなければならない．逆に，「すべての $x \in I$ に対して，$\det W(\phi_1, \phi_2)(x) = 0$ となる」ことが一次従属性の十分条件になることを示そう．この仮定から，ある点 $x_0 \in I$ をとれば，$\det W(\phi_1, \phi_2)(x_0) = 0$ であるから，代数的な連立方程式

$$\begin{pmatrix}\phi_1(x_0) & \phi_2(x_0)\\ \phi_1'(x_0) & \phi_2'(x_0)\end{pmatrix}\begin{pmatrix}c_1\\ c_2\end{pmatrix}=\begin{pmatrix}0\\ 0\end{pmatrix} \tag{2.9}$$

は，非自明な解 $(c_1, c_2) \neq (0, 0)$ をもっている．そこで，$\psi = c_1\phi_1 + c_2\phi_2$ という関数を考えると，これは同次方程式の解であって，$\psi(x_0) = \psi_1'(x_0) = 0$ というゼロ初期条件を満たしている．したがって，ψ は恒等的にゼロになる．すなわち，$\{\phi_1, \phi_2\}$ は一次従属である．

次に (1) を示そう．$\{\phi_1, \phi_2\}$ が一次独立であると仮定する．もし，ある点 $x_0 \in I$ で $\det W(\phi_1, \phi_2)(x_0) = 0$ になったとすると，代数的な連立方程式 (2.9) は非自明な解 $(c_1, c_2) \neq (0, 0)$ をもっている．そこで，$\psi = c_1\phi_1 + c_2\phi_2$ という関数を考えると，これは同次方程式の解であって，$\psi(x_0) = \psi'(x_0) = 0$ というゼロ初期条件を満たしている．したがって，ψ は恒等的にゼロになる．すなわち，$\{\phi_1, \phi_2\}$ は一次従属である．これは仮定に反する．したがって，$\det W(\phi_1, \phi_2)(x) \neq 0$ がすべての x に対して成り立たなければならない．逆に，この条件が成り立つと仮定しよう．このとき，$c_1\phi_1 + c_2\phi_2 = 0$ とすると (2.8) が成り立つ．仮定から，任意の点 $x \in I$ で代数的な連立方程式として (2.8) は自明な解しかもたない．したがって，$(c_1, c_2) = (0, 0)$ であり，$\{\phi_1, \phi_2\}$ は一次独立である．　□

上記の定理から，同次方程式の解からつくったロンスキー行列は，考えている区間で，常に正則 (ロンスキアンがゼロではない) であるか非正則であるかのいずれかであることがわかる．同次方程式 (2.5) のロンスキアンを $W(x) = \det W(\phi_1, \phi_2)(x)$ としよう．このとき，$W(x) = \phi_1\phi_2' - \phi_2\phi_1'$ を微分して，ϕ_j が同次方程式の解であること，すなわち $\phi_j'' + a\phi_j' + b\phi_j = 0$ を用いれば，

$$\frac{d}{dx}W(x) = -a(x)W(x) \tag{2.10}$$

となる．これを1階微分方程式として解けば，$x, x_0 \in I$ に対して以下が成り立つことがわかる：

$$W(x) = W(x_0)\exp\left(-\int_{x_0}^{x} a(s)\,ds\right). \tag{2.11}$$

(2.11) は**リューヴィルの公式**とよばれる[3]．このことからも，ロンスキアンは常にゼロであるか，一度もゼロにならないか，のいずれかであることがわかる．

定理 2.5 同次方程式 (2.5) の一次独立な解の組 $\{\phi_1, \phi_2\}$ が存在すれば，任意の解 ψ は，その一次結合 $\psi = c_1\phi_1 + c_2\phi_2$ として一意的に表される．

証明 ψ を同次方程式 (2.5) の任意の解として，1つの初期点 $x_0 \in I$ に対して代数的な連立方程式

$$\begin{pmatrix} \phi_1(x_0) & \phi_2(x_0) \\ \phi_1'(x_0) & \phi_2'(x_0) \end{pmatrix} \begin{pmatrix} c_1 \\ c_2 \end{pmatrix} = \begin{pmatrix} \psi(x_0) \\ \psi'(x_0) \end{pmatrix} \tag{2.12}$$

を考えると，$\det W(\phi_1, \phi_2)(x_0) \neq 0$ だから，一意的な解 (c_1, c_2) をもつ．この解によって，$\phi := \psi - (c_1\phi_1 + c_2\phi_2)$ を定義すると，ϕ は同次方程式の解であってゼロ初期条件を満たすから，定理 2.2 から恒等的にゼロである．したがって，$\psi = c_1\phi_1 + c_2\phi_2$ と表現される． □

定理 2.6 同次方程式 (2.5) に対して，一次独立な2つの解が存在する．

証明 $x_0 \in I$ として，

$$\begin{pmatrix} \phi_1(x_0) \\ \phi_1'(x_0) \end{pmatrix} = \begin{pmatrix} 1 \\ 0 \end{pmatrix}, \quad \begin{pmatrix} \phi_2(x_0) \\ \phi_2'(x_0) \end{pmatrix} = \begin{pmatrix} 0 \\ 1 \end{pmatrix}$$

となるような初期条件をもつ解 ϕ_1, ϕ_2 をとれば，$\det W(\phi_1, \phi_2)(x_0) = 1$ であって，上で述べたようにロンスキアンは常にゼロではないから，$\{\phi_1, \phi_2\}$ は一次独立である． □

上記の定理で存在が保証された同次方程式 (2.5) の一次独立な2つの解を**解の基本系**という．また，同次方程式の解の集合は，解の基本系を基底とする2次元のベクトル空間をなしていることがわかる．よって解の基本系は**解の基底**ともいう．

同次方程式 (2.5) の解の基底 $\{\phi_1, \phi_2\}$ が求まれば，$(y(x_0), y'(x_0)) = (y_0, y_1)$

3) アーベルの公式ということもある [34].

という初期条件に対する初期値問題の解は，代数的な連立方程式

$$\begin{pmatrix} \phi_1(x_0) & \phi_2(x_0) \\ \phi_1'(x_0) & \phi_2'(x_0) \end{pmatrix} \begin{pmatrix} c_1 \\ c_2 \end{pmatrix} = \begin{pmatrix} y_0 \\ y_1 \end{pmatrix} \tag{2.13}$$

の解 (c_1, c_2) によって，

$$\psi = c_1\phi_1 + c_2\phi_2 \tag{2.14}$$

と与えられることは明らかであろう．

○**演習問題** 2.1　$\phi_1 = \phi_1(x)$, $\phi_2 = \phi_2(x)$ をそれぞれ区間 I 上の C^2 級関数とし，(2.5) が，I 上で ϕ_1, ϕ_2 という解の基底をもつとする．連続関数 $a(x)$, $b(x)$ を ϕ_1, ϕ_2 によって表せ．

○**演習問題** 2.2　以下の問いに答えよ．

(1) $\{x\cos x, x\sin x\}$ は $x > 0$ において，一次独立であることを示せ．

(2) (2.5) の解の基底が $\{x\cos x, x\sin x\}$ となるように，$a(x)$, $b(x)$ を求めよ．

2.2　定数係数 2 階同次線形微分方程式

ここでは，係数が実定数である場合の 2 階同次線形微分方程式の解法を扱う．すなわち，

$$y''(x) + ay'(x) + by(x) = 0, \quad a, b \in \mathbb{R} \tag{2.15}$$

という微分方程式を考える．この場合は，幸いなことに解を具体的に計算する方法がある．

定義 2.3　定数係数の同次微分方程式 (2.15) に対応して，2 次方程式

$$p(\lambda) := \lambda^2 + a\lambda + b = 0, \quad \lambda \in \mathbb{C} \tag{2.16}$$

を**特性方程式**という．また，その根を**特性根**という．

定理 2.7　特性方程式 (2.16) の 2 つの根を λ_1, λ_2 とするとき，(2.15) の解について，以下が成り立つ：

(1) $\lambda_1 \neq \lambda_2$ であれば，解の基底は $\{e^{\lambda_1 x}, e^{\lambda_2 x}\}$ で与えられる．

(2) $\lambda_1 = \lambda_2$ であるとき，解の基底は $\{e^{\lambda_1 x}, xe^{\lambda_1 x}\}$ で与えられる．

(3) $\lambda_1 \neq \lambda_2$, $\lambda_j \in \mathbb{C} \setminus \mathbb{R}$, $j = 1, 2$ であり，$\lambda_1 = \overline{\lambda_2}$ であるとき，$\lambda_1 = \mu + i\nu$, $\mu, \nu \in \mathbb{R}$ とすれば，解の実基底は $\{e^{\mu x}\cos\nu x, e^{\mu x}\sin\nu x\}$ で与えられる．

証明　試しに $e^{\lambda x}$ を方程式 (2.15) に代入してみると，

$$p(\lambda)e^{\lambda x} = 0 \tag{2.17}$$

となることがわかる．したがって，特性方程式の 2 つの根を λ_1, λ_2 とすれば，$\{e^{\lambda_1 x}, e^{\lambda_2 x}\}$ が解になり，$\lambda_1 \neq \lambda_2$ であればこれらは一次独立だから，解の基底である．

もし，λ_1, λ_2 が共役複素根 $\mu \pm i\nu$ であれば，$\{e^{\lambda_1 x}, e^{\lambda_2 x}\}$ は複素数値の解になるが，オイラーの公式から，

$$e^{\lambda_1 x} = e^{\mu x}(\cos \nu x + i \sin \nu x)$$

となるから，その実部 $e^{\mu x} \cos \nu x$ と虚部 $e^{\mu x} \sin \nu x$ が実の解基底になる．実際，

$$e^{\mu x} \cos \nu x = \frac{1}{2}(e^{\lambda_1 x} + e^{\lambda_2 x}), \quad e^{\mu x} \sin \nu x = \frac{1}{2i}(e^{\lambda_1 x} - e^{\lambda_2 x})$$

であるから，それぞれ解である．一次独立性は明らかであろう．

最後に重根の場合 $(\lambda_1 = \lambda_2)$ を考えると，もう一つの解を探すために，ϕ を未知関数として，$\phi(x)e^{\lambda_1 x}$ を代入すれば，$p(\lambda_1) = 0$ なので，

$$\phi'' + (2\lambda_1 + a)\phi' = 0$$

となる．ところが，$\lambda_1 = -a/2$ であるから $\phi'' = 0$ を得る．したがって，ϕ は 1 次式である．特に $\phi(x) = x$ とおいてよいから，$xe^{\lambda_1 x}$ が 1 つの解になる．これが $e^{\lambda_1 x}$ と一次独立なことは容易にわかる．□

上の証明では指数関数が解になることを天下り的に仮定しているが，このことは以下のようにみると自然なことであることがわかる．$D = \frac{d}{dx}$ を微分操作を表す作用素としよう．すなわち，$D : f \to f'$ という関数を関数に写す写像が**微分作用素** (微分演算子) である．このとき，$D^n = \frac{d^n}{dx^n}$ と書いて，n 階導関数を値とする写像とする．$D^0 = I$ は恒等作用素であり，通常は省略して書かれる．そうすると，(2.15) は

$$(D^2 + aD + b)y = p(D)y = 0 \tag{2.18}$$

と書ける．微分演算子 $p(D) = D^2 + aD + b$ は特性根 λ_1, λ_2 を使って以下のように因数分解できる：

$$p(D) = (D - \lambda_1)(D - \lambda_2) = (D - \lambda_2)(D - \lambda_1). \tag{2.19}$$

命題 2.1　ϕ を与えられた n 階微分可能な関数とするとき，

$$(D - \lambda)^n(e^{\lambda x}\phi(x)) = e^{\lambda x}D^n\phi(x) \tag{2.20}$$

が成り立つ．

○**演習問題** 2.3　数学的帰納法を使って，(2.20) を証明せよ．

(2.20) から，

$$(D-\lambda_1)(D-\lambda_2)e^{\lambda_2 x} = (D-\lambda_2)(D-\lambda_1)e^{\lambda_1 x} = 0$$

であるから，$\{e^{\lambda_1 x}, e^{\lambda_2 x}\}$ が (2.18) の解になることがわかる．また，$(D-\lambda)^2(xe^{\lambda x}) = 0$ となるから，λ が重根の場合に，$\{e^{\lambda x}, xe^{\lambda x}\}$ が解の基底になることもわかる．

例 2.2　以下の微分方程式の解の基底を求めてみよう：

$$y'' - 2y' + 4y = 0.$$

特性方程式は $\lambda^2 - 2\lambda + 4 = 0$ だから，特性根は $1 \pm \sqrt{3}i$，したがって，解の基底は

$$\{e^x \cos\sqrt{3}x, e^x \sin\sqrt{3}x\}$$

となる．一般解は c_1, c_2 を定数として，

$$y(x) = c_1 e^x \cos\sqrt{3}x + c_2 e^x \sin\sqrt{3}x.$$

さらに，初期条件を $y(0) = a$, $y'(0) = b$ とするとき，初期値問題の解を求めよう．

$$c_1 = a, \quad c_1 + \sqrt{3}c_2 = b$$

であるから，

$$y(x) = e^x \left(a\cos\sqrt{3}x + \frac{b-a}{\sqrt{3}} \sin\sqrt{3}x \right)$$

となる．■

○**演習問題** 2.4　以下の微分方程式の解の基底を求めよ：

$$y'' - 2ay' + (a^2 + \pi^2)y = 0.$$

さらに，条件 $y(1/4) = y'(0) = 0$ が成り立つとき，a がどのような値のときに非自明解 (恒等的にゼロではない解) が存在するか答えよ．

例 2.3 **(バネの振動)**　壁面に取り付けられたバネと重りが，水平な平面の上にのっているとする．バネが伸びても縮んでもいない平衡状態から引き伸ばして手を離すと，重りは平衡点の位置の前後を 1 次元的に運動すると仮定しよう．重りの質量を m, バネ定数を k，摩擦 (抵抗) 係数を γ とおくと，$x = x(t)$ を重りの平衡点 (静止状態) からの距離を示す位置座標として，ニュートンの運動方程式から，

$$m\frac{d^2x}{dt^2} = -kx - \gamma\frac{dx}{dt} \tag{2.21}$$

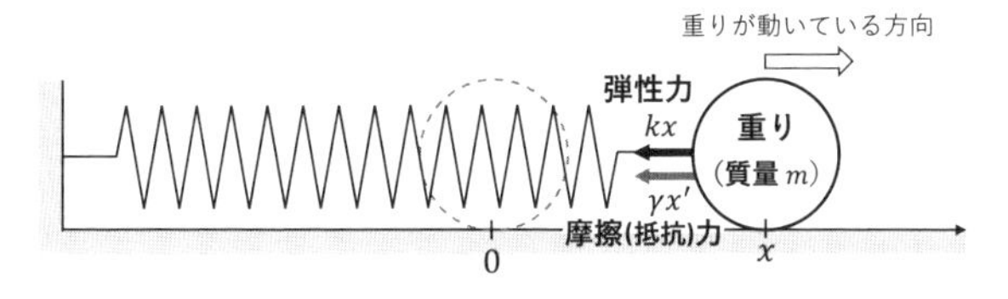

図 2.1　重り付きバネの振動

が成り立つ．ここで m, k, γ は正の定数で，kx はバネの伸びに比例してはたらく力，$\gamma\, dx/dt$ は速度に比例してはたらく摩擦 (抵抗) 力である (図 2.1)．そこで，重りの位置座標は以下の定数係数の 2 階同次線形微分方程式を満たす：

$$mx'' + \gamma x' + kx = 0. \tag{2.22}$$

(2.22) に初期条件を与えて解けば，時刻 t における重りの位置が予測できる．

このとき，特性方程式 $p(\lambda) = m\lambda^2 + \gamma\lambda + k = 0$ を解けば，判別式を $D = \gamma^2 - 4mk$ として，以下の 3 つのケースが得られる：

(1) $D > 0$ であれば，負の 2 実根 λ_1, λ_2 が存在して，c_1, c_2 を任意定数とすれば，

$$x(t) = c_1 e^{\lambda_1 t} + c_2 e^{\lambda_2 t} \tag{2.23}$$

となる．このときは $\displaystyle\lim_{t\to\infty} x(t) = 0$ であり，振動は起こらない (**過減衰**)．これは摩擦力が大きい場合である．

(2) $D = 0$ であれば，重根 $\lambda = -\gamma/2m$ が存在して，

$$x(t) = c_1 e^{\lambda t} + c_2 t e^{\lambda t} \tag{2.24}$$

となる．このときも $\displaystyle\lim_{t\to\infty} x(t) = 0$ であるが，やはり振動は起こらない。(1) の場合も (2) の場合も，場合によっては一度原点を通過する (**臨界減衰**).

(3) $D < 0$ であれば，特性根は共役複素根で，$\lambda_1 = \frac{-\gamma + i\omega}{2m}$, $\lambda_2 = \frac{-\gamma - i\omega}{2m}$ となる．ここで $\omega := \sqrt{-D}$ である．このとき，

$$\begin{aligned} x(t) &= e^{-\frac{\gamma}{2m}t}\left(c_1 \cos\frac{\omega}{2m}t + c_2 \sin\frac{\omega}{2m}t\right) \\ &= e^{-\frac{\gamma}{2m}t}\sqrt{c_1^2 + c_2^2}\cos\left(\frac{\omega}{2m}t - \delta\right) \end{aligned} \tag{2.25}$$

であり，$\delta := \cos^{-1}\frac{c_1}{\sqrt{c_1^2 + c_2^2}}$ である．したがって，重りは原点のまわりで**減衰振動**を起こす．その周期は $4m\pi/\omega$ である．これは摩擦力が小さい場合で，特に摩擦がなければ，$\gamma = 0$ であり，重りは減衰しない周期振動を起こす．■

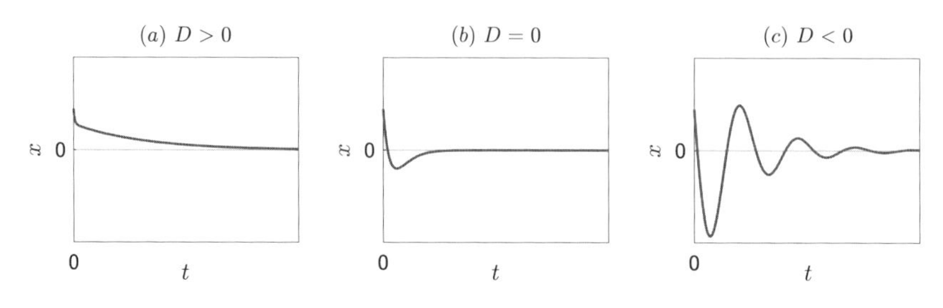

図 2.2 バネの振動の問題の解 x の挙動の例 ($m = k = 1,\ x(0) = 0.2,\ x'(0) = -0.6$ および (a) $\gamma = 8$, (b) $\gamma = 2$, (c) $\gamma = 0.4$)

この例は，簡単だが物理学の原理というものを端的に示している．近代科学の基礎は物理学と数学であるが，微分方程式で現象を表現して，対象の運動を理解して予測したり制御したりするのが近代科学の精神である．

○**演習問題** 2.5 上記の例で，初期条件 $x(0) = x_0,\ x'(0) = x_1$ を与えたときの c_1, c_2 を決定せよ．

○**演習問題** 2.6 以下の初期値問題を解け．

(1) $y'' - 2.2y' + 1.21y = 0, \quad y(0) = 1,\ y'(0) = 0.1$

(2) $y'' - 2y' + 2(\sqrt{2} - 1)y = 0, \quad y(0) = \sqrt{2},\ y'(0) = 2\sqrt{2}$

○**演習問題** 2.7 初期条件の代わりに，定義域の端での値 (境界値) を指定する問題を**境界値問題**という．以下の境界値問題を解け．

(1) $y'' - 16y = 0, \quad y(0) = 0,\ y(1) = \dfrac{e^4 + e^{-4}}{2}$

(2) $4y'' - 8y' + 5y = 0, \quad y'(0) = 5,\ y'(\pi) = 0$

○**演習問題** 2.8 変数変換によって定数係数の 2 階線形方程式に帰着される場合として，以下の**オイラー型の線形微分方程式**は有名である：

$$x^2 y''(x) + axy'(x) + by(x) = 0. \tag{2.26}$$

ここで，a, b は定数である．このとき，変数変換 $x = e^t$ によって独立変数を t に変えると，以下のような定数係数の同次線形微分方程式になることを示せ：

$$\frac{d^2y}{dt^2} + (a-1)\frac{dy}{dt} + by = 0.$$

したがって，この方程式を解いて $t = \log x$ とおけば，オイラー型の方程式 (2.26) の解の基底が得られる．

○**演習問題** 2.9 以下のオイラー型の方程式の解の基底を求めよ：

$$x^2 y'' - 2xy' + 2y = 0.$$

2.3　2 階非同次線形微分方程式

同次方程式 (2.5) の解の基底を用いて，非同次方程式 (2.1) の解を求めてみよう．

定理 2.8　非同次方程式 (2.1) の任意の解は，(2.5) の一般解 ψ と (2.1) の特殊解 ψ_0 の和として表される．したがって，(2.5) の解の基底を $\{\psi_1, \psi_2\}$ とすれば，(2.1) の一般解 ϕ は，

$$\phi(x) = c_1\psi_1(x) + c_2\psi_2(x) + \psi_0(x) \tag{2.27}$$

という形で表される．ここで c_1, c_2 は任意定数である．

証明　仮定から

$$\psi_0'' + a(x)\psi_0' + b(x)\psi_0 = c(x)$$

であるから，この式を (2.1) から辺々引き算すれば，$y - \psi_0$ が (2.5) を満たすことがわかる．したがって，(2.1) の任意の解 ϕ は，同次方程式の一般解 ψ と非同次問題の特殊解 ψ_0 の和である．□

2.3.1　未定係数法

定理 2.8 から，非同次方程式を解くためには，ともかく一つでも特殊解をみつけて，同次方程式の問題に還元することがキーとなる．簡単な定数係数の問題の場合は，非同次項 $c(x)$ の形から特殊解を推察することができる．以下でみるように，非同次項の形から特殊解の形を推測して解を求める方法を**未定係数法**という．

例 2.4　以下の非同次方程式を考えよう：

$$y'' + ay' + by = \alpha x^2 + \beta x + \gamma.$$

ここで，$a, b, \alpha, \beta, \gamma$ は定数である．このときは右辺が 2 次多項式であるから，2 次関数で特殊解を探すことが考えられる．そこで $\psi_0(x) = Ax^2 + Bx + C$ $(A, B, C$ は定数) と仮定して，与式に代入して両辺を比較すれば，

$$bA = \alpha,\ bB + 2aA = \beta,\ 2A + aB + bC = \gamma$$

となるから，$b \neq 0$ であれば，

$$A = \frac{\alpha}{b},\ B = \frac{1}{b}(\beta - 2aA),\ C = \frac{1}{b}(\gamma - 2A - aB)$$

となり，A, B, C が一意的に定まる．$b = 0$ の場合は，$a \neq 0$ であれば 3 次式，$a = 0$ であれば 4 次式として特殊解が得られることは，読者が確かめていただきたい．■

例 2.5　以下の微分方程式を考えよう：

$$y'' + ay' + by = \alpha \cos \beta x. \tag{2.28}$$

ここで，α, β はゼロでない実定数である．この問題では，右辺は三角関数で，三角関数の導関数はまた三角関数であるから，$\psi_0(x) = A \sin \beta x + B \cos \beta x$ (A, B は定数) と仮定して，代入して両辺を比較すれば，特殊解が得られる．ただし，それではうまくいかない場合もある．その点を明らかにするために，(2.28) の代わりに

$$y'' + ay' + by = \alpha e^{\lambda x} \tag{2.29}$$

を考えよう．このとき λ は複素数で，$\lambda = i\beta$ である場合に，(2.29) の実部が (2.28) になる．すなわち，複素数値関数として (2.29) の解を求め，その実部をとれば (2.28) の解となる．そこで，A を複素定数として $Ae^{\lambda x}$ を (2.29) の左辺に代入すると

$$p(\lambda) A e^{\lambda x} = \alpha e^{\lambda x} \tag{2.30}$$

を得る．ここで，$p(\lambda) = \lambda^2 + a\lambda + b$ は同次方程式の特性方程式である．$\lambda = i\beta$ が特性根でなければ，$A = \alpha / p(\lambda)$ とすれば $Ae^{\lambda x}$ が特殊解となる．

一方，λ が特性根であれば，$p(\lambda) = 0$ であり，(2.30) が成り立つ A はないから，$Ae^{\lambda x}$ は解とならない．そこで $\phi(x)$ を未知の関数として，$\phi(x)e^{\lambda x}$ を (2.29) の左辺に代入して，$p(\lambda) = 0$ を用いると，

$$\phi'' + (2\lambda + a)\phi' = \alpha \tag{2.31}$$

を得る．これは ϕ' に関する 1 階定数係数線形方程式であるから常に解くことができるが，一般解を求める必要はない．λ が重根でなければ $2\lambda + a \neq 0$ であり，ϕ としては 1 次式 $\frac{\alpha}{2\lambda + a} x$ をとれる．重根である場合は 2 次式 $(\alpha/2)x^2$ が (2.31) の解となることは視察でわかる．(2.28) のケースでは λ は純虚数で，特性方程式の純虚数解は重根ではないから ϕ として x の定数倍をとればよい．純虚数が特性根になるのは，$a = 0$ かつ $b = \beta^2$ のときだけであるから，そのときだけ $x \cos \beta x$ の定数倍として特殊解を求めればよい．■

例 2.6 **(強制自由振動)**　前節で考えたバネの振動の方程式 (2.22) をもう一度考えよう．今回は，摩擦力を無視して，その代わり外から周期的な外力を加える：

$$y'' + \omega_0^2 y = \frac{F_0}{m} \cos \omega t. \tag{2.32}$$

ここで，$\omega_0 = \sqrt{\frac{k}{m}}$，$\omega$ を**振動数**という．2π を振動数で割れば周期が得られる．右辺は，周期的に外力 $F_0 \cos \omega t$ が加わっていることを示している．この方程式の

特殊解は，もし $\omega \neq \omega_0$，すなわち外力の振動数がバネ自体の振動数 ω_0 と異なる場合は，右辺の $\cos \omega t$ は同次方程式の解ではないので，上記の未定係数法で求められる．$A \cos \omega t$ を代入すれば，

$$A = \frac{F_0}{m} \frac{1}{\omega_0^2 - \omega^2}$$

を得る．すなわち，外力と同じ周期の特殊解が存在して，一般解は

$$y(t) = c_1 \cos \omega_0 t + c_2 \sin \omega_0 t + \frac{F_0}{m} \frac{1}{\omega_0^2 - \omega^2} \cos \omega t \tag{2.33}$$

であり，これは 2 つの異なる周期をもつ周期解の重ね合わせである．したがって，解は常に有界である．

一方 $\omega_0 = \omega$ のときは，$\cos \omega_0 t$ の定数倍は同次方程式の解であるので，上の方法は使えない．そこで，複素数値関数を使って求めてみよう．(2.32) の代わりに，複素数値関数を使って，

$$y'' + \omega_0^2 y = \frac{F_0}{m} e^{i\omega_0 t} \tag{2.34}$$

を考えると, オイラーの公式から, この方程式の実部が考えている非同次方程式の解になっている．また, 右辺の $e^{i\omega_0 t}$ はそれ自身が同次方程式の解なので, その定数倍では特殊解は得られない．そこで上記の例 2.5 で示されたように, $\psi_0(t) = Ate^{i\omega_0 t}$ (A は定数) を代入して両辺を比較すると,

$$A = -\frac{F_0 i}{2m\omega_0}$$

とすれば，ψ_0 が解になることがわかる．すなわち特殊解として，

$$-\frac{F_0 i}{2m\omega_0} te^{\omega_0 t} = \frac{F_0 t}{2m\omega_0} (\sin \omega_0 t - i \cos \omega_0 t) \tag{2.35}$$

を得る．したがって，実部をとれば，(2.32) の特殊解として，

$$\psi_0(t) = \frac{F_0 t}{2m\omega_0} \sin \omega_0 t$$

が得られる．一般解は,

$$y(t) = c_1 \cos \omega_0 t + c_2 \sin \omega_0 t + \frac{F_0 t}{2m\omega_0} \sin \omega_0 t \tag{2.36}$$

である．このときは，解は有界ではなく，振幅が時間とともに無限に増大する発散振動を起こす．このような現象は，バネ本体がもっている振動数 (固有振動数) と等しい振動数の外力によって引き起こされる (**共鳴現象**). ■

○**演習問題** 2.10　(2.32) において，摩擦力がある場合は解は有界にとどまるかどうか検討せよ．

2.3.2　定数変化法

非同次方程式 (2.1) の一般解は，そもそも対応する同次方程式 (2.5) の解の基底が求められなければ得ることができないが，同次方程式の解の基底が得られれば，非同次方程式の特殊解をつくることができる．したがって一般解を得られる．ここでは，同次方程式の解の基底から非同次方程式の特殊解をつくる方法を考えよう．

いま，u_1, u_2 を同次方程式 (2.5) の解の基底であるとする．ゼロ初期条件をもつ非同次方程式 (2.1) の特殊解として，

$$y(x) = c_1(x)u_1(x) + c_2(x)u_2(x), \quad y(x_0) = y'(x_0) = 0 \tag{2.37}$$

という形を想定して，未知の関数 $c_1(x)$, $c_2(x)$ を決定しよう．ただし，$c_1(x_0) = c_2(x_0) = 0$ と仮定する．

(2.37) を微分すると，

$$y'(x) = c_1'(x)u_1(x) + c_2'(x)u_2(x) + c_1(x)u_1'(x) + c_2(x)u_2'(x)$$

となる．ここで，条件

$$c_1'(x)u_1(x) + c_2'(x)u_2(x) = 0 \tag{2.38}$$

を仮定すると，

$$y'(x) = c_1(x)u_1'(x) + c_2(x)u_2'(x) \tag{2.39}$$

なので，これを再び微分して，

$$y''(x) = c_1'(x)u_1'(x) + c_2'(x)u_2'(x) + c_1(x)u_1''(x) + c_2(x)u_2''(x).$$

そこで，$y'' + ay' + by = c$ に上記の y'', y' の表現を代入してみると，

$$c_1'(x)u_1'(x) + c_2'(x)u_2'(x) = c(x) \tag{2.40}$$

となる．ここで，u_j, $j = 1, 2$ が同次方程式 (2.5) の解であることを利用している．この条件 (2.38), (2.40) を連立させると，

$$W(u_1, u_2)(x)\boldsymbol{c}'(x) = \boldsymbol{f}(x) \tag{2.41}$$

となる．ここで，

$$\boldsymbol{c}'(x) = \begin{pmatrix} c_1'(x) \\ c_2'(x) \end{pmatrix}, \quad \boldsymbol{f}(x) = \begin{pmatrix} 0 \\ c(x) \end{pmatrix}$$

であり，$W = W(u_1, u_2)(x)$ はロンスキー行列である．u_1, u_2 は一次独立だからロンスキー行列 W は正則で，その逆行列が存在して，

$$\boldsymbol{c}'(x) = W(u_1, u_2)^{-1}(x)\boldsymbol{f}(x) = \frac{1}{\det W(u_1, u_2)(x)} \begin{pmatrix} -u_2(x)c(x) \\ u_1(x)c(x) \end{pmatrix} \tag{2.42}$$

となる．したがって，x_0 から積分すれば

$$c_1(x) = -\int_{x_0}^{x} \frac{u_2(\sigma)c(\sigma)}{\det W(u_1, u_2)(\sigma)}\, d\sigma, \quad c_2(x) = \int_{x_0}^{x} \frac{u_1(\sigma)c(\sigma)}{\det W(u_1, u_2)(\sigma)}\, d\sigma. \tag{2.43}$$

この (2.43) を (2.37) に代入して整理すると，ゼロ初期条件を満たす以下の特殊解を得る：

$$y(x) = \int_{x_0}^{x} R(x, \sigma)c(\sigma)\, d\sigma. \tag{2.44}$$

ここで，

$$R(x, \sigma) := u_1(x)\frac{\det W_1(u_1, u_2)(\sigma)}{\det W(u_1, u_2)(\sigma)} + u_2(x)\frac{\det W_2(u_1, u_2)(\sigma)}{\det W(u_1, u_2)(\sigma)} \tag{2.45}$$

であり，$\det W_k(u_1, u_2)$ はロンスキアンの第 k 列目をベクトル $(0, 1)^{\mathrm{T}}$[4] で置き換えた行列式，すなわち，

$$\det W_1(u_1, u_2)(x) := \begin{vmatrix} 0 & u_2(x) \\ 1 & u_2'(x) \end{vmatrix}, \quad \det W_2(u_1, u_2)(x) := \begin{vmatrix} u_1(x) & 0 \\ u_1'(x) & 1 \end{vmatrix}$$

である．このような方法を**定数変化法**という．

したがって，(2.1) の一般解は，c_1, c_2 を任意定数として，

$$y(x) = c_1 u_1(x) + c_2 u_2(x) + \int_{x_0}^{x} R(x, \sigma)c(\sigma)\, d\sigma \tag{2.46}$$

として得られる．

ここで，初期条件 $y(x_0)$, $y'(x_0)$ が与えられているときは，

$$\begin{pmatrix} u_1(x_0) & u_2(x_0) \\ u_1'(x_0) & u_2'(x_0) \end{pmatrix} \begin{pmatrix} c_1 \\ c_2 \end{pmatrix} = \begin{pmatrix} y(x_0) \\ y'(x_0) \end{pmatrix}$$

という連立方程式の解として c_1, c_2 を求めればよい．

○**演習問題** 2.11　$R(x, \sigma)$ は同次方程式 (2.5) の解で，以下の初期条件を満たすことを示せ：

---

4)　T は行列やベクトルの転置を示す．

$$R(x,\sigma)|_{x=\sigma}=0, \qquad \left.\frac{\partial R(x,\sigma)}{\partial x}\right|_{x=\sigma}=1. \tag{2.47}$$

このことを利用して，(2.44) が (2.1) のゼロ初期条件を満たす特殊解であることを，直接微分して確かめよ．

○**演習問題** 2.12　係数 a と b が定数であるとき，$R(x,\sigma)$ を計算せよ．

○**演習問題** 2.13　以下の微分方程式

$$y''-3y'+2y=x^2-x, \quad y(0)=y'(0)=0$$

を満たす解を，(1) 定数変化法，(2) 未定係数法，を使って求めてみよ．

2.3.3　階数低下法

同次方程式 (2.5) の係数 a, b が一般の関数の場合，解の基底を求める一般的な方法はない．しかし同次方程式の 1 つの解 u_1 が求まれば，もう一つの一次独立な解 u_2 は以下のように求めることができる．

もう一つの解を $u_2=u_1\phi$ とおこう．ただし，u_1 は考えている定義域でゼロにならないと仮定する．ここで，ϕ は未知の関数である．これを微分すれば，

$$u_2'=u_1'\phi+u_1\phi',$$
$$u_2''=u_1''\phi+2u_1'\phi'+u_1\phi''$$

となる．この式を同次方程式 (2.5) に代入して整理すれば，u_1 が同次方程式の解であることを利用すると，

$$\phi''+\left(2\frac{u_1'}{u_1}+a\right)\phi'=0 \tag{2.48}$$

となる．これは未知関数の微分 ϕ' に関する 1 階の線形微分方程式だから，

$$\phi'(x)=C\exp\left(-\int\left(2\frac{u_1'(x)}{u_1(x)}+a(x)\right)dx\right) \tag{2.49}$$

と解ける．ここで C は任意定数である．そこで，これをもう一度積分すれば ϕ が求められる．

このような方法を**階数低下法**という．

例 2.7　$x>0$ の範囲で，オイラー型の微分方程式

$$x^2y''-xy'+y=0$$

の解の基底を求めてみよう．視察によって $y=x$ が解になっていることがわかる．階数低下法を使ってみよう．ϕ を未知関数として，$y=x\phi$ とおいて，$y'=\phi+x\phi'$,

$y'' = 2\phi' + x\phi''$ をもとの方程式に代入すると，

$$\phi'' + \frac{1}{x}\phi' = 0$$

を得る．これを ϕ' の 1 階微分方程式とみなして解けば，C を任意定数として，

$$\phi'(x) = Ce^{-\int \frac{dx}{x}} = \frac{C}{x}$$

となる．よってこれをもう一度積分して，$\phi = C\log x + D$ (D は任意定数) を得る．したがって，$\{x, x\log x\}$ が解の基底になる．■

今度は非同次方程式 (2.1) を考えよう．対応する同次方程式 (2.5) の 1 つの解 u_1 が知られていれば，上記のように階数低下法によってもう一つの解の基底 u_2 が得られた．したがって，さらに定数変化法を使えば，非同次方程式 (2.1) の特殊解が得られる．しかし，階数低下法によって，u_1 から直接，非同次方程式 (2.1) の特殊解を得ることができる．上と同様に，解として $y = u_1\phi$ を仮定して，$u_1 \neq 0$ と仮定する．この解を非同次方程式 (2.1) に代入して u_1 が同次方程式 (2.5) の解であることを使うと，

$$\phi'' + \left(2\frac{u_1'}{u_1} + a\right)\phi' = \frac{c}{u_1} \tag{2.50}$$

を得る．

○**演習問題** 2.14　上記のことを確かめよ．

(2.50) は ϕ' に関する 1 階線形方程式であるから，定数変化法の公式 (1.43) で解ける．ここでたとえば，$\phi'(x_0) = 0$ と条件を付けて解けば，

$$\phi'(x) = \int_{x_0}^{x} \exp\left(-\int_{\zeta}^{x}\left(2\frac{u_1'(\sigma)}{u_1(\sigma)} + a(\sigma)\right)d\sigma\right)\frac{c(\zeta)}{u_1(\zeta)}\,d\zeta, \tag{2.51}$$

さらにこれを 1 回積分して $\phi(x_0) = 0$ とすれば，

$$\phi(x) = \int_{x_0}^{x} ds \int_{x_0}^{s} \exp\left(-\int_{\zeta}^{s}\left(2\frac{u_1'(\sigma)}{u_1(\sigma)} + a(\sigma)\right)d\sigma\right)\frac{c(\zeta)}{u_1(\zeta)}\,d\zeta \tag{2.52}$$

を得る．このとき，$y = u_1\phi$ は，$y(x_0) = y'(x_0) = 0$ という初期条件を満たす非同次方程式 (2.1) の解になっている．

例 2.8　$x > 0$ において，以下のオイラー型の非同次方程式の初期値問題を解いてみよう：

$$x^2y'' - xy' + y = x^2 + x, \quad y(1) = y'(1) = 0.$$

$y = x$ は同次方程式の解であるから，$\psi = x\phi$ と仮定して代入すれば，(2.50)

から

$$\phi'' + \frac{1}{x}\phi' = \frac{1}{x} + \frac{1}{x^2}$$

となる．そこで，これを条件 $\phi(1) = \phi'(1) = 0$ のもとで解こう．定数変化法の公式を使って，

$$\begin{aligned}\phi'(x) &= \exp\left(-\int_1^x \frac{dz}{z}\right)\int_1^x \exp\left(\int_1^z \frac{ds}{s}\right)\left(\frac{1}{z} + \frac{1}{z^2}\right)dz \\ &= \frac{1}{x}\int_1^x \left(1 + \frac{1}{z}\right)dz = 1 - \frac{1}{x} + \frac{\log x}{x}\end{aligned}$$

となる．そこで，再び初期点から積分して，

$$\phi(x) = \int_1^x \left(1 - \frac{1}{z} + \frac{\log z}{z}\right)dz = x - 1 - \log x + \frac{(\log x)^2}{2},$$

したがって，$x = 1$ でゼロ初期条件を満たす解として，

$$\psi(x) = x^2 - x - x\log x + \frac{x}{2}(\log x)^2$$

を得る． ■

2.4 べき級数による解法

2.4.1 解析的な解

いま，はじめに考えた，簡単な微分方程式を振り返ってみよう：

$$\frac{dy(t)}{dt} = ay(t), \quad y(0) = y_0. \tag{2.53}$$

この方程式に解があればそれは微分可能だが，右辺が微分可能であるから，左辺も微分可能で，y は2回微分可能であることになる．そこで，$y'' = ay'$ となるが，また右辺が微分可能だから，y は3回微分可能となる．以下同様で，じつは y は無限回微分可能なはずで，しかも $y^{(n)}(0) = ay^{(n-1)}(0) = \cdots = a^n y(0)$ となる．それゆえ，解 y の原点での形式的なテイラー展開が得られる：

$$y(t) = \sum_{n=0}^{\infty} \frac{y^{(n)}(0)}{n!}t^n = \sum_{n=0}^{\infty} \frac{(at)^n}{n!}y_0 = e^{at}y_0. \tag{2.54}$$

この場合は，既存の関数 e^{at} のテイラー展開だとわかるが，一般にも，解は収束するべき級数によって求められると考えられる．

定義 2.4　関数 f が，定義域の各点の近傍で収束半径が正の整級数 (べき級数) で表されるとき，f は**解析的** (**解析関数**である) という．

$x = x_0$ を中心とするべき級数は，a_n を定数として，

$$\sum_{n=0}^{\infty} a_n (x - x_0)^n$$

と表される級数であった．ここで，べき級数の収束半径の定義を思い出しておこう．複素数 z のべき級数 $\sum_{n=0}^{\infty} c_n (z - z_0)^n$ が収束する領域は z_0 を中心とした円盤状領域で，その外側では発散する．この円の半径が収束半径である (実数では x_0 を中心とする区間になる)．収束半径 R は，$\rho = \limsup_{n\to\infty} |c_n|^{1/n}$ とすれば $R = 1/\rho$ で与えられる (コーシー–アダマールの公式)．特に，$\lim_{n\to\infty} |c_{n+1}/c_n| = \rho$ が存在する場合は $R = 1/\rho$ である (ダランベールの公式).

$f(x)$ が $x = x_0$ 近傍で解析的であれば，必然的に無限回微分可能で，

$$f(x) = \sum_{n=0}^{\infty} \frac{f^{(n)}(x_0)}{n!} (x - x_0)^n \tag{2.55}$$

と表現される．また，べき級数で定義される関数は，その収束半径内で解析的な関数になっている．ただし以下では変数は実数と考えるので，このような関数は**実解析的**とよばれる．複素関数の場合は，解析性と無限回微分可能性は同値であるが，実関数ではそうではない．

2.4.2　解析的な係数をもつ 2 階線形微分方程式

上記の観察から，あらかじめ解がべき級数で表されると仮定して，その係数を決めることで，解を求められるのではないかと考えられる．

定理 2.9　2 階の線形微分方程式

$$y'' + a(x)y' + b(x)y = c(x), \quad x \in I \subset \mathbb{R} \tag{2.56}$$

を考える．区間 I で，$a(x), b(x), c(x)$ が与えられた解析関数であるとする．このとき，任意の $x_0 \in I$ で，初期条件 $y(x_0) = c_0, y'(x_0) = c_1$ を満たす解析的な解がただ一つ存在して，

$$y(x) = \sum_{n=0}^{\infty} c_n (x - x_0)^n \tag{2.57}$$

となる．

ここではこの定理は証明しないが，証明の方針は，解を (2.57) と仮定して方程式に代入して係数 c_n の漸化式をつくり，c_n を決定したうえで，得られたべき級数が収束することを示す，ということである．詳しくは，たとえば [20] をみていただきたい．

例 2.9 以下の初期値問題

$$(1+x^2)y'' + 2xy' - 2y = 0, \quad y(0) = 1,\ y'(0) = 0$$

をべき級数の方法で解いてみよう [16]．ここで，(実数の範囲で) 原点の近傍では $\frac{2x}{1+x^2}$, $\frac{-2}{1+x^2}$ は解析的であるから，定理 2.9 が適用できる．

$$y(x) = \sum_{n=0}^{\infty} c_n x^n$$

とおいて，微分すれば

$$y'(x) = \sum_{n=1}^{\infty} nc_n x^{n-1} = \sum_{n=0}^{\infty} (n+1)c_{n+1}x^n,$$

$$y''(x) = \sum_{n=0}^{\infty} (n+2)(n+1)c_{n+2}x^n.$$

これを方程式に代入して，右辺と比較して x^n の係数をゼロとおくと，

$$(n+2)(n+1)c_{n+2} + (n^2+n-2)c_n = 0.$$

そこで，

$$c_{n+2} = -\frac{n-1}{n+1}c_n, \quad n = 0, 1, 2, \cdots.$$

$y(0) = 1$, $y'(0) = 0$ という初期条件から，$c_0 = 1$, $c_1 = 0$ とすれば，$c_{2n-1} = 0$ であり，

$$c_{2n} = (-1)^{n-1}\frac{1}{2n-1}.$$

したがって，

$$y(x) = \sum_{n=0}^{\infty} (-1)^{n-1}\frac{1}{2n-1}x^{2n} = 1 + x\tan^{-1}x, \quad |x| < 1.$$

ここで得られた原点近傍の解析的な解は，収束半径が 1 であるから，区間 $(-1, 1)$ で定義されている．一方，

$$y(0) = 0,\ y'(0) = 1$$

という初期条件を与えると，$c_{2n} = 0$ であり，$n \geq 1$ では $c_{2n+1} = 0$ となるから，$y(x) = x$ が解となる．よって，$\{1 + x\tan^{-1}x,\ x\}$ が 2 つの一次独立な解 (基本解) になっている． ■

上記の例のように，初期条件 $(y(x_0), y'(x_0)) = (1, 0)$, $(y(x_0), y'(x_0)) = (0, 1)$ にそれぞれ対応する解 (べき級数) を求めれば，それが自動的に $x = x_0$ 近傍での一次独立な 2 つの解になる．

○**演習問題** 2.15　以下の微分方程式をべき級数の方法で解け．また，$z := y'$ を未知関数とみれば，z の 1 階微分方程式とみなせることを利用して，解析的に解を求めてみよ．

$$(1 - x^2)y'' - xy' = 1, \quad y(0) = y'(0) = 0 \tag{2.58}$$

2.4.3　確定特異点をもつ 2 階線形微分方程式

物理学や工学などでは，以下のような微分方程式がよく現れる：

$$(x - x_0)^2 y'' + (x - x_0)a(x)y' + b(x)y = 0. \tag{2.59}$$

ここで，$a(x)$, $b(x)$ は与えられた解析関数である．この方程式は，$(x - x_0)^2$ で割ると，y' と y の係数が，

$$\frac{a(x)}{x - x_0}, \quad \frac{b(x)}{(x - x_0)^2}$$

となって，$x = x_0$ では必ずしも確定した値をもたないという特異性がある．このような点を**確定特異点**という．このような場合は，$x = x_0$ の右または左近傍での解をつくることができる．解析的ではないから，べき級数では表せないので，

$$\phi(x) = (x - x_0)^\lambda \sum_{n=0}^{\infty} c_n (x - x_0)^n \tag{2.60}$$

と表せると仮定しよう．ここで $c_0 \neq 0$ で，λ は定数である．(2.60) を微分して，

$$\phi'(x) = (x - x_0)^\lambda \sum_{n=0}^{\infty} (\lambda + n) c_n (x - x_0)^{n-1},$$

$$\phi''(x) = (x - x_0)^\lambda \sum_{n=0}^{\infty} (\lambda + n)(\lambda + n - 1) c_n (x - x_0)^{n-2}$$

となる．一方，

$$a(x) = \sum_{n=0}^{\infty} a_n (x - x_0)^n, \quad b(x) = \sum_{n=0}^{\infty} b_n (x - x_0)^n$$

とおいて，ϕ とその微分，および a, b の展開式をすべて方程式 (2.59) に代入して，$(x - x_0)^{\lambda+n}$ の係数を計算すると，

$$(\lambda + n)(\lambda + n - 1)c_n + \sum_{i=0}^{n} (\lambda + i) a_{n-i} c_i + \sum_{i=0}^{n} b_{n-i} c_i$$

となるが，ϕ が解となるためには，これがゼロでなければならない．そこで，$n > 0$ であれば，

$$\{(\lambda+n)(\lambda+n-1)+(\lambda+n)a_0+b_0\}c_n+\{(\lambda+n-1)a_1+b_1\}c_{n-1}$$
$$+\cdots+\{\lambda a_n+b_n\}c_0=0. \tag{2.61}$$

$n=0$ では,

$$\lambda(\lambda-1)+\lambda a_0+b_0=0 \tag{2.62}$$

となる．これを**決定方程式**という．関数 g を

$$g(\lambda):=\lambda(\lambda-1)+\lambda a_0+b_0 \tag{2.63}$$

と定義すれば，決定方程式は $g(\lambda)=0$ となる．もし (2.60) が解であれば，λ は決定方程式の根でなければならない．

そこで，決定方程式の根を λ_1, λ_2 としよう．たとえば $c_0=1$ として，漸化式 (2.61) から係数を決めることができれば，以下のような 2 つの解ができる：

$$\begin{aligned}\phi_1(x)&=(x-x_0)^{\lambda_1}\sum_{n=0}^{\infty}c_n(x-x_0)^n,\\ \phi_2(x)&=(x-x_0)^{\lambda_2}\sum_{n=0}^{\infty}\widetilde{c}_n(x-x_0)^n.\end{aligned} \tag{2.64}$$

この 2 つの解は $\lambda_1\neq\lambda_2$ であれば，一次独立である．

○**演習問題** 2.16　このことを証明せよ．

ただし，$c_n, n>0$ の係数は $g(\lambda+n)$ であるから，もしある番号 n で $g(\lambda+n)=0$ となってしまうと，一般には c_n が決定できない．たとえば，$\lambda_1>\lambda_2$ としよう．このとき $g(\lambda_1+n)$ はゼロにならない．さらに，$\lambda_1-\lambda_2$ が自然数でなければ $g(\lambda_2+n)$ もゼロにならないので，漸化式 (2.61) から係数 $c_n, \widetilde{c}_n$ が決定できる．しかし $\lambda_1-\lambda_2$ が自然数のときは，ある自然数 n で $g(\lambda_2+n)=0$ となるために，c_n が一般には決定できなくなる．そのような場合や重根の場合は，階数低下法などでもう一つの解をみつけることができる．具体的な方法については [3], [20] などを参照していただきたい．

例 2.10 **(ベッセル関数)**　m を非負定数とするとき，

$$y''+\frac{1}{x}y'+\frac{1}{x^2}(x^2-m^2)y=0 \tag{2.65}$$

を**ベッセルの微分方程式**という．ベッセルの微分方程式は原点に確定特異点をもつ．その級数解は**ベッセル関数**とよばれ，円形膜の振動問題のような物理学的な問題の解析において頻繁に現れる．(2.65) は，(2.59) において $x_0=0, a(x)=1, b(x)=-m^2+x^2$ としたものであるから，決定方程式は $\lambda^2-m^2=0$ である．そ

こで，$\lambda = m$ に対応する解を求めよう．$x > 0$ という領域で

$$y(x) = x^m \sum_{n=0}^{\infty} c_n x^n$$

とおいて，(2.65) に代入すれば，

$$\sum_{n=0}^{\infty} (n+m)(n+m-1)c_n x^{n+m-2} + \sum_{n=0}^{\infty} c_n x^{n+m-2} + \sum_{n=0}^{\infty} (x^2 - m^2) c_n x^{n+m-2} = 0.$$

これより，

$$\sum_{n=0}^{\infty} [(m+n)^2 - m^2] c_n x^{n+m-2} + \sum_{n=0}^{\infty} c_n x^{n+m} = 0.$$

そこで，c_0 は任意にとれるが，$c_1 = 0$ であり，漸化式

$$c_{n+2} = -\frac{c_n}{(n+2)(n+2m+2)}$$

が成り立つ．これより $k = 0, 1, 2, \cdots$ として，

$$c_{2k+1} = 0, \quad c_{2k} = (-1)^k \frac{m! c_0}{4^k (m+k)! k!}$$

を得る．特に $c_0 = 1/(2^m m!)$ として得られた解

$$y(x) = \sum_{k=0}^{\infty} \frac{(-1)^k}{k! \Gamma(m+k+1)} \left(\frac{x}{2}\right)^{m+2k}$$

を $J_m(x)$ と書いて，m 次の**第一種ベッセル関数**という．ここで，$\Gamma(x)$ はガンマ関数で，

$$\Gamma(x) := \int_0^{\infty} e^{-z} z^{x-1} dz \tag{2.66}$$

と定義される．特に x が自然数 n のときは，

$$\Gamma(n+1) = n\Gamma(n) = n! \tag{2.67}$$

であるから，ガンマ関数は階乗の一般化とみなせる．なお，$m \geq 0$ がゼロまたは正の整数でなければ，$\lambda = -m$ に対しても上と同様な方法を適用して，一次独立なもう一つの解 $J_{-m}(x)$ が求められる．一方，m がゼロまたは正の整数である場合は，階数低下法などによってもう一つの一次独立な解 (第二種ベッセル関数) が求められる [3, 16, 20, 33]．このように，2 階微分方程式の解として導入される**特殊関数**は，物理学や工学において非常に重要な役割を果たしている． ■

2.5 ラプラス変換による解法

ここでは，ラプラス変換による線形微分方程式の解法を紹介しよう．ラプラス変換は，その初等的適用においては微分方程式を代数計算のように容易に解くための便法のようにみえるが，線形システムの本質的な構造を明らかにするすぐれた方法である．

2.5.1 定義と基本的計算

区分的に連続な関数 $f(t), t \geq 0$ の**ラプラス変換**を以下のように定義する：

$$\mathcal{L}[f](s) = \widehat{f}(s) = \int_0^\infty e^{-st} f(t)\,dt, \quad s \in \mathbb{C}. \tag{2.68}$$

ここで $\mathcal{L}$ は線形作用素としての書き方で，以下では適宜使いやすい記法を用いる．ラプラス変換 $\mathcal{L}[f] = \widehat{f}$ に対して f を**原像**あるいは**原関数**とよび，$\widehat{f}$ を**像関数**とよぶ．

命題 2.2 $f : \mathbb{R}_+ \to \mathbb{R}$ は区分的に連続で，ある定数 $M > 0$, $k \geq 0$ が存在して $|f(t)| \leq Me^{kt}$ であれば，$\Re s > k$ に対して $\mathcal{L}[f](s)$ が存在する．また，$\mathcal{L}[f] = \mathcal{L}[g]$ ならば，ほとんどいたるところで $f = g$ である．

上記の主張の前半は，条件のもとではラプラス変換の積分が絶対収束することからわかる．実際，任意の $w > v > 0$ に対して，

$$\left| \int_v^w e^{-st} f(t)\,dt \right| \leq \int_v^w e^{-\Re st} |f(t)|\,dt \leq M \int_v^w e^{-(\Re s - k)t} dt$$

であり，右辺は，v, w が十分に大きければいくらでも小さくなる．したがってコーシーの収束条件から，$\int_0^\infty e^{-st} f(t)\,dt$ が存在する．原像の一意性についての詳細は，たとえば [37] を参照していただきたいが，**ラプラス逆変換**が定義できて，ラプラス変換 $\widehat{f}$ から原像 f を計算することができることによる．実際，f を $f(t) = 0$, $t < 0$ として拡張して考えれば，

$$\widehat{f}(s) = \int_0^\infty e^{-st} f(t)\,dt = \int_{-\infty}^\infty e^{-i\xi t} [e^{-\eta t} f(t)]\,dt$$

となる．ここで $s = \eta + i\xi$ である．よって，f のラプラス変換は関数 $e^{-\eta t} f(t)$ のフーリエ変換とみなせる．そこで，η を固定してフーリエ逆変換を行えば，$ds = i\,d\xi$ であるから，

$$e^{-\eta t} f(t) = \frac{1}{2\pi} \int_{-\infty}^\infty e^{i\xi t} \widehat{f}(\eta + i\xi)\,d\xi = \frac{1}{2\pi i} \int_{\eta - i\infty}^{\eta + i\infty} e^{i\xi t} \widehat{f}(s)\,ds.$$

よって形式的に,

$$f(t) = \frac{1}{2\pi i}\int_{\eta-i\infty}^{\eta+i\infty} e^{st}\widehat{f}(s)\,ds \tag{2.69}$$

という**反転公式**が得られる.

簡単のため，以下ではパラメータ s としては実数のみを考えておく．基本的なよくでてくる関数のラプラス変換を計算してみよう.

まず，べき関数 $f(t)=t^p,\ p\geq 0$ を変換する：

$$\mathcal{L}[t^p](s) = \int_0^\infty t^p e^{-st}dt = \frac{1}{s^{p+1}}\int_0^\infty e^{-z}z^p\,dz = \frac{\Gamma(p+1)}{s^{p+1}}. \tag{2.70}$$

以下，いくつかの例をあげよう．a は定数である.

$$\mathcal{L}[t^n e^{at}](s) = \frac{n!}{(s-a)^{n+1}}, \quad s>a,\ n=0,1,2,\cdots, \tag{2.71}$$

$$\mathcal{L}[\sin at](s) = \frac{a}{s^2+a^2}, \quad \mathcal{L}[\cos at](s) = \frac{s}{s^2+a^2}, \tag{2.72}$$

$$\mathcal{L}[\sinh at](s) = \frac{a}{s^2-a^2}, \quad \mathcal{L}[\cosh at](s) = \frac{s}{s^2-a^2}, \quad s>a. \tag{2.73}$$

○**演習問題** 2.17　上記のラプラス変換を計算して，確認せよ.

ラプラス変換をパラメータで微分すると，新しい変換公式を得ることができる．たとえば，(2.72) をパラメータ a で微分して，以下を得る：

$$\mathcal{L}[t\sin at](s) = \frac{2as}{(s^2+a^2)^2}, \quad \mathcal{L}[t\cos at](s) = \frac{s^2-a^2}{(s^2+a^2)^2}. \tag{2.74}$$

○**演習問題** 2.18　$a\neq 0$ を定数として,

$$f(t) = \frac{1}{2a^3}(\sin at - at\cos at)$$

のラプラス変換を求めよ.

ラプラス変換は不連続関数でも計算できることが強みである．たとえば，以下の不連続関数を**ヘビサイド関数**という：

$$H_a(t) = \begin{cases} 1, & t>a, \\ 0, & t\leq a. \end{cases} \tag{2.75}$$

このとき,

$$\widehat{H_a}(s) = \int_a^\infty e^{-st}dt = \frac{e^{-sa}}{s}, \quad s>0 \tag{2.76}$$

となる．また,

$$\mathcal{L}[f(t-a)H_a(t)](s) = e^{-as}\widehat{f}(s) \tag{2.77}$$

である．ここで，$f(t-a)H_a(t)$ という関数は，

$$f(t-a)H_a(t) = \begin{cases} f(t-a), & t > a, \\ 0, & t \le a \end{cases} \tag{2.78}$$

と定義する．ラプラス変換は通常，半直線 $t \ge 0$ で定義された関数に対して定義されるため，それを右側に $a > 0$ だけずらした場合，$t < a$ での値は定義されないことになるが，上記のように書いた場合，$t < a$ での値はゼロとして定義されていると考えるのである．

○**演習問題** 2.19　上記のラプラス変換を計算して，確認せよ．

2.5.2　ラプラス変換の基本的性質

ラプラス変換は線形演算である．α, β を定数とすれば，以下が成り立つ：

$$\mathcal{L}[\alpha f + \alpha g] = \alpha\mathcal{L}[f] + \beta\mathcal{L}[g]. \tag{2.79}$$

微分方程式に適用する場合，一番重要な性質は，ラプラス変換を行うと，原関数に対する微分積分操作が，像関数に対しては，パラメータのかけ算割り算になることである：

$$\mathcal{L}[f^{(n)}](s) = s^n\mathcal{L}[f] - s^{n-1}f(0) - \cdots - f^{(n-1)}(0), \tag{2.80}$$

$$\mathcal{L}[F](s) = \frac{1}{s}\mathcal{L}[f](s), \tag{2.81}$$

ただし，$F(t) = \int_0^t f(x)\,dx$ である．逆に，原関数に独立変数のべき乗をかける操作は，像関数を微分する操作になる：

$$\mathcal{L}[t^n f](s) = (-1)^n \frac{d^n}{ds^n}\widehat{f}(s), \quad n = 1, 2, \cdots. \tag{2.82}$$

他方，逆べきをかけると，像関数への積分操作になる：

$$\mathcal{L}[t^{-1} f](s) = \int_s^\infty \widehat{f}(x)\,dx. \tag{2.83}$$

また, 指数関数を原関数にかけると, その像関数はシフトをうける (左右へずらす):

$$\mathcal{L}[e^{at} f(t)](s) = \widehat{f}(s-a). \tag{2.84}$$

逆に，原関数を平行移動してラプラス変換すると，像関数に指数関数をかけたことになる：

$$\mathcal{L}[f(t-a)H_a(t)](s) = e^{-as}\widehat{f}(s). \tag{2.85}$$

○**演習問題** 2.20　上記の基本性質 (2.80)–(2.85) を証明せよ．

定義 2.5　関数 f, g の**合成積**は，以下で定義される：

$$(f * g)(t) = \int_0^t f(s)g(t-s)\,ds. \tag{2.86}$$

合成積のラプラス変換を計算してみよう．

$$\begin{aligned}\int_0^\infty e^{-st}\int_0^t f(x)g(t-x)\,dxdt &= \int_0^\infty dx f(x)\int_x^\infty e^{-st}g(t-x)\,dt \\ &= \int_0^\infty e^{-sx}f(x)\,dx\int_0^\infty e^{-sz}g(z)\,dz.\end{aligned}$$

ここで，重積分の順序交換と変数変換を行った．よって以下がわかった：

命題 2.3　合成積のラプラス変換は，それぞれの関数のラプラス変換の積になる：

$$\mathcal{L}[f * g] = \mathcal{L}[f]\mathcal{L}[g]. \tag{2.87}$$

2.5.3　定数係数線形微分方程式の解法

ラプラス変換を用いて微分方程式を解いてみよう．はじめに，1 階の線形非同次方程式の初期値問題

$$y' = ay + b(t), \quad y(0) = \alpha \tag{2.88}$$

を考える．(2.88) のラプラス変換を行えば，

$$s\widehat{y}(s) - \alpha = a\widehat{y}(s) + \widehat{b}(s).$$

よって，

$$\widehat{y}(s) = \frac{\alpha + \widehat{b}(s)}{s-a} = \alpha\mathcal{L}[e^{at}](s) + \mathcal{L}[e^{at} * b(t)](s).$$

これより

$$y(t) = \alpha e^{at} + \int_0^t e^{a(t-x)}b(x)\,dx \tag{2.89}$$

となることがわかる．これは定数変化法の公式にほかならない．

2 階の方程式の場合はどうだろうか．

$$y'' + ay' + by = f(t), \quad y(0) = \alpha,\ y'(0) = \beta \tag{2.90}$$

を考えよう．ここで，α, β は定数である．y の微分のラプラス変換をとると，

$$\mathcal{L}[y'](s) = s\mathcal{L}[y](s) - \alpha,$$
$$\mathcal{L}[y''](s) = s^2\mathcal{L}[y](s) - (\alpha s + \beta)$$

となるから，

$$(s^2 + \alpha s + b)\mathcal{L}[y](s) = \mathcal{L}[f](s) + ((a+s)\alpha + \beta) \tag{2.91}$$

より，

$$\mathcal{L}[y](s) = \frac{\mathcal{L}[f](s)}{p(s)} + \frac{(s+a)\alpha + \beta}{p(s)}. \tag{2.92}$$

ここで，$p(s) = s^2 + \alpha s + \beta$ は特性方程式にほかならない．また，上式 (2.92) の第 1 項はゼロ初期条件に対応する非同次方程式の解のラプラス変換になっているから，第 2 項は初期条件を満たす同次方程式の解のラプラス変換であるはずである．これを部分分数分解してラプラス変換の原像を求めれば，解を得ることができる．

例 2.11　以下の初期値問題

$$y'' - 4y + 3y = \sin t, \quad y(0) = \alpha,\ y'(0) = \beta$$

を考える．上の結果 (2.92) から，

$$\begin{aligned}
\mathcal{L}[y](s) &= \frac{\mathcal{L}[\sin t](s)}{s^2 - 4s + 3} + \frac{(s+a)\alpha + \beta}{s^2 - 4s + 3} \\
&= \frac{1}{(s-3)(s-1)(s^2+1)} + \frac{(s-4)\alpha + \beta}{(s-3)(s-1)} \\
&= -\frac{1}{4}\frac{1}{s-1} + \frac{1}{20}\frac{1}{s-3} + \frac{1}{10}\left(\frac{2s}{s^2+1} + \frac{1}{s^2+1}\right) + \left(\frac{A}{s-1} + \frac{B}{s-3}\right).
\end{aligned}$$

ここで，$A = (3/2)\alpha - \beta/2$, $B = -\alpha/2 + \beta/2$ である．これから，逆変換すると，

$$y(t) = \left(A - \frac{1}{4}\right)e^t + \left(B + \frac{1}{20}\right)e^{3t} + \frac{1}{10}(2\cos t + \sin t)$$

を得る． ■

○**演習問題** 2.21　以下の微分方程式

$$y'' + 4y = \sin \omega t$$

を初期条件 $y(0) = \alpha$, $y'(0) = \beta$ のもとで，ラプラス変換により解け．$\omega^2 = 4$ (共鳴) のときは，逆変換には演習問題 2.18 の結果を利用できる．

例 2.12　以下の初期値問題を考えよう：

$$y'' + ay' + by = f(t), \quad y(0) = y'(0) = 0. \tag{2.93}$$

両辺のラプラス変換をとると，

$$\widehat{y}(s) = \frac{\widehat{f}(s)}{p(s)}$$

となることがわかる．ここで，$p(s)$ は特性方程式である．特性方程式は 2 つの異なる根 α, β をもつと仮定すると，$p(s) = (s-\alpha)(s-\beta)$ となり，

$$\frac{1}{p(s)} = \frac{1}{p'(\alpha)(s-\alpha)} + \frac{1}{p'(\beta)(s-\beta)} = \mathcal{L}\left[\frac{e^{\alpha t}}{p'(\alpha)} + \frac{e^{\beta t}}{p'(\beta)}\right](s).$$

したがって

$$R(t) := \frac{e^{\alpha t}}{p'(\alpha)} + \frac{e^{\beta t}}{p'(\beta)} = \frac{e^{\alpha t} - e^{\beta t}}{\alpha - \beta} \tag{2.94}$$

とおけば，$\mathcal{L}[R](s) = 1/p(s)$ であり，

$$\mathcal{L}[R * f](s) = \frac{\widehat{f}(s)}{p(s)}$$

となる．よって，

$$y(t) = (R * f)(t) = \int_0^t R(t-\sigma) f(\sigma)\, d\sigma \tag{2.95}$$

を得る．ここで R は演習問題 2.12 で計算した $R(t, 0)$ にほかならない．■

例 2.13 (再生積分方程式)　ラプラス変換は，線形方程式であれば，常微分方程式だけではなく偏微分方程式や積分方程式を解く場合にも使用できる．特に，以下のような合成積型の積分方程式 (**再生方程式**) には有効である：

$$B(t) = G(t) + \int_0^t \Psi(\tau) B(t-\tau)\, d\tau. \tag{2.96}$$

ここで，G, Ψ は有界な区間上でだけゼロではない，与えられた非負連続関数であり，B が未知関数である．人口学においては，(2.96) は**ロトカの積分方程式**として知られ，封鎖人口集団における単位時間当たりの出生数 B を決定する方程式である [2, 11–15]．その場合，$\Psi(\tau)$ は年齢 τ における出生率と生残率の積 (**純再生産率**) である．この方程式の両辺のラプラス変換をとれば

$$\widehat{B}(s) = \widehat{G}(s) + \widehat{\Psi}(s)\widehat{B}(s)$$

となるから，

$$\widehat{B}(s) = \frac{\widehat{G}(s)}{1 - \widehat{\Psi}(s)}$$

を得る．右辺を逆変換すれば

$$B(t) = \frac{1}{2\pi i}\int_{\sigma-i\infty}^{\sigma+i\infty} e^{st}\frac{\widehat{G}(s)}{1-\widehat{\Psi}(s)}\,ds \tag{2.97}$$

として B が得られる．ここで，σ は $\widehat{B}(s)$ が存在するような十分に大きな実数である．仮定のもとでは，方程式 $1-\widehat{\Psi}(s)=0$ (**オイラー–ロトカの特性方程式**) を満たす実数 r_0 がただ一つ存在する．それが人口の**内的成長率**であり，$\lim_{t\to\infty} e^{-r_0 t}B(t)$ は正定数に収束する．すなわち，B は漸近的に内的成長率で指数関数的に成長することが示される．このとき $R_0 = \widehat{\Psi}(0) = \int_0^\infty \Psi(\tau)\,d\tau$ とおけば，$R_0 - 1$ の符号と r_0 の符号は一致する．R_0 は個体が生涯に生むと期待される平均子ども数[5]で，**基本再生産数**とよばれる [11, 15]. ■

○**演習問題** 2.22　以下の積分方程式を解け：

$$y(t) = 1 + \int_0^t \sin(\tau)y(t-\tau)\,d\tau.$$

○**演習問題** 2.23　以下の微分積分方程式を，ラプラス変換を用いて解け [29]：

$$y'(t) + \int_0^t y(\tau)\cosh(t-\tau)\,d\tau = 0,\ y(0) = 1.$$

例 2.14 **(周期関数のラプラス変換)**　ラプラス変換の強みの一つは，不連続関数や周期関数をうまく扱えることである．いま $f(t)$ が周期的，すなわち，ある $p>0$ が存在して，$f(t+p) = f(t),\ t\in\mathbb{R}$ であるとき，そのラプラス変換を考えると，

$$\int_0^\infty e^{-st}f(t)\,dt = \sum_{n=0}^\infty \int_{np}^{(n+1)p} e^{-st}f(t)\,dt \tag{2.98}$$

であるが，ここで，周期性から，

$$\int_{np}^{(n+1)p} e^{-st}f(t)\,dt = \int_0^p e^{-st-snp}f(t)\,dt = e^{-snp}\int_0^p e^{-st}f(t)\,dt$$

と計算できる．したがって，等比数列の和の公式から，

$$\widehat{f}(s) = \frac{1}{1-e^{-sp}}\int_0^p e^{-st}f(t)\,dt \tag{2.99}$$

となることがわかる． ■

○**演習問題** 2.24　$y(t) = |\sin t|$ のラプラス変換を求めよ．

---

5) 女性の再生産を考えている場合は女児のみをカウントする．

2.6　n 階線形微分方程式

これまで考えてきた 2 階線形微分方程式の理論は，ほぼそのまま n 階 $(n \geq 3)$ の線形微分方程式に適用できる．非同次の n 階線形微分方程式は，

$$y^{(n)}(x) + a_1(x)y^{(n-1)}(x) + \cdots + a_n(x)y(x) = c(x) \qquad (2.100)$$

という未知関数 $y = y(x)$ とその n 階までの導関数の関係式である．ここで，$a_j(x)$, $j = 1, 2, \cdots, n$ はある区間 $I \subset \mathbb{R}$ で連続な関数である．$x_0 \in I$ における初期条件は，

$$y(x_0) = y_{01},\ y'(x_0) = y_{02},\ \cdots\ ,\ y^{(n-1)}(x_0) = y_{0n} \qquad (2.101)$$

という n 個の条件である．

2.6.1　基 礎 定 理

以下では，2 階線形微分方程式と同様に成り立つ定理を列挙しておこう．証明は同様にできるので省略する．

定理 2.10　$x_0 \in I$ で初期条件 (2.101) を与えた場合，初期条件を満たす (2.100) の解 $y = y(x)$, $x \in I$ がただ一つ存在する．

同次方程式

$$y^{(n)}(x) + a_1(x)y^{(n-1)}(x) + \cdots + a_n(x)y(x) = 0 \qquad (2.102)$$

については，以下が成り立つ：

定理 2.11　(2.102) で，$y(x_0) = y'(x_0) = \cdots = y^{(n-1)}(x_0) = 0$ となる初期条件 (ゼロ初期条件) を満たす解は定数値関数 $y \equiv 0$ だけである．

定理 2.12　ϕ_k, $k = 1, 2, \cdots, m$ を (2.102) を満たす m 個の解とすれば，c_k を係数とするその一次結合 $\sum_{k=1}^{m} c_k\phi_k$ も解となる．

定義 2.6　区間 $I \subset \mathbb{R}$ で定義された関数の組 $\{\phi_1, \phi_2, \cdots, \phi_m\}$ に対して，

$$\sum_{k=1}^{m} c_k\phi_k = 0 \qquad (2.103)$$

を満たす定数の組 $\{c_1, c_2, \cdots, c_m\}$ で，$(c_1, c_2, \cdots, c_m) \neq \mathbf{0}$ となるものが存在するとき，$\{\phi_1, \phi_2, \cdots, \phi_m\}$ は**一次従属**であるという．そうではない場合，すなわち，もし (2.103) が成り立てば，$(c_1, c_2, \cdots, c_m) = \mathbf{0}$ となるとき，$\{\phi_1, \phi_2, \cdots, \phi_m\}$

は**一次独立**であるという.

定義 2.7 $\phi_k,\ k=1,2,\cdots,n,\ \phi_k \in C^{n-1}(I)$ に対して，関数行列

$$W(\phi_1,\phi_2,\cdots,\phi_n)(x) := \begin{pmatrix} \phi_1(x) & \phi_2(x) & \cdots & \phi_n(x) \\ \phi_1'(x) & \phi_2'(x) & \cdots & \phi_n'(x) \\ \vdots & \vdots & \cdots & \vdots \\ \phi_1^{(n-1)}(x) & \phi_2^{(n-1)}(x) & \cdots & \phi_n^{(n-1)}(x) \end{pmatrix} \tag{2.104}$$

を**ロンスキー行列**という．また，その行列式 $\det W(\phi_1,\phi_2,\cdots,\phi_n)(x)$ を**ロンスキー行列式** (ロンスキアン) という.

○**演習問題 2.25** 区間 $I \subset \mathbb{R}$ で定義された関数の組 $\{\phi_1,\phi_2,\cdots,\phi_m\} \subset C^{m-1}$ が一次従属であれば，そのロンスキアンは任意の $x \in I$ でゼロであることを示せ.

ロンスキー行列式によって，同次方程式 (2.102) の解の一次独立性の判定ができる：

定理 2.13 n 階同次線形微分方程式 (2.102) を満たす解の組 $\{\phi_1,\phi_2,\cdots,\phi_n\}$ が区間 I で存在すると仮定する：

(1) $\{\phi_1,\phi_2,\cdots,\phi_n\}$ が区間 I で一次独立であるためには，すべての $x \in I$ に対して，$\det W(\phi_1,\phi_2,\cdots,\phi_n)(x) \neq 0$ となることが必要十分である.

(2) $\{\phi_1,\phi_2,\cdots,\phi_n\}$ が区間 I で一次従属であるためには，すべての $x \in I$ に対して，$\det W(\phi_1,\phi_2,\cdots,\phi_n)(x) = 0$ となることが必要十分である.

定理 2.14 同次方程式 (2.102) の一次独立な解の組 $\{\phi_1,\phi_2,\cdots,\phi_n\}$ が存在すれば，任意の解 ψ は，その一次結合 $\psi = \sum_{k=1}^{n} c_k\phi_k$ として一意的に表される.

定理 2.15 同次方程式 (2.102) に対して，一次独立な n 個の解 (解の基底) が存在する.

このことから，n 階同次方程式 (2.102) の解の集合は n 次元ベクトル空間をなすことがわかる.

定理 2.16 非同次方程式 (2.100) の任意の解は，同次方程式 (2.102) の一般解と，(2.100) の特殊解 ψ_0 の和として表される．したがって，(2.102) の解の基底を $\{\phi_1,\phi_2,\cdots,\phi_n\}$ とすれば，(2.100) の一般解 ψ は，$c_k,\ k=1,2,\cdots,n$ を任

意定数として

$$\psi = \sum_{k=1}^{n} c_k \phi_k + \psi_0 \tag{2.105}$$

と表される．

2.6.2　定数係数 n 階線形微分方程式の解法

同次方程式 (2.102) の係数が定数である場合，特性方程式が

$$p(\lambda) = \lambda^n + a_1 \lambda^{n-1} + \cdots + a_n = 0 \tag{2.106}$$

となることは，$e^{\lambda x}$ を (2.102) に代入してみればわかる．この特性多項式に対応して，微分作用素 $p(D)$, $D = d/dx$ を

$$p(D) = D^n + a_1 D^{n-1} + \cdots + a_n \tag{2.107}$$

と定義すれば[6]，(2.102) は $p(D)y = 0$ と書ける．λ_j, $j = 1, 2, \cdots, s$ を相異なる特性根[7]として，その重複度を m_j とすれば，$n = \sum_{j=1}^{s} m_j$ であり，

$$p(D) = (D - \lambda_1)^{m_1} (D - \lambda_2)^{m_2} \cdots (D - \lambda_s)^{m_s} \tag{2.108}$$

と因数分解できる．したがって，

$$(D - \lambda_k)^{m_k} y = 0 \tag{2.109}$$

となる y が解となる．

(2.20) から，$\phi(x)$ が高々 $m_k - 1$ 次多項式であれば $e^{\lambda_k x}\phi(x)$ は (2.109) の解になることがわかる．したがって，特性多項式の m_k 重根 λ_k に対応して，以下の m_k 個の一次独立な解がある：

$$e^{\lambda_k x}, \quad x e^{\lambda_k x}, \ x^2 e^{\lambda_k x}, \ \cdots, \ x^{m_k - 1} e^{\lambda_k x}. \tag{2.110}$$

それゆえ，(2.102) にはちょうど $n = m_1 + m_2 + \cdots + m_s$ 個の $x^{\alpha x} e^{\lambda_k x}$, $0 \le \alpha \le m_k - 1$, $1 \le k \le s$ の形の一次独立な解があることがわかる．特に $\lambda_k = a_k + b_k i$, $a_k, b_k \in \mathbb{R}$, $b_k \neq 0$ が複素根である場合は，その複素共役 $\overline{\lambda}_k = a_k - b_k i$ も根であり，それぞれの重複度を q_k とするとき，

$$x^\ell e^{a_k x} \cos b_k x, \quad x^\ell e^{a_k x} \sin b_k x, \quad \ell = 0, 1, 2, \cdots, q_k - 1 \tag{2.111}$$

という $2q_k$ 通りの一次独立な実の解が存在する．

---

6)　$D^k = \frac{d^k}{dx^k}$ である．

7)　$p(\lambda) = 0$ の根．

最後に，定数係数の非同次方程式

$$y^{(n)}(x) + a_1 y^{(n-1)}(x) + \cdots + a_n y(x) = c(x) \tag{2.112}$$

を考える．$c(x) = 0$ として得られる同次方程式の解の基底が求められていれば，先にみたように，1 つの特殊解を求めれば一般解が得られる．特殊解を得るためには，2 階の方程式の場合と同様に定数変化法を使うことができる．ここでは議論を繰り返すことはせず，定数係数の場合に限らず，より一般に (2.102) に対して成り立つ以下の公式をあげておこう．

定理 2.17　ϕ_k, $k = 1, 2, \cdots, n$ を同次方程式の解の基底とする．$\det W(\phi_1, \phi_2, \cdots, \phi_n)(x)$ をロンスキアン，$\det W_k(\phi_1, \phi_2, \cdots, \phi_n)(x)$ はロンスキアンの第 k 列を縦ベクトル $(0, 0, \cdots, 0, 1)^{\mathrm{T}}$ で置き換えた行列式とすると，(2.102) の一般解は

$$y(x) = \sum_{k=1}^{n} c_k \phi_k(x) + \sum_{k=1}^{n} \phi_k(x) \int_{x_0}^{x} \frac{\det W_k(\phi_1, \phi_2, \cdots, \phi_n)(\sigma)}{\det W(\phi_1, \phi_2, \cdots, \phi_n)(\sigma)} c(\sigma)\, d\sigma \tag{2.113}$$

となる．ここで，c_k は任意定数で，$x_0 \in I$ は任意の初期点である．

(2.113) の証明は，$n = 2$ の場合はすでに (2.46) で与えた．一般の場合は 2 階の場合と同様に導くことができる [43]．

3

連立線形微分方程式

本章と次章では，連立の 1 階微分方程式を扱う．本章で扱う線形微分方程式は，線形代数と微分方程式が交錯する領域であり，次章の非線形方程式やあらゆる現象の数理モデルを考えてゆくための出発点となる初等微分方程式論の理論的核心である．

3.1 基礎的性質

いままでは，1 つの未知関数に関する微分方程式を扱ったが，以下では多数の未知関数に対する連立微分方程式を考えよう．ベクトルと行列の記法を使って，以下の方程式を考える：

$$\frac{d\boldsymbol{y}(t)}{dt} = A(t)\boldsymbol{y}(t) + \boldsymbol{b}(t), \quad t \in I \subset \mathbb{R}, \tag{3.1}$$

$$A(t) = \begin{pmatrix} a_{11}(t) & \cdots & a_{1n}(t) \\ \vdots & & \vdots \\ a_{n1}(t) & \cdots & a_{nn}(t) \end{pmatrix}, \ \boldsymbol{y}(t) = \begin{pmatrix} y_1(t) \\ \vdots \\ y_n(t) \end{pmatrix}, \ \boldsymbol{b}(t) = \begin{pmatrix} b_1(t) \\ \vdots \\ b_n(t) \end{pmatrix}.$$

ここで，A は $n \times n$ 行列で各要素は与えられた連続関数である．$\boldsymbol{y}(t)$ は実変数の n 次元の未知のベクトル値関数，$\boldsymbol{b}$ は与えられた n 次元ベクトル値の連続関数である．

$n = 2$ の場合に 2.1 節で述べたように，一般に単独 n 階線形微分方程式は，上記のような n 次元の連立 1 階線形微分方程式に変換することができる．実際，

$$y^{(n)} + a_1(t)y^{(n-1)} + \cdots + a_n(t)y = b(t) \tag{3.2}$$

という n 階の線形微分方程式を考えると，$y_1 = y$ として，以下順次 y_j，$j = 2, 3, \cdots, n$ を，変換

$$\frac{dy_j}{dt} = y_{j+1}, \quad 1 \le j \le n-1$$
$$\frac{dy_n}{dt} = -a_n y_1 - \cdots - a_1 y_n + b \tag{3.3}$$

によって定めると,

$$A(t) = \begin{pmatrix} 0 & 1 & 0 & \cdots & \cdots & 0 \\ 0 & 0 & 1 & 0 & \cdots & 0 \\ \vdots & & & \ddots & & \vdots \\ \vdots & & & & \ddots & \vdots \\ 0 & \cdots & \cdots & \cdots & 0 & 1 \\ -a_n & -a_{n-1} & \cdots & \cdots & -a_2 & -a_1 \end{pmatrix}, \tag{3.4}$$

$$\boldsymbol{y}(t) = \begin{pmatrix} y_1(t) \\ \vdots \\ y_n(t) \end{pmatrix}, \quad \boldsymbol{b}(t) = \begin{pmatrix} 0 \\ \vdots \\ 0 \\ b(t) \end{pmatrix}$$

とおけば, 連立微分方程式 (3.1) の形に書けることがわかる. したがって, 連立の線形微分方程式が解ければ, 単独の n 階線形方程式は解けることになる.

すでにみた微分方程式の解の存在定理は, n 次元の 1 階方程式に容易に拡張できる. したがって, 以下の存在定理が得られる.

定理 3.1 $A(t), \boldsymbol{b}(t)$ は区間 I で連続と仮定する. このとき, 初期値問題

$$\frac{d\boldsymbol{y}(t)}{dt} = A(t)\boldsymbol{y} + \boldsymbol{b}(t), \quad \boldsymbol{y}(t_0) = \boldsymbol{y}_0,\ t_0 \in I \tag{3.5}$$

は I において, ちょうど一つの解をもつ.

定理 3.2 同次方程式

$$\frac{d\boldsymbol{y}(t)}{dt} = A(t)\boldsymbol{y}(t), \quad t \in I \subset \mathbb{R} \tag{3.6}$$

においては,

(1) ゼロ初期条件 $\boldsymbol{y}_0 = \boldsymbol{0}$ に対応する解は自明な解 $\boldsymbol{y} = \boldsymbol{0}$ に限る.

(2) $\boldsymbol{\phi}_i,\ i = 1, 2, \cdots$ が解であれば, c_i を任意定数として, 一次結合 $\sum c_i \boldsymbol{\phi}_i$ も解である (**重ね合わせの原理**).

同次方程式 (3.6) の n 個の解ベクトル $\boldsymbol{\phi}_i,\ 1 \le i \le n$ を列ベクトルとした行列 $\Phi(t) = (\boldsymbol{\phi}_1(t), \cdots, \boldsymbol{\phi}_n(t))$ を**解行列**という. 特に一次独立な n 個の解ベクトルを**解の基底**, あるいは**解の基本系**などという. 解ベクトルの一次独立性は, それに

よる解行列が正則であるかどうかで判定される：

定理 3.3　(1) 同次方程式 (3.6) の n 個の解ベクトル $\boldsymbol{\phi}_i$, $1 \leq i \leq n$ が一次従属であれば, 解行列 $\Phi(t)$ は任意の $t \in I$ で正則ではない, すなわち $\det \Phi(t) = 0$ である．逆も成り立つ．

(2) 同次方程式の n 個の解ベクトル $\boldsymbol{\phi}_i$, $1 \leq i \leq n$ が一次独立であれば，解行列 $\Phi(t)$ は任意の $t \in I$ で正則である．すなわち $\det \Phi(t) \neq 0$ である．逆も成り立つ．

証明　(1) 考えている区間 I で，同次方程式の n 個の解ベクトル $\boldsymbol{\phi}_i$, $1 \leq i \leq n$ が一次従属であれば，任意の $t \in I$ で,

$$\Phi(t)\boldsymbol{c} = \boldsymbol{0}$$

となるようなゼロではないベクトル $\boldsymbol{c}$ が存在する．よって，$\det \Phi(t) = 0$ となる．逆に，$\det \Phi(t) = \boldsymbol{0}$ であれば，1 つの点 $t_0 \in I$ をとると

$$\Phi(t_0)\boldsymbol{c} = \boldsymbol{0}$$

という代数的な連立方程式はゼロではない解 $\boldsymbol{c}$ をもっている．そこで, $\boldsymbol{y}(t) = \Phi(t)\boldsymbol{c}$ とすると，$\boldsymbol{y}(t_0) = \boldsymbol{0}$ であり，かつ重ね合わせの原理から $\boldsymbol{y}$ は同次方程式の解である．ゼロ初期条件をもつ解だから，$\boldsymbol{y}$ は恒等的にゼロである．したがって，任意の $t \in I$ に関しても $\Phi(t)\boldsymbol{c} = \boldsymbol{0}$ である．これは, $\Phi(t)$ を構成している n 個の解ベクトルは一次従属であることを示している．

(2) 背理法による．仮定のもとで，もしある $t \in I$ で正則でなければ，(1) の後半と同じように，あるゼロではない $\boldsymbol{c}$ が存在して，$\boldsymbol{y}(t) = \Phi(t)\boldsymbol{c}$ がゼロ解 (恒等的にゼロとなる解) になる．これは任意の $t \in I$ で $\sum_{i=1}^{n} c_i\boldsymbol{\phi}_i(t) = 0$ を意味するから，$\boldsymbol{\phi}_i$ は一次従属になる．これは矛盾である．逆も同様に証明できる．　□

定理 3.3 から，解行列というものは，考えている区間で常に正則であるか，常に正則ではないか，のいずれかであることがわかる．

定理 3.4　同次方程式 (3.6) の一次独立な n 個の解の組 $\boldsymbol{\phi}_i$, $1 \leq i \leq n$ が得られれば，同次方程式の任意の解はその一次結合で一意的に表される．

証明　一次独立な n 個の解の組 $\boldsymbol{\phi}_i$, $1 \leq i \leq n$ から得られた解行列 Φ は正則だから，任意の解 $\boldsymbol{y}$ の I の任意の点 $t_0 \in I$ における値 $\boldsymbol{y}(t_0)$ に関して，$\boldsymbol{c}$ を n 次元ベクトルとする 1 次方程式 $\Phi(t_0)\boldsymbol{c} = \boldsymbol{y}(t_0)$ は一意的な解 $\boldsymbol{c}$ をもつ．このとき,

解 $\boldsymbol{c}$ を用いて $\boldsymbol{z}(t) := \boldsymbol{y}(t) - \Phi(t)\boldsymbol{c}$ とおけば，$\boldsymbol{z}$ は同次方程式の解であり，かつ $\boldsymbol{z}(t_0) = \boldsymbol{0}$ である．したがって，$\boldsymbol{z}$ は恒等的にゼロであるから，すべての $t \in I$ に対して $\boldsymbol{y}(t) = \Phi(t)\boldsymbol{c}$ となる． □

解の存在定理から，$t_0 \in I$ において，$\Phi(t_0) = I_d$ [1)] となるような解行列が存在する．その n 個の縦列 (ベクトル) は一次独立な解であるから，定理 3.4 から同次方程式の解の全体は n 次元のベクトル空間をつくることがわかる．

ここで得られた同次方程式の解のなすベクトル空間を**解空間**とよび，解の基底を並べた解行列を**基本行列**とよぶ．任意の基本行列 $\Phi(t)$ に対して，$\Psi(t, s) = \Phi(t)\Phi(s)^{-1}$ と定義して，これを**推移行列**という．この定義から，以下は明らかであろう：

命題 3.1 推移行列は以下の性質を満たす：

$$\Psi(u, s) = \Psi(u, t)\Psi(t, s), \quad \Psi(s, s) = I_d, \tag{3.7}$$

$$\frac{\partial \Psi(t, s)}{\partial t} = A(t)\Psi(t, s). \tag{3.8}$$

一つの基本行列 Φ をとると，時刻 s で初期データ $\boldsymbol{y}(s) = \boldsymbol{y}_0$ となる解は

$$\Psi(t, s)\boldsymbol{y}_0 = \Phi(t)\Phi(s)^{-1}\boldsymbol{y}_0 \tag{3.9}$$

と書ける．実際，s を固定して $\Psi(t, s)\boldsymbol{y}_0$ を t で微分すれば，(3.8) より，

$$\frac{d}{dt}\Psi(t, s)\boldsymbol{y}_0 = A(t)\Psi(t, s)\boldsymbol{y}_0$$

であるから，$\Psi(t, s)\boldsymbol{y}_0$ は同次方程式の解であって，かつ $t = s$ で値 $\boldsymbol{y}_0$ をとるからである．

一方，他の任意の基本行列 $\widetilde{\Phi}(t)$ に対して，$\widetilde{\Phi}(t)\boldsymbol{y}_0$ は $t = 0$ で初期値 $\widetilde{\Phi}(0)\boldsymbol{y}_0$ となる解であるから，

$$\widetilde{\Phi}(t)\boldsymbol{y}_0 = \Psi(t, 0)\widetilde{\Phi}(0)\boldsymbol{y}_0 = \Phi(t)\Phi(0)^{-1}\widetilde{\Phi}(0)\boldsymbol{y}_0 \tag{3.10}$$

となるが，$\boldsymbol{y}_0$ は任意であったから，

$$\widetilde{\Phi}(t) = \Phi(t)\Phi(0)^{-1}\widetilde{\Phi}(0) \tag{3.11}$$

でなければならない．ここで，$\Phi(0)^{-1}\widetilde{\Phi}(0)$ は一つの正則行列であるから，以下がいえる：

1) 以下で，I_d は n 次の単位行列を示す．

補題 3.1　同次方程式 (3.6) の任意の 2 つの基本行列 $\Phi(t)$, $\widetilde{\Phi}(t)$ に対して，正則行列 C が存在して，

$$\widetilde{\Phi}(t) = \Phi(t)C \tag{3.12}$$

となる．

上記の補題から，基本行列と異なり，推移行列は一意的であることがわかる．実際，一つの基本行列 Φ によって，推移行列を $\Psi(t,s) = \Phi(t)\Phi(s)^{-1}$ と定義した場合，他の基本行列 $\widetilde{\Phi}(t)$ をとれば，正則行列 C が存在して，$\widetilde{\Phi}(t) = \Phi(t)C$ であるから，

$$\widetilde{\Phi}(t)\widetilde{\Phi}(s)^{-1} = \Phi(t)CC^{-1}\Phi(s)^{-1} = \Phi(t)\Phi(s)^{-1} = \Psi(t,s)$$

となる．すなわち，推移行列 Ψ は基本行列 Φ のとり方のよらない．

○**演習問題** 3.1　$\Phi(t)$ を (3.6) の解行列とすれば，以下が成り立つことを示せ：

$$\det\Phi(t) = \det\Phi(t_0)\exp\left(\int_{t_0}^{t}\sum_{i=1}^{n} a_{ii}(s)\,ds\right). \tag{3.13}$$

(3.13) は (2.11) と同様に，**リューヴィルの公式**という．(3.13) からも，解行列の行列式は常にゼロであるか，常にゼロではないかのいずれかであることがわかる．

3.2　定数係数の同次線形連立微分方程式

前節で，同次線形連立微分方程式の解の構造はわかったが，実際に解析的に解が求められるのは一部の場合だけである．ここでは，同次の連立線形微分方程式で，かつ係数行列が実定数行列である場合の解法を考えよう．

A を $n\times n$ の実定数行列として，連立方程式

$$\frac{d\boldsymbol{y}}{dt} = A\boldsymbol{y} \tag{3.14}$$

の解の基底 (n 個の一次独立な解ベクトル) を求めよう．$\boldsymbol{a}$ を定数ベクトルとして，$\boldsymbol{y} = e^{\lambda t}\boldsymbol{a}$ という解を想定して代入してみると，

$$\boldsymbol{y}' = \lambda e^{\lambda t}\boldsymbol{a} = Ae^{\lambda t}\boldsymbol{a}$$

より，

$$\lambda\boldsymbol{a} = A\boldsymbol{a} \tag{3.15}$$

を得る．すなわち，λ は A の固有値であり，$\boldsymbol{a}$ は対応する固有ベクトルでなければ

ばならない．したがって，ゼロではないベクトル $\boldsymbol{a}$ に対して (3.15) が成り立つためには

$$\det(A - \lambda I_d) = 0 \tag{3.16}$$

となることが必要十分である．この方程式 (3.16) を**特性方程式**，その根を**特性根**とよぶ．

以下では場合分けをして，具体的な計算例をあげる．

3.2.1 固有値がすべて実の単根のとき

もしも特性方程式が n 個の異なる実根 $\lambda_j,\ j = 1, 2, \cdots, n$ をもつ場合は，それに対応する一次独立な実固有ベクトル $\boldsymbol{a}_j$ が存在する．そのときは，

$$e^{\lambda_j t}\boldsymbol{a}_j, \quad j = 1, 2, \cdots, n \tag{3.17}$$

が一次独立な n 個の (実数) 解，すなわち解の基底になる．

例 3.1　以下の方程式の解の基底を求めてみよう：

$$\frac{d}{dt}\begin{pmatrix} y_1 \\ y_2 \end{pmatrix} = \begin{pmatrix} 2 & -1 \\ 4 & -3 \end{pmatrix}\begin{pmatrix} y_1 \\ y_2 \end{pmatrix}. \tag{3.18}$$

特性方程式は

$$\det(A - \lambda) = \begin{vmatrix} 2-\lambda & -1 \\ 4 & -3-\lambda \end{vmatrix} = (\lambda - 1)(\lambda + 2) = 0$$

である[2]．固有値 $\lambda = 1$ に対して $\begin{pmatrix} 1 \\ 1 \end{pmatrix}$ が固有ベクトルになり，$\lambda = -2$ に対しては $\begin{pmatrix} 1 \\ 4 \end{pmatrix}$ が固有ベクトルになる．したがって解の基底は，

$$\left\{ e^t \begin{pmatrix} 1 \\ 1 \end{pmatrix},\ e^{-2t}\begin{pmatrix} 1 \\ 4 \end{pmatrix} \right\}$$

となる．ただし，解の基底は一意的ではなく，これらの一次結合で表現される別の解の基底がいくらでも存在することに注意しよう．また上記の解基底から，1 つの基本行列として

$$\Phi(t) = \begin{pmatrix} e^t & e^{-2t} \\ e^t & 4e^{-2t} \end{pmatrix}$$

が得られる．■

○**演習問題 3.2**　(3.18) の推移行列 $\Psi(t, s) = \Phi(t)\Phi(s)^{-1}$ を計算せよ．

---

2)　$A - \lambda$ は $A - \lambda I_d$ を意味する．以下同様で，単位行列 I_d は省略して書かれることが多い．

3.2.2　固有値に共役複素根があるとき

ここでは実の係数行列 A を考えているから，特性根が複素根である場合は，その共役複素根とともに対になってでてくる．そのときは，それぞれの固有値に対応する固有ベクトルも互いに共役な複素固有ベクトルである．そこで，この場合は複素数値の解を考えるのが便利である．ただし，例 3.3 で示すように，実ベクトルの範囲で解くことも可能である．

共役固有値を $\lambda = \alpha + i\beta, \overline{\lambda} = \alpha - i\beta, \alpha, \beta \in \mathbb{R}, \beta \neq 0$ として，対応する複素固有ベクトルをそれぞれ $\boldsymbol{u}, \overline{\boldsymbol{u}}$ とおけば，

$$e^{\lambda t}\boldsymbol{u},\ e^{\overline{\lambda}t}\overline{\boldsymbol{u}} \tag{3.19}$$

が，複素数の範囲での 2 つの一次独立な解になる．

しかし一般には，現象の数理モデルであるような実係数の方程式では，実数の解が望ましい．そこで，上記の解の実部と虚部をとると，

$$\Re(e^{\lambda t}\boldsymbol{u}),\ \Im(e^{\lambda t}\boldsymbol{u}) \tag{3.20}$$

はそれぞれ複素解の一次結合だから，再び解であり，かつ実関数である．このとき，この 2 つの実解は複素数の範囲で一次独立になる：

命題 3.2　$e^{\lambda t}\boldsymbol{u}$ が同次の実係数線形連立微分方程式 (3.14) の解であるとき，$\Re(e^{\lambda t}\boldsymbol{u}), \Im(e^{\lambda t}\boldsymbol{u})$ は複素数の範囲で一次独立な実数解である．

証明　背理法による．複素数の組 $(c_1, c_2) \neq (0, 0)$ が存在して，$c_1\Re(e^{\lambda t}\boldsymbol{u}) + c_2\Im(e^{\lambda t}\boldsymbol{u}) = \boldsymbol{0}$ となったとしよう．$c_2 \neq 0$ と仮定しても一般性を失わない．そのときは，$\frac{-c_1}{c_2}\Re(e^{\lambda t}\boldsymbol{u}) = \Im(e^{\lambda t}\boldsymbol{u})$ より，

$$e^{\lambda t}\boldsymbol{u} = \left(1 - i\frac{c_1}{c_2}\right)\Re(e^{\lambda t}\boldsymbol{u}), \quad e^{\overline{\lambda}t}\overline{\boldsymbol{u}} = \left(1 + i\frac{c_1}{c_2}\right)\Re(e^{\lambda t}\boldsymbol{u})$$

となる．これは複素数の範囲で $e^{\lambda t}\boldsymbol{u}, e^{\overline{\lambda}t}\,\overline{\boldsymbol{u}}$ が一次従属であることを示しているが，これは仮定に反する．　□

固有値 $\lambda = \alpha + i\beta$ に対応する複素固有ベクトルを $\boldsymbol{u} = \boldsymbol{u}_1 + i\boldsymbol{u}_2$ ($\boldsymbol{u}_1, \boldsymbol{u}_2$ は実ベクトル) とすれば，オイラーの公式を使って，

$$\begin{aligned}
e^{\lambda t}\boldsymbol{u} &= e^{(\alpha+i\beta)t}(\boldsymbol{u}_1 + i\boldsymbol{u}_2) \\
&= e^{\alpha t}(\cos\beta t + i\sin\beta t)(\boldsymbol{u}_1 + i\boldsymbol{u}_2) \\
&= e^{\alpha t}(\cos\beta t\boldsymbol{u}_1 - \sin\beta t\boldsymbol{u}_2) + ie^{\alpha t}(\sin\beta t\boldsymbol{u}_1 + \cos\beta t\boldsymbol{u}_2)
\end{aligned}$$

と計算できるから，一次独立な実数解は

$$e^{\alpha t}(\cos\beta t\boldsymbol{u}_1 - \sin\beta t\boldsymbol{u}_2), \quad e^{\alpha t}(\sin\beta t\boldsymbol{u}_1 + \cos\beta t\boldsymbol{u}_2) \tag{3.21}$$

として求められる．

例 3.2 以下の方程式の解の基底を求めてみよう：

$$\frac{d}{dt}\begin{pmatrix} y_1 \\ y_2 \end{pmatrix} = \begin{pmatrix} 7 & -1 \\ 2 & 5 \end{pmatrix}\begin{pmatrix} y_1 \\ y_2 \end{pmatrix}. \tag{3.22}$$

特性方程式は

$$\det(A-\lambda) = \begin{vmatrix} 7-\lambda & -1 \\ 2 & 5-\lambda \end{vmatrix} = (\lambda-6)^2 + 1 = 0$$

である．よって，固有値は $6 \pm i$ であり，対応する複素固有ベクトルは

$$\begin{pmatrix} 1 \\ 1-i \end{pmatrix}, \quad \begin{pmatrix} 1 \\ 1+i \end{pmatrix}$$

であるから，複素数値の解の基底として，

$$e^{6t}(\cos t + i\sin t)\left[\begin{pmatrix} 1 \\ 1 \end{pmatrix} + i\begin{pmatrix} 0 \\ -1 \end{pmatrix}\right]$$

と，その共役が得られる．そこで，この実部と虚部をとれば，

$$e^{6t}\left[\cos t\begin{pmatrix} 1 \\ 1 \end{pmatrix} + \sin t\begin{pmatrix} 0 \\ 1 \end{pmatrix}\right], \quad e^{6t}\left[\cos t\begin{pmatrix} 0 \\ -1 \end{pmatrix} + \sin t\begin{pmatrix} 1 \\ 1 \end{pmatrix}\right]$$

という実の解の基底が得られる． ■

例 3.3 (3.14) の特性方程式が $\lambda = \alpha \pm i\beta$ という共役複素根をもつとき，$\boldsymbol{u}$, $\boldsymbol{v}$ を実ベクトルとして，解を

$$\boldsymbol{y}(t) = e^{\alpha t}(\cos\beta t)\boldsymbol{u} + e^{\alpha t}(\sin\beta t)\boldsymbol{v} \tag{3.23}$$

と仮定して，(3.14) に代入して整理すれば，

$$(A - \alpha I_d)\boldsymbol{u} = \beta\boldsymbol{v}, \qquad (A - \alpha I_d)\boldsymbol{v} = -\beta\boldsymbol{u} \tag{3.24}$$

を得る．(3.24) に $(A - \alpha I_d)$ を作用させれば，$\boldsymbol{u}$ は

$$[(A - \alpha I_d)^2 + \beta^2 I_d]\boldsymbol{u} = \boldsymbol{0} \tag{3.25}$$

を満たす．$\boldsymbol{v}$ も同じ方程式を満たす．そこで，(3.25) を満たす一次独立な 2 つの実ベクトル $\boldsymbol{u}_1, \boldsymbol{u}_2$ を求めて，(3.24) から対応する実ベクトル $\boldsymbol{v}_1, \boldsymbol{v}_2$ を求めれば，2 つの一次独立な実解

$$\boldsymbol{y}_j(t) = e^{\alpha t}(\cos\beta t)\boldsymbol{u}_j + e^{\alpha t}(\sin\beta t)\boldsymbol{v}_j, \quad j = 1, 2 \tag{3.26}$$

が求まる．この方法では複素固有ベクトルを経由する必要はない． ■

○**演習問題** 3.3　例 3.3 の方法で，例 3.2 の問題を解いてみよ．

3.2.3 固有値に重根がある場合

特性根が重根の場合を考えよう．まず，2 重根の場合を考える．このとき，2 重根固有値 λ に対応する (一次独立な) 固有ベクトルが 2 つある場合と 1 つしかない場合がある．2 つの一次独立な固有ベクトル $\boldsymbol{a}_1$, $\boldsymbol{a}_2$ がある場合は

$$e^{\lambda t}\boldsymbol{a}_1, \quad e^{\lambda t}\boldsymbol{a}_2 \tag{3.27}$$

が一次独立な 2 つの解になるから，単根の場合と事情は変わらない．

もしも対応する固有ベクトルが (定数倍は除いて) 1 つ (これを $\boldsymbol{a}$ とする) しかない場合は，

$$\boldsymbol{y} = (\boldsymbol{b} + \boldsymbol{a}t)e^{\lambda t} \tag{3.28}$$

とおいて，$\boldsymbol{y}$ が解になるようにベクトル $\boldsymbol{b}$ を定めることができる．実際に微分してみると，

$$\boldsymbol{y}' = \boldsymbol{a}e^{\lambda t} + \lambda(\boldsymbol{b} + \boldsymbol{a}t)e^{\lambda t} \tag{3.29}$$

であり，これが $A(\boldsymbol{b}+\boldsymbol{a}t)e^{\lambda t} = (A\boldsymbol{b}+\lambda\boldsymbol{a}t)e^{\lambda t}$ に等しければよいから，$\boldsymbol{a}+\lambda\boldsymbol{b} = A\boldsymbol{b}$，すなわち

$$(A - \lambda)\boldsymbol{b} = \boldsymbol{a} \tag{3.30}$$

を満たす $\boldsymbol{b}$ を求めればよい．このようなベクトル $\boldsymbol{b}$ は，ゼロではなく，$\boldsymbol{a}$ とは一次独立で，

$$(A - \lambda)^2\boldsymbol{b} = (A - \lambda)\boldsymbol{a} = \boldsymbol{0}$$

となる．

○**演習問題** 3.4　上記のような $\boldsymbol{b}$ がとれれば，それは $\boldsymbol{a}$ と一次独立であることを示せ．

このようなベクトル $\boldsymbol{b}$ は**広義固有ベクトル**，あるいは**一般化固有ベクトル**，**主ベクトル**などとよばれる．広義固有ベクトル $\boldsymbol{b}$ を用いれば，固有値 (重根) λ に対応する 2 つの一次独立な解は，

$$e^{\lambda t}\boldsymbol{a}, \quad e^{\lambda t}(\boldsymbol{b} + \boldsymbol{a}t) = e^{\lambda t}(I_d + (A - \lambda)t)\boldsymbol{b} \tag{3.31}$$

として得られる．

例 3.4 以下の方程式の解の基底を求めてみよう：

$$\frac{d}{dt}\begin{pmatrix} y_1 \\ y_2 \end{pmatrix} = \begin{pmatrix} 5 & -1 \\ 1 & 3 \end{pmatrix}\begin{pmatrix} y_1 \\ y_2 \end{pmatrix}. \tag{3.32}$$

特性方程式は

$$\det(A-\lambda) = \begin{vmatrix} 5-\lambda & -1 \\ 1 & 3-\lambda \end{vmatrix} = (\lambda-4)^2 = 0$$

であるから，特性根 $\lambda = 4$ は重根である．$(A-\lambda)\boldsymbol{a} = \boldsymbol{0}$ から，$\boldsymbol{a} = \begin{pmatrix} 1 \\ 1 \end{pmatrix}$ が一つの固有ベクトルで，他に一次独立な固有ベクトルはないから，一般化固有ベクトルを探す．$(A-4)\boldsymbol{b} = \boldsymbol{a}$ から，$\boldsymbol{b} = \begin{pmatrix} 1 \\ 0 \end{pmatrix}$ ととれる．そこで，解の基底は

$$\left\{ e^{4t}\begin{pmatrix} 1 \\ 1 \end{pmatrix},\ e^{4t}\left(\begin{pmatrix} 1 \\ 0 \end{pmatrix} + t\begin{pmatrix} 1 \\ 1 \end{pmatrix}\right)\right\}$$

となる．このとき，対応する基本行列は

$$\Phi(t) = \begin{pmatrix} e^{4t} & (1+t)e^{4t} \\ e^{4t} & te^{4t} \end{pmatrix}$$

となっている． ■

一般に，固有値 λ が n 重根であるとき，$\boldsymbol{a}$ が**標数** (あるいは**高さ**，**段数**ともよばれる) k の広義固有ベクトルであるとは，$(A-\lambda)^{k-1}\boldsymbol{a} \neq \boldsymbol{0}$ であり，かつ $(A-\lambda)^k\boldsymbol{a} = \boldsymbol{0}$ となることである．標数 1 の一般化固有ベクトルは通常の固有ベクトルである．

3 元以上の連立方程式になると，係数行列 A の固有値として 3 重根などがでてくる．この場合，定数倍を除けば，(i) 一次独立な固有ベクトルが 3 つある，(ii) 一次独立な固有ベクトルがちょうど 2 つある，(iii) 固有ベクトルは 1 つしかない，の 3 通りが考えられる．

(i) の場合は単根の場合と同じである．以下の問題で確認してみよう：

○**演習問題** 3.5 以下の方程式の解の基底を求めよ：

$$\frac{d}{dt}\begin{pmatrix} y_1 \\ y_2 \\ y_3 \end{pmatrix} = \begin{pmatrix} 0 & 1 & 1 \\ 1 & 0 & -1 \\ 1 & -1 & 0 \end{pmatrix}\begin{pmatrix} y_1 \\ y_2 \\ y_3 \end{pmatrix}.$$

(ii) の場合は，重根に対応する固有ベクトルから標数 2 の広義固有ベクトルをつくれるから，あわせて 3 つの一次独立な解が得られる．

○**演習問題** 3.6　以下の方程式の解の基底を求めよ：

$$\frac{d}{dt}\begin{pmatrix} y_1 \\ y_2 \\ y_3 \end{pmatrix} = \begin{pmatrix} 0 & 1 & -1 \\ -2 & 3 & -1 \\ -1 & 1 & 1 \end{pmatrix}\begin{pmatrix} y_1 \\ y_2 \\ y_3 \end{pmatrix}.$$

(iii) の場合は，固有ベクトル $\boldsymbol{a}$ に対応して，標数 3 の広義固有ベクトルが存在する．それを $\boldsymbol{c}$ とすれば，

$$\boldsymbol{c}, \quad (A-\lambda)\boldsymbol{c} = \boldsymbol{b}, \quad (A-\lambda)^2\boldsymbol{c} = (A-\lambda)\boldsymbol{b} = \boldsymbol{a} \tag{3.33}$$

となるように $\boldsymbol{c}, \boldsymbol{b}$ がとれて，それらは一次独立である．このとき，

$$\begin{aligned} &e^{\lambda t}\boldsymbol{a}, \\ &e^{\lambda t}(\boldsymbol{b} + \boldsymbol{a}t) = e^{\lambda t}(I_d + (A-\lambda)t)\boldsymbol{b}, \\ &e^{\lambda t}\left(\boldsymbol{c} + \boldsymbol{b}t + \boldsymbol{a}\frac{t^2}{2}\right) = e^{\lambda t}\left(I_d + (A-\lambda)t + (A-\lambda)^2\frac{t^2}{2}\right)\boldsymbol{c} \end{aligned} \tag{3.34}$$

が，3 つの一次独立な解になることは，もとの方程式に代入してみればわかる．一般の場合の扱いは次節で行う．

○**演習問題** 3.7　(3.34) が一次独立な解であることを示せ．

例 3.5　以下の方程式の解の基底を求めてみよう：

$$\frac{d}{dt}\begin{pmatrix} y_1 \\ y_2 \\ y_3 \end{pmatrix} = \begin{pmatrix} -1 & 1 & 1 \\ 0 & 0 & 1 \\ 1 & -2 & -2 \end{pmatrix}\begin{pmatrix} y_1 \\ y_2 \\ y_3 \end{pmatrix}. \tag{3.35}$$

特性方程式は

$$\det(A-\lambda) = \begin{vmatrix} -1-\lambda & -1 & 1 \\ 0 & -\lambda & 1 \\ 1 & -2 & -2-\lambda \end{vmatrix} = (\lambda+1)^3 = 0$$

であるから，固有値は $\lambda = -1$ だけで，3 重根である．また，対応する固有ベクトルは $\boldsymbol{a} = (1,1,-1)^{\mathrm{T}}$ とその定数倍しかないことがわかる．そこで，$(A+I_d)\boldsymbol{b} = \boldsymbol{a}$ として標数 2 の一般化固有ベクトルを求めれば，$\boldsymbol{b} = (0,0,1)^{\mathrm{T}}$ となる．さらに，$(A+I_d)\boldsymbol{c} = \boldsymbol{b}$ として標数 3 の一般化固有ベクトルを求めれば $\boldsymbol{c} = (1,0,0)^{\mathrm{T}}$ を得る．よって解の基底は，

$$e^{-t}\begin{pmatrix} 1 \\ 1 \\ -1 \end{pmatrix},\ e^{-t}\left[\begin{pmatrix} 0 \\ 0 \\ 1 \end{pmatrix} + t\begin{pmatrix} 1 \\ 1 \\ -1 \end{pmatrix}\right],\ e^{-t}\left[\begin{pmatrix} 1 \\ 0 \\ 0 \end{pmatrix} + t\begin{pmatrix} 0 \\ 0 \\ 1 \end{pmatrix} + \frac{t^2}{2}\begin{pmatrix} 1 \\ 1 \\ -1 \end{pmatrix}\right]$$

となる．■

3.3 行列の指数関数

3.3.1 定義と基本的性質

前節でみた解法を一般化して統一的に扱うために行列の指数関数を導入しよう．スカラーの線形微分方程式 $y' = ay$ の解は $y(t) = e^{at}y(0)$ と書けた．連立微分方程式 $\boldsymbol{y}' = A\boldsymbol{y}$ に対しても，行列 A の指数関数を定義して，同じように解が書けることを示そう．

a が複素数であれば，指数関数 e^a は $e^a = \sum_{n=0}^{\infty} \frac{a^n}{n!}$ と定義される．そこで，$n \times n$ の正方行列 A の指数関数を

$$e^A = \sum_{k=0}^{\infty} \frac{A^k}{k!} \tag{3.36}$$

と定義する．

(3.36) の右辺が収束して一つの行列を定義していることを示すために，まず，行列の列の収束の意味を明らかにしておこう．以下では，n 次元ベクトル $\boldsymbol{x}$ と行列 A の**ノルム**を

$$\|\boldsymbol{x}\| = \sum_{j=1}^{n} |x_j|, \quad \|A\| = \sum_{i,j=1}^{n} |a_{ij}| \tag{3.37}$$

として定義しておく．ただし x_j は $\boldsymbol{x}$ の第 j 成分，a_{ij} は A の (i,j) 成分である[3)]．

行列のノルムに関しては，以下が成り立つ：

(1) $\|A\| \geq 0$, $\|A\| = 0$ となるのは $A = 0$ の場合に限る．

(2) $\|A + B\| \leq \|A\| + \|B\|$

(3) $\|\alpha A\| = |\alpha|\,\|A\|, \ \alpha \in \mathbb{C}$

一般に，このような条件を満たす関数 $A \to \|A\|$ をノルムとよぶのである．

ここで定義したノルム $\|\cdot\|$ に関しては，さらに以下が成り立つ：

(1) $n \times n$ 行列 A, B に対して $\|AB\| \leq \|A\|\,\|B\|$.

(2) $n \times n$ 行列 A と n 次元ベクトル $\boldsymbol{x}$ に対して $\|A\boldsymbol{x}\| \leq \|A\|\,\|\boldsymbol{x}\|$.

行列の列 A_n, $n = 1, 2, \cdots$ がある行列 A に**収束する**とは，$\lim_{n\to\infty} \|A_n - A\| = 0$ となることをいう．有限次元線形空間のノルムはすべて同値[4)]であり，いずれのノルムを用いても収束は行列の要素ごとの収束と同値になる．また，列 A_n, $n = 1, 2, \cdots$

3) ベクトルや行列のノルムの定義は他にもいろいろある．たとえば，$\|A\| = \sqrt{\sum_{i,j} |a_{ij}|^2}$, $\|A\| = \max_{i,j} |a_{ij}|$ はよく使われる．しかし有限次元線形空間では注 4 の意味で，すべて同値である．

4) 同一の空間における 2 つのノルム $\|\cdot\|_1$, $\|\cdot\|_2$ に関して，ある正の定数 α, β が存在して，任意のベクトル (あるいは行列) $\boldsymbol{x}$ について，$\alpha\|\boldsymbol{x}\|_1 \leq \|\boldsymbol{x}\|_2 \leq \beta\|\boldsymbol{x}\|_1$ が成り立つこと [21, 22].

が収束するための必要十分条件は，それがノルムの意味でコーシー列になること，すなわち，任意の $\epsilon > 0$ に対して，十分大きな番号 $N(\epsilon)$ が存在して，$m, n > N(\epsilon)$ であれば，$\|A_m - A_n\| < \epsilon$ となることである．

そこで，$m > n$ のとき，

$$S_m = \sum_{k=0}^{m} \frac{A^k}{k!}$$

とおくと，

$$\|S_m - S_n\| = \left\| \sum_{k=n+1}^{m} \frac{A^k}{k!} \right\| \leq \sum_{k=n+1}^{m} \frac{\|A\|^k}{k!}$$

となるが，正項級数 $\sum_{k=0}^{\infty} \frac{\|A\|^k}{k!}$ は収束するから，$\|S_m - S_n\|$ は，m, n が十分大きければいくらでも小さくできる．すなわち S_n, $n = 1, 2, \cdots$ はコーシー列をなすから極限をもつ．それを e^A と書けば，$\lim_{m \to \infty} \|S_m - e^A\| = 0$ となる．

行列の指数関数については，以下が成り立つ：

定理 3.5　(1) $AB = BA$ であれば，$e^{A+B} = e^A e^B = e^B e^A$ である．

(2) $(e^A)^{-1} = e^{-A}$

(3) e^{tA}, $t \in \mathbb{R}$ は微分可能で，

$$\frac{d}{dt} e^{tA} = e^{tA} A = A e^{tA}. \tag{3.38}$$

ここで注意したいのは，行列の指数関数では，指数法則 $e^{A+B} = e^A e^B = e^B e^A$ が必ずしも成り立たないことである．これは行列に関しては交換法則 $AB = BA$ が必ずしも成り立たないことによる．交換法則が成り立つ場合は，二項定理

$$(A + B)^n = \sum_{k=0}^{n} \frac{n!}{k!(n-k)!} A^k B^{n-k}$$

が成り立つので，

$$S_m^A = \sum_{k=0}^{m} \frac{A^k}{k!}, \quad S_m^B = \sum_{k=0}^{m} \frac{B^k}{k!}, \quad S_m^{A+B} = \sum_{k=0}^{m} \frac{(A+B)^k}{k!}$$

に対して，$m \to \infty$ で，

$$\|S_m^A S_m^B - S_m^{A+B}\| \to 0$$

となる．したがって指数法則が成立する．

また，e^{tA} は無限回微分可能で，そのテイラー展開

$$e^{tA} = \sum_{k=0}^{\infty} \frac{A^k}{k!} t^k \tag{3.39}$$

の収束半径は無限大で，e^{tA} は t の解析関数になる．このとき，e^{tA} のテイラー展開は項別微分可能なので，

$$\frac{d}{dt}e^{tA} = \sum_{k=1}^{\infty} \frac{t^{k-1}}{(k-1)!}A^k = Ae^{tA} = e^{tA}A \tag{3.40}$$

であり，右辺はさらに任意の回数だけ微分可能である．よって以下が得られる：

定理 3.6 線形連立微分方程式の初期値問題

$$\frac{d\boldsymbol{y}}{dt} = A\boldsymbol{y}, \quad \boldsymbol{y}(t_0) = \boldsymbol{y}_0 \tag{3.41}$$

の解は

$$\boldsymbol{y}(t) = e^{(t-t_0)A}\boldsymbol{y}_0 \tag{3.42}$$

で与えられる．

行列の指数関数 e^{tA} をつくっている n 個の縦ベクトルは，線形微分方程式 $\boldsymbol{y}' = A\boldsymbol{y}$ の n 個の一次独立な解の組で，原点で単位ベクトルを与える解の基本系になっていることに注意しよう．すなわち，e^{tA} は (3.14) の基本行列であるから，その推移行列は

$$e^{tA}(e^{sA})^{-1} = e^{tA}e^{-sA} = e^{(t-s)A} \tag{3.43}$$

と計算される．すなわちこの場合，推移行列は，A と時間間隔 $t-s$ だけに依存して決まっている．

以上のことから，e^{tA} を計算することと，線形微分方程式 $\boldsymbol{y}' = A\boldsymbol{y}$ の解の基本系を求めることは同値であることがわかる．

例 3.6 前節の例 3.1 で考えた以下の方程式を再び考えてみよう：

$$\frac{d}{dt}\begin{pmatrix} y_1 \\ y_2 \end{pmatrix} = \begin{pmatrix} 2 & -1 \\ 4 & -3 \end{pmatrix}\begin{pmatrix} y_1 \\ y_2 \end{pmatrix}. \tag{3.44}$$

解の基底は，

$$\left\{ e^t \begin{pmatrix} 1 \\ 1 \end{pmatrix},\ e^{-2t}\begin{pmatrix} 1 \\ 4 \end{pmatrix} \right\}$$

であった．このとき，(3.44) の基本行列 $\Phi(t)$ で，$\Phi(0)$ が単位行列となるものを求めてみよう．任意の解 $\boldsymbol{\phi}$ は解の基底の一次結合で書けているから，c_1, c_2 を定数として，

$$\boldsymbol{\phi} = c_1 e^t \begin{pmatrix} 1 \\ 1 \end{pmatrix} + c_2 e^{-2t}\begin{pmatrix} 1 \\ 4 \end{pmatrix}$$

となる．そこで，$\boldsymbol{\phi}_1(0) = \begin{pmatrix} 1 \\ 0 \end{pmatrix}$ となるように (c_1, c_2) を選べば，$(c_1, c_2) = \left(\frac{4}{3}, -\frac{1}{3}\right)$

となる．同様に $\boldsymbol{\phi}_2(0) = \begin{pmatrix} 0 \\ 1 \end{pmatrix}$ となるように (c_1, c_2) を選べば，$(c_1, c_2) = \left(-\frac{1}{3}, \frac{1}{3}\right)$ となる．したがって，

$$\Phi(t) = e^{tA} = \big(\boldsymbol{\phi}_1(t), \boldsymbol{\phi}_2(t)\big) = \begin{pmatrix} \frac{4}{3}e^t - \frac{1}{3}e^{-2t} & -\frac{1}{3}e^t + \frac{1}{3}e^{-2t} \\ \frac{4}{3}e^t - \frac{4}{3}e^{-2t} & -\frac{1}{3}e^t + \frac{4}{3}e^{-2t} \end{pmatrix} \tag{3.45}$$

となる．■

補題 3.1 から，以下が成り立つことは明らかであろう：

補題 3.2　基本行列 e^{tA} は，$\boldsymbol{y}' = A\boldsymbol{y}$ の任意の基本行列 $\Phi(t)$ によって，

$$e^{tA} = \Phi(t)\Phi(0)^{-1} \tag{3.46}$$

と表される．

○**演習問題** 3.8　(3.44) の基本行列 $\Phi(t) = \begin{pmatrix} e^t & e^{-2t} \\ e^t & 4e^{-2t} \end{pmatrix}$ から，(3.46) によって e^{tA} を計算してみよ．

一方，一般に行列 $A(t)$ が定数行列ではない場合は，行列の指数関数は定義できない．特に注意したいのは，$\Psi(t,s)$ を，方程式 $\boldsymbol{y}' = A(t)\boldsymbol{y}$ の推移行列とするとき，

$$\Psi(t,s) = \exp\left(\int_s^t A(\sigma)\,d\sigma\right) \tag{3.47}$$

という等式は一般には成り立たないということである．しかし，成り立つ場合もある：

命題 3.3　交換関係

$$A(t) \cdot \int_s^t A(\sigma)\,d\sigma = \int_s^t A(\sigma)\,d\sigma \cdot A(t) \tag{3.48}$$

が成り立てば，(3.47) が成り立つ．

証明　$X(t,s) = \exp(\int_s^t A(\sigma)\,d\sigma)$ とおくと，

$$X(t,s) = \sum_{k=0}^{\infty} \frac{1}{k!} \left(\int_s^t A(\sigma)\,d\sigma\right)^k.$$

ここで，各項を微分すると，

$$\frac{d}{dt}\left(\int_s^t A(\sigma)\,d\sigma\right)^k = \sum_{j=0}^{k-1} \left(\int_s^t A(\sigma)\,d\sigma\right)^j A(t) \left(\int_s^t A(\sigma)\,d\sigma\right)^{k-j-1}$$

となるが，交換関係 (3.48) が成り立てば，右辺はまとめられて，

$$\frac{d}{dt}\left(\int_s^t A(\sigma)\,d\sigma\right)^k = kA(t)\left(\int_s^t A(\sigma)\,d\sigma\right)^{k-1}$$

となる．したがって，

$$\frac{\partial}{\partial t}X(t,s) = \sum_{k=1}^{\infty} A(t)\frac{1}{(k-1)!}\left(\int_s^t A(\sigma)\,d\sigma\right)^{k-1} = A(t)X(t,s)$$

となり，$X(s,s) = I_d$ であるから，$\Psi(t,s) = X(t,s)$ である．　□

上記の命題 3.3 で，特に $A(t)$ が定数行列ならば，交換関係 (3.48) が成り立つから，(3.43) でみたように，$\Psi(t,s) = e^{(t-s)A}$ と書けることになる．一方，交換関係 (3.48) が成り立たない場合，(3.8) の解である推移行列 $\Psi(t,s)$ は，以下の積分方程式の連続解として与えられる：

$$\Psi(t,s) = I_d + \int_s^t A(\sigma)\Psi(\sigma,s)\,d\sigma. \tag{3.49}$$

この積分方程式の解を求めるために，以下のような逐次代入によって近似解を構成しよう：

$$\begin{aligned} &\Psi_0(t,s) = I_d, \\ &\Psi_k(t,s) = I_d + \int_s^t A(\sigma)\Psi_{k-1}(\sigma,s)\,d\sigma, \quad k \geq 1. \end{aligned} \tag{3.50}$$

こうして得られた $\Psi_k(t,s)$ は，$\Psi(t,s)$ に (考えている t の区間上で) ノルムの意味で一様収束することが示される [40].

○演習問題 3.9　$\Phi(t)$ を (3.14) の基本行列とする．このとき，

$$\Phi(t+s) = \Phi(t)\Phi(0)^{-1}\Phi(s) \tag{3.51}$$

となることを示せ．さらに，このことを利用して，

$$\Phi(t)^{-1} = \Phi(0)^{-1}\Phi(-t)\Phi(0)^{-1} \tag{3.52}$$

となることを示せ．

○演習問題 3.10　テイラー展開 (3.39) は任意の閉区間で一様収束しているから，項別に積分できる．行列 A が正則であれば，以下が成り立つことを示せ：

$$\int_0^t e^{As}ds = A^{-1}(e^{At} - I_d). \tag{3.53}$$

○演習問題 3.11　A を $n \times n$ の正方行列として，

$$S(t) = \int_0^t e^{A\sigma}d\sigma, \quad t \geq 0$$

と定義する．

(1) 以下が成り立つことを示せ：

$$S(t) = A\int_0^t S(\sigma)\,d\sigma + tI_d. \tag{3.54}$$

(2) ある正数 $M > 0$ と $\omega \in \mathbb{R}$ が存在して，任意の $\boldsymbol{x}, \boldsymbol{y}$ に対して，

$$\|S(t)\boldsymbol{x} - S(t)\boldsymbol{y}\| \le Me^{\omega t}\|\boldsymbol{x} - \boldsymbol{y}\|, \quad t \ge 0 \tag{3.55}$$

が成り立つことを示せ．

3.3.2 解の基本系の一般的求め方

はじめに線形代数の定理を述べておこう：

補題 3.3 $\boldsymbol{v}$ が固有値 λ の ℓ 段 (標数あるいは高さ ℓ) の一般化固有ベクトルであれば，ℓ 個のベクトル

$$\boldsymbol{v},\ (A-\lambda)\boldsymbol{v},\ (A-\lambda)^2\boldsymbol{v},\ \cdots,\ (A-\lambda)^{\ell-1}\boldsymbol{v}$$

はそれぞれ，ℓ 段，$\ell-1$ 段，$\cdots$，1 段の一般化固有ベクトルで，一次独立である．

証明 補題の前半は定義から明らかであろう．一次独立性は，$\sum_{j=0}^{\ell-1}\alpha_j(A-\lambda)^j\boldsymbol{v} = \boldsymbol{0}$ のとき，$\alpha_j = 0,\ j = 0, 1, \cdots, \ell-1$ であることを示せばよいが，$(A-\lambda)^{\ell-1}$ を左からかければ $\alpha_0(A-\lambda)^{\ell-1}\boldsymbol{v} = \boldsymbol{0}$ となるから，$\alpha_0 = 0$ である．以下同様にして，すべての $j = 0, 1, \cdots, \ell-1$ において $\alpha_j = 0$ でなければならないことがわかる． □

定理 3.7 行列 A の固有値 λ の代数的重複度[5)]が k であれば，λ に属する k 個の一次独立な一般化固有ベクトルが存在する．

証明 λ_j を重複度 k_j の固有値とする．重複度に等しい数の固有ベクトルがない場合を考えれば十分である．いま，最大で ℓ ($< k_j$) 個の固有ベクトル $\boldsymbol{v}_i,\ 1 \le i \le \ell$ が存在するとき，$(A-\lambda_j)\boldsymbol{w} \ne \boldsymbol{0}$ かつ $(A-\lambda_j)^2\boldsymbol{w} = \boldsymbol{0}$ となる標数 2 の一般化固有ベクトルが少なくとも一つ存在する．実際，もしそうでなければ，すべてのベクトル $\boldsymbol{w}$ に対して，$(A-\lambda_j)\boldsymbol{w} = \boldsymbol{0}$ または $(A-\lambda_j)^2\boldsymbol{w} \ne \boldsymbol{0}$ が成り立っているはずである．しかし，$\ell < k_j$ なので前者は成り立たず，また後者は $\boldsymbol{v}_i$ に対して成り立っていない．もし高々標数 2 の一般化固有ベクトルが k_j 個なければ，$(A-\lambda_j)^2\boldsymbol{w} \ne \boldsymbol{0}$ かつ $(A-\lambda_j)^3\boldsymbol{w} = \boldsymbol{0}$ となる標数 3 の一般化固有ベクト

5) 固有方程式の根の重複度のこと．

ルが存在する．実際，そうでなければ，すべての $\boldsymbol{z}$ で $(A-\lambda_j)^2\boldsymbol{z}=\boldsymbol{0}$ または $(A-\lambda_j)^3\boldsymbol{z}\neq\boldsymbol{0}$ であるが，前者は高々標数 2 の一般化固有ベクトルが k_j 個ないから成り立たない．また後者は，$\boldsymbol{z}$ として標数 2 の一般化固有ベクトルを用いれば成り立たない．以下同様にして，k_j 個の一般化固有ベクトルがみつかるまで続けることができる．　□

定理 3.7 から，$n\times n$ 行列 A に対して，いつでも n 個の一次独立な一般化固有ベクトルがとれることがわかる．それを $\boldsymbol{v}_j$, $j=1,2,\cdots,n$ としよう．一般に，次のことがいえる：

命題 3.4　$\boldsymbol{v}_j, j=1,2,\cdots,n$ が一次独立なベクトルであれば，$e^{tA}\boldsymbol{v}_j$ は一次独立な n 個の解，すなわち基本系となる．

証明　$e^{tA}\boldsymbol{v}_j$ を微分すれば $Ae^{tA}\boldsymbol{v}_j$ となるから，これが解であることは明らか．そこで，もし一次独立でなければ，すべてはゼロではない定数 c_j が存在して，

$$\sum_{j=1}^{n} c_j e^{tA}\boldsymbol{v}_j = e^{tA}\sum_{j=1}^{n} c_j\boldsymbol{v}_j=\boldsymbol{0}$$

となるが，e^{tA} は基本行列で正則であるから，$\sum_{j=1}^{n} c_j\boldsymbol{v}_j=\boldsymbol{0}$ でなければならないが，これは仮定に反する．　□

そこで，$\boldsymbol{v}_j$ を標数 k_j の一般化固有ベクトルとしよう．このとき $e^{tA}\boldsymbol{v}_j$ は以下のように具体的に計算できる：

$$e^{tA}\boldsymbol{v}_j = e^{\lambda_j I_d t}e^{(A-\lambda_j I_d)t}\boldsymbol{v}_j = e^{\lambda_j t}e^{(A-\lambda_j I_d)t}\boldsymbol{v}_j,$$

$$e^{(A-\lambda_j I_d)t}\boldsymbol{v}_j = \sum_{n=0}^{k_j-1}\frac{(A-\lambda_j I_d)^n}{n!}\boldsymbol{v}_j. \tag{3.56}$$

ここで，$(A-\lambda_j I_d)^n\boldsymbol{v}_j=\boldsymbol{0}$, $n\geq k_j$ となることを用いている．したがって，一般化固有ベクトルによる基底が求まれば，それに対応する解が有限和によって具体的に計算できることになる．

これまで述べてきたことから，定数係数の線形微分方程式の解の基本系を求めるためには 2 つの立場があることがわかる．ひとつは，行列の指数関数 e^{tA} を直接計算するという考え方である．それには，A のジョルダン標準形を利用すればよい．一方，A の一般化固有ベクトルによる $\mathbb{C}^n$ の基底を求めておけば，それに e^{tA} を作用させたものが解の基本系であり，e^{tA} を一般化固有ベクトルに作用させた結果は，(3.56) のようにテイラー展開の有限項の和で求められる．

3.3.3 e^{tA} の計算

すでにみたように，行列の指数関数 e^{tA} は微分方程式 $\boldsymbol{y}' = A\boldsymbol{y}$ の基本行列であるから，微分方程式を解くこと (解の基底を求めること) と，e^{tA} を計算することとは同じことである．すでに補題 3.2 でみたように，解の基底が得られれば，e^{tA} が計算される．ここでは，e^{tA} を直接計算するということを考えてみよう．

例 3.7 A が単位行列のスカラー倍である場合，すなわち $A = \alpha I_d,\ \alpha \in \mathbb{C}$ であれば，$e^{tA} = e^{\alpha t} I_d$ となる． ■

例 3.8 正方行列 A に対して，ある自然数 p が存在して，$A^{p+1} = O$ (零行列) になるとき，A を**べき零**行列という．このときは，

$$e^{tA} = \sum_{k=0}^{p} \frac{A^k}{k!} t^k \tag{3.57}$$

となるから，e^{tA} は t の p 次式である．特に対角要素とその下側の要素がすべてゼロであるような上半三角行列はべき零であることに注意しよう． ■

例 3.9 例 3.6 で考えた以下の方程式を再び考えてみよう：

$$\frac{d}{dt}\begin{pmatrix} y_1 \\ y_2 \end{pmatrix} = \begin{pmatrix} 2 & -1 \\ 4 & -3 \end{pmatrix}\begin{pmatrix} y_1 \\ y_2 \end{pmatrix}. \tag{3.58}$$

この係数行列 A に対して，例 3.6 では e^{tA} を，それが (3.58) の基本行列であることを利用して求めたことになる．ここでは直接計算しよう．固有値 1, -2 に対応する固有ベクトルを並べた変換行列を $P = \begin{pmatrix} 1 & 1 \\ 1 & 4 \end{pmatrix}$ とすれば，A は対角化できて，

$$P^{-1}AP = J := \begin{pmatrix} 1 & 0 \\ 0 & -2 \end{pmatrix}.$$

このとき

$$e^{P^{-1}APt} = P^{-1}e^{At}P = e^{Jt} = \begin{pmatrix} e^t & 0 \\ 0 & e^{-2t} \end{pmatrix} \tag{3.59}$$

となる．ここで，$(P^{-1}AP)^k = P^{-1}A^kP$ だから，

$$e^{P^{-1}APt} = \sum_{k=0}^{\infty} \frac{(P^{-1}AP)^k}{k!} t^k = P^{-1}\sum_{k=0}^{\infty} \frac{A^k}{k!} t^k P = P^{-1}e^{At}P$$

となることを用いた．よって，

$$e^{At} = Pe^{Jt}P^{-1} = \begin{pmatrix} 1 & 1 \\ 1 & 4 \end{pmatrix} \begin{pmatrix} e^t & 0 \\ 0 & e^{-2t} \end{pmatrix} \begin{pmatrix} 4 & -1 \\ -1 & 1 \end{pmatrix} \frac{1}{3}$$

$$= \begin{pmatrix} \frac{4}{3}e^t - \frac{1}{3}e^{-2t} & -\frac{1}{3}e^t + \frac{1}{3}e^{-2t} \\ \frac{4}{3}e^t - \frac{4}{3}e^{-2t} & -\frac{1}{3}e^t + \frac{4}{3}e^{-2t} \end{pmatrix}$$

となり，再び (3.45) を得る． ■

○**演習問題** 3.12 A は 3 次の行列で，$A = \begin{pmatrix} 5 & -6 & 2 \\ -6 & 4 & -4 \\ 2 & -4 & 0 \end{pmatrix}$ であるとする．

(1) 微分方程式 $d\boldsymbol{x}(t)/dt = A\boldsymbol{x}(t)$ の解の基本系を求めよ．

(2) e^{At} を求めよ．

例 3.10 A が 2 次の行列 $A = \begin{pmatrix} 0 & 1 \\ -1 & 0 \end{pmatrix}$ のとき，

$$e^{tA} = \begin{pmatrix} \cos t & \sin t \\ -\sin t & \cos t \end{pmatrix} \tag{3.60}$$

となる．これを証明してみよう．最初の数項を計算すると，

$$A^{2m} = (-1)^m I_d, \quad A^{2m+1} = (-1)^m A$$

だから，

$$e^{tA} = \sum_{m=0}^{\infty} (-1)^m \frac{t^{2m}}{(2m)!} I_d + \sum_{m=0}^{\infty} (-1)^m \frac{t^{2m+1}}{(2m+1)!} A$$

$$= (\cos t)I_d + (\sin t)A$$

となり，(3.60) を得る．ここで，$\cos t$，$\sin t$ のテイラー展開を使った．一方，次の方程式を考えてみよう：

$$\frac{d}{dt}\begin{pmatrix} y_1 \\ y_2 \end{pmatrix} = A \begin{pmatrix} y_1 \\ y_2 \end{pmatrix}.$$

このとき，解の基本形を求めてみると，

$$\frac{dy_1}{dt} = y_2, \ \frac{dy_2}{dt} = -y_1$$

だから，$y_1'' = -y_1$ となり，一般解は $y_1 = c_1 \cos t + c_2 \sin t$ である．したがって，

$$\begin{pmatrix} y_1 \\ y_2 \end{pmatrix} = \begin{pmatrix} \cos t & \sin t \\ -\sin t & \cos t \end{pmatrix} \begin{pmatrix} y_1(0) \\ y_2(0) \end{pmatrix}$$

となっているから，再び (3.60) を得る． ■

例 3.11 $m \times m$ の行列

$$J(\lambda, m) := \begin{pmatrix} \lambda & 1 & 0 & \cdots & \cdots & 0 \\ 0 & \lambda & 1 & 0 & & \vdots \\ \vdots & \ddots & \ddots & \ddots & \ddots & \vdots \\ \vdots & & \ddots & \ddots & \ddots & 0 \\ \vdots & & & \ddots & \lambda & 1 \\ 0 & \cdots & \cdots & \cdots & 0 & \lambda \end{pmatrix} = \lambda I_d + J(0, m) \quad (3.61)$$

を**ジョルダンブロック**という．ここで対角要素は λ であり，その右上の副対角要素は 1，他はゼロである．このとき，$J(0, m)$ はべき零行列で，$J(0, m)^m = 0$ であることに注意しよう．ここで，

$$e^{tJ(\lambda, m)} = e^{t(\lambda I_d + J(0, m))} = e^{\lambda t} e^{tJ(0, m)}, \quad (3.62)$$

$$e^{tJ(0, m)} = \sum_{k=0}^{m-1} \frac{J(0, m)^k}{k!} t^k \quad (3.63)$$

である．$J(0, m)^k$ は，対角要素の右上の k 番目の副対角要素に 1 が並んでいて，それ以外はゼロであるようなべき零行列である．そこで，$e^{tJ(0, m)}$ は

$$e^{tJ(0, m)} = \begin{pmatrix} 1 & t & \frac{t^2}{2!} & \cdots & \frac{t^{m-1}}{(m-1)!} \\ 0 & 1 & t & \cdots & \frac{t^{m-2}}{(m-2)!} \\ \vdots & & \ddots & \ddots & \vdots \\ 0 & & & 1 & t \\ 0 & \cdots & \cdots & 0 & 1 \end{pmatrix} \quad (3.64)$$

として計算される． ■

例 3.12 A を 3 次の行列として，λ をその 3 重固有値，$\boldsymbol{c}$ をそれに対応する標数 3 の一般化固有 (縦) ベクトルとする．このとき，変換行列として $Q = ((A - \lambda)^2 \boldsymbol{c}, (A - \lambda)\boldsymbol{c}, \boldsymbol{c})$ をとれば，

$$J = Q^{-1} A Q = \begin{pmatrix} \lambda & 1 & 0 \\ 0 & \lambda & 1 \\ 0 & 0 & \lambda \end{pmatrix}$$

となる．実際，$AQ = (A(A - \lambda)^2 \boldsymbol{c},\ A(A - \lambda)\boldsymbol{c}, A\boldsymbol{c})$ であるが，ここで，

$$A(A - \lambda)^2 \boldsymbol{c} = ((A - \lambda) + \lambda)(A - \lambda)^2 \boldsymbol{c} = \lambda (A - \lambda)^2 \boldsymbol{c},$$

$$A(A - \lambda)\boldsymbol{c} = (A - \lambda)^2 \boldsymbol{c} + \lambda (A - \lambda)\boldsymbol{c}$$

などから，$AQ = QJ$ となることがわかる．よって，$J = Q^{-1} A Q$ である．この

とき,

$$e^{Jt}=e^{t(\lambda I_d+J(0,3))}=e^{\lambda t}e^{J(0,3)t}=e^{\lambda t}\left(I_d+tJ(0,3)+\frac{t^2}{2}J(0,3)^2\right)$$
$$=e^{\lambda t}\begin{pmatrix}1 & t & \frac{t^2}{2}\\ 0 & 1 & t\\ 0 & 0 & 1\end{pmatrix}$$

となる．よって，$A=QJQ^{-1}$ であり,

$$e^{At}=e^{QJQ^{-1}t}=Qe^{Jt}Q^{-1} \tag{3.65}$$

となる． ■

線形代数のジョルダン標準形の理論によると，以下の定理が成り立つ：

定理 3.8　A を n 次の複素正方行列とすれば，正則な複素正方行列 Q が存在して,

$$J=Q^{-1}AQ=\begin{pmatrix}J(\lambda_1,m_1) & 0 & 0 & \cdots & 0\\ 0 & J(\lambda_2,m_2) & 0 & \cdots & 0\\ \vdots & \ddots & \ddots & \ddots & \vdots\\ 0 & \cdots & 0 & J(\lambda_{p-1},m_{p-1}) & 0\\ 0 & \cdots & 0 & 0 & J(\lambda_p,m_p)\end{pmatrix} \tag{3.66}$$

となる．ここで $\lambda_k,\ k=1,2,\cdots,p$ は標数 m_k の固有値であり，重複していてもよい．$n=\sum_{k=1}^{p}m_k$ である．

この定理から，e^{tA} は以下のように計算できる：

$$e^{tA}=Q\begin{pmatrix}e^{tJ(\lambda_1,m_1)} & 0 & 0 & \cdots & 0\\ 0 & e^{tJ(\lambda_2,m_2)} & 0 & \cdots & 0\\ \vdots & \ddots & \ddots & \ddots & \vdots\\ 0 & \cdots & 0 & e^{tJ(\lambda_{p-1},m_{p-1})} & 0\\ 0 & \cdots & 0 & 0 & e^{tJ(\lambda_p,m_p)}\end{pmatrix}Q^{-1}. \tag{3.67}$$

実際,

$$e^{tA}=e^{tQJQ^{-1}}=Qe^{tJ}Q^{-1} \tag{3.68}$$

となり，e^{tJ} は対角ブロックごとに計算され，(3.66), (3.68) から (3.67) を得る．

以下の例でみるように，複素行列を使わなくとも，実数の範囲での標準形を使

えば，実行列による基本行列の計算が可能である．したがって，実行列を係数行列とする微分方程式系 (3.14) には実数の解の基底が存在することになる．

例 3.13　2×2 の行列 A が共役複素固有値 $\alpha \pm i\beta$, $\alpha, \beta \in \mathbb{R}$, $\beta \neq 0$ をもつとする．対応する固有ベクトルを $\boldsymbol{u} \pm i\boldsymbol{v}$ ($\boldsymbol{u}, \boldsymbol{v}$ は実ベクトル) とする．このとき，

$$A(\boldsymbol{u} + i\boldsymbol{v}) = (\alpha + i\beta)(\boldsymbol{u} + i\boldsymbol{v})$$

の実部と虚部を分けて比較すれば，

$$A\boldsymbol{u} = \alpha\boldsymbol{u} - \beta\boldsymbol{v}, \quad A\boldsymbol{v} = \beta\boldsymbol{u} + \alpha\boldsymbol{v}.$$

したがって，

$$A(\boldsymbol{u}, \boldsymbol{v}) = (\alpha\boldsymbol{u} - \beta\boldsymbol{v}, \beta\boldsymbol{u} + \alpha\boldsymbol{v}) = (\boldsymbol{u}, \boldsymbol{v})J$$

とおけば，$Q = (\boldsymbol{u}, \boldsymbol{v})$ として $J = Q^{-1}AQ$ である．そこで，実の標準形

$$J = Q^{-1}AQ = \begin{pmatrix} \alpha & \beta \\ -\beta & \alpha \end{pmatrix} \tag{3.69}$$

が得られる．このとき，$B = \begin{pmatrix} 0 & 1 \\ -1 & 0 \end{pmatrix}$ とすれば，

$$e^{tJ} = e^{(\alpha I_d + \beta B)t} = e^{\alpha t} \begin{pmatrix} \cos \beta t & \sin \beta t \\ -\sin \beta t & \cos \beta t \end{pmatrix} \tag{3.70}$$

となって，実の標準形に対応する基本行列が得られる．■

3.4　非同次連立線形微分方程式

定数係数非同次の線形連立微分方程式に対しては，以下のような**定数変化法の公式**が成り立つ：

定理 3.9　非同次線形連立微分方程式の初期値問題

$$\frac{d\boldsymbol{y}(t)}{dt} = A\boldsymbol{y} + \boldsymbol{b}(t), \quad \boldsymbol{y}(t_0) = \boldsymbol{y}_0 \tag{3.71}$$

の解は

$$\boldsymbol{y}(t) = e^{(t-t_0)A}\boldsymbol{y}_0 + \int_{t_0}^{t} e^{(t-s)A}\boldsymbol{b}(s)\, ds \tag{3.72}$$

で与えられる．

証明　$\boldsymbol{z} = e^{-At}\boldsymbol{y}$ とおけば，

$$z' = -Ae^{-At}\boldsymbol{y} + e^{-At}(A\boldsymbol{y} + \boldsymbol{b}) = e^{-At}\boldsymbol{b}(t).$$

したがって，

$$\boldsymbol{z}(t) = \boldsymbol{z}(t_0) + \int_{t_0}^{t} e^{-sA}\boldsymbol{b}(s)\,ds.$$

ここで，e^{At} を左からかければ，(3.72) が得られる． □

例 3.14　以下のような非同次の初期値問題を考えよう：

$$\frac{d}{dt}\begin{pmatrix} x \\ y \end{pmatrix} = \begin{pmatrix} 2 & 1 \\ 0 & 2 \end{pmatrix}\begin{pmatrix} x \\ y \end{pmatrix} + \begin{pmatrix} \sin t \\ \cos t \end{pmatrix}, \quad \begin{pmatrix} x(0) \\ y(0) \end{pmatrix} = \begin{pmatrix} 0 \\ 0 \end{pmatrix}.$$

ここで $E = \begin{pmatrix} 0 & 1 \\ 0 & 0 \end{pmatrix}$ とすれば，$A = 2I_d + E$ となるから，

$$e^{tA} = e^{t(2I_d+E)} = e^{2t}(I_d + tE) = e^{2t}\begin{pmatrix} 1 & t \\ 0 & 1 \end{pmatrix}.$$

したがって，定数変化法の公式を適用すれば，

$$\begin{aligned}\begin{pmatrix} x(t) \\ y(t) \end{pmatrix} &= \int_0^t e^{2(t-s)}\begin{pmatrix} 1 & t-s \\ 0 & 1 \end{pmatrix}\begin{pmatrix} \sin s \\ \cos s \end{pmatrix} ds \\ &= \frac{1}{25}\begin{pmatrix} -14\sin t & -2\cos t \\ 5\sin t & -10\cos t \end{pmatrix} + \frac{1}{25}\begin{pmatrix} 10te^{2t} + 2e^{2t} \\ 10e^{2t} \end{pmatrix}\end{aligned}$$

を得る． ■

○**演習問題** 3.13　初期条件 $\boldsymbol{y}(0) = \boldsymbol{0}$ のもとで，以下の微分方程式を解け：

$$\frac{d}{dt}\begin{pmatrix} y_1 \\ y_2 \end{pmatrix} = \begin{pmatrix} 2 & -1 \\ 4 & -3 \end{pmatrix}\begin{pmatrix} y_1 \\ y_2 \end{pmatrix} + \begin{pmatrix} e^{t} \\ e^{-t} \end{pmatrix}.$$

定数変化法の公式は，係数行列が定数ではない場合も成り立つことを示そう．

$$\frac{d}{dt}\boldsymbol{y} = A(t)\boldsymbol{y} + \boldsymbol{b}(t), \quad \boldsymbol{y}(t_0) = \boldsymbol{y}_0 \tag{3.73}$$

において，同次方程式 $d\boldsymbol{y}/dt = A(t)\boldsymbol{y}$ の基本行列を $\Phi(t)$ とする．このとき，

$$\boldsymbol{y}(t) = \Phi(t)\boldsymbol{c}(t) \tag{3.74}$$

が解になるようにベクトル値関数 $\boldsymbol{c}(t)$ を決めるとしよう．これを微分すれば，

$$\boldsymbol{y}' = A(t)\Phi(t)\boldsymbol{c}(t) + \Phi(t)\boldsymbol{c}'(t) = A(t)\boldsymbol{y} + \Phi(t)\boldsymbol{c}'(t)$$

となるから，

$$\boldsymbol{b}(t) = \Phi(t)\boldsymbol{c}'(t)$$

となればよいが，Φ は正則だから逆行列が存在して，

$$\boldsymbol{c}'(t) = \Phi(t)^{-1}\boldsymbol{b}(t).$$

したがって，

$$\boldsymbol{c}(t) = \boldsymbol{c}(t_0) + \int_{t_0}^{t} \Phi(s)^{-1}\boldsymbol{b}(s)\,ds.$$

これを用いて，$\boldsymbol{c}(t_0) = \Phi(t_0)^{-1}\boldsymbol{y}(t_0)$ を用いると，

$$\boldsymbol{y}(t) = \Psi(t,t_0)\boldsymbol{y}_0 + \int_{t_0}^{t} \Psi(t,s)\boldsymbol{b}(s)\,ds \tag{3.75}$$

を得る．ただし $\Psi(t,s) = \Phi(t)\Phi(s)^{-1}$ である．これが，一般の場合の定数変化法の公式であるが，初期条件を満たす同次方程式の解とゼロ初期条件を満たす非同次方程式の解の和になっていることに注意しよう．

例 3.15 定数変化法は理論的にすぐれた公式であるが，その計算は一般に容易ではない．未定係数法などによって特殊解が求められる場合は，それを利用したほうが計算は容易である．以下のような非同次問題を考えてみよう：

$$\frac{d}{dt}\begin{pmatrix} x \\ y \\ z \end{pmatrix} = \begin{pmatrix} 0 & 1 & -1 \\ -2 & 3 & -1 \\ -1 & 1 & 1 \end{pmatrix}\begin{pmatrix} x \\ y \\ z \end{pmatrix} + e^{5t}\begin{pmatrix} -1 \\ 2 \\ -1 \end{pmatrix}.$$

係数行列を

$$A = \begin{pmatrix} 0 & 1 & -1 \\ -2 & 3 & -1 \\ -1 & 1 & 1 \end{pmatrix}$$

として固有多項式を導くと，$\det(A-\lambda) = -(\lambda-1)^2(\lambda-2)$ となるから，固有値は 1 (重根) と 2 である．$\lambda = 1$ に対しては固有ベクトルとして $\boldsymbol{a} = (1,1,0)^{\mathrm{T}}$ がとれ，$(A-\lambda)\boldsymbol{b} = \boldsymbol{a}$ となる一般化固有ベクトルとして $\boldsymbol{b} = (0,0,-1)^{\mathrm{T}}$ がとれる．$\lambda = 2$ に対しては固有ベクトルとして $\boldsymbol{c} = (0,1,1)^{\mathrm{T}}$ がとれる．したがって，同次方程式の解の基本系としては，

$$e^{2t}\boldsymbol{c},\ e^{t}\boldsymbol{a},\ e^{t}(\boldsymbol{b}+\boldsymbol{a}t)$$

が得られる．そこで，非同次問題の特殊解を求めてみよう．非同次項と類似した特殊解として，$\boldsymbol{d}$ を定数ベクトルとして，$e^{5t}\boldsymbol{d}$ を想定してみよう．これを問題の式に代入すれば，

$$5e^{5t}\boldsymbol{d} = e^{5t}A\boldsymbol{d} + e^{5t}\boldsymbol{f}$$

を得る．ただしここで $\boldsymbol{f} := (-1,2,-1)^{\mathrm{T}}$ である．したがって，

$$\boldsymbol{d} = (5I_d - A)^{-1}\boldsymbol{f}$$

として $\boldsymbol{d}$ が定まる．ただしここで，5 が A の固有値ではないことから，逆行列 $(5I_d - A)^{-1}$ が存在することを利用している．これを計算すると $\boldsymbol{d} = (0,1,0)^{\mathrm{T}}$ となるから，一般解は，$\alpha_j,\ j=1,2,3$ を任意定数として，

$$\alpha_1 e^{2t}\boldsymbol{c} + \alpha_2 e^t \boldsymbol{a} + \alpha_3 e^t(\boldsymbol{b} + \boldsymbol{a}t) + e^{5t}\boldsymbol{d}$$

として求められる．e^{tA} を計算して定数変化法の公式を使う方法は読者にゆだねよう．■

○**演習問題** 3.14　A を $n \times n$ の正方行列として，以下のような 1 階微分方程式の初期値問題を考える：

$$\frac{d\boldsymbol{u}(t)}{dt} = A\boldsymbol{u}(t) + \boldsymbol{f}(t), \quad t > 0,\ \boldsymbol{u}(0) = \boldsymbol{u}_0. \tag{3.76}$$

ここで $\boldsymbol{f}(t)$ は $t \geq 0$ で有界連続な関数であるとする．行列 A のすべての固有値の実部が負であると仮定する．このとき，ある $\boldsymbol{f}_0$ が存在して，

$$\lim_{t\to\infty} \boldsymbol{f}(t) = \boldsymbol{f}_0 \tag{3.77}$$

となるか，あるいは

$$\int_0^\infty \|\boldsymbol{f}(t) - \boldsymbol{f}_0\|\, dt < \infty \tag{3.78}$$

であれば,

$$\lim_{t\to\infty} \boldsymbol{u}(t) = -A^{-1}\boldsymbol{f}_0 \tag{3.79}$$

となることを示せ.

3.5　正値線形システム

連立方程式 $\boldsymbol{y}' = A\boldsymbol{y}$ が，生命現象や社会現象の数理モデルである場合，解 $\boldsymbol{y}$ は非負のベクトルでなければならないことが多い．一般に，非負の初期条件に対して解の非負性を保つような連立線形方程式を**正値線形システム**という．非負性はそれだけで，非常に大きな結果をもたらす [6, 25, 27].

3.5.1　非 負 行 列

はじめに, 非負のベクトルや行列に関する基本的な定義や結果を述べておこう[6].

定義 3.1　$A = (a_{ij})$ が行列であるとき，以下のように定義する：

6)　証明などは，[7], [15], [21], [27]，[31] などを参照していただきたい.

(1) すべての i, j で $a_{ij} > 0$ ならば，$A > 0$ と書いて，**厳密に正**であるという．

(2) すべての i, j で $a_{ij} \geq 0$ で，少なくとも一つの成分について $a_{ij} > 0$ であるならば，$A \geq 0$ と書いて，**正**であるという．

(3) すべての i, j で $a_{ij} \geqq 0$ であれば，$A \geqq 0$ と書いて，**非負**であるという．

また，同次元の行列について $A - B > 0$ であるとき，$A > B$ と書く．不等号関係が $\geq$ や $\geqq$ でも同じである[7)]．

非負行列に関しては，以下の**ペロン–フロベニウスの定理**が基本的である：

定理 3.10　$A = \left(a_{ij}\right)$ を非負正方行列とすると，A は非負固有値をもち，その最大のものを λ_0 とおけば，λ_0 に属する非負固有ベクトル $\boldsymbol{y}_0 \geq 0$ が存在する．A の任意の固有値 λ に対して $|\lambda| \leq \lambda_0$ となる．

非負固有値 λ_0 は**フロベニウス根**ともよばれる．上のことから，フロベニウス根は A の**スペクトル半径** $r(A) = \sup\{|\lambda| : \lambda \in \sigma(A)\}$ に等しい[8)]．A の**スペクトル限界** $s(A)$ を $s(A) := \sup\{\Re\lambda : \lambda \in \sigma(A)\}$ と定義する [21]．また $\sigma_+(A) := \{\lambda \in \sigma(A) : \Re\lambda = s(A)\}$ と定義して，$\lambda \in \sigma_+(A)$ を**周縁スペクトル**という[9)]．したがって，A が非負であれば，$r(A) = s(A) \in \sigma(A)$, $\sigma_+(A) = \{r(A)\} = \{s(A)\}$ である．

定理 3.11　$A > 0$ であれば，$\lambda_0 = r(A)$ は正の単純固有値[10)]になり，$\boldsymbol{y}_0 > 0$ となる．非負の固有ベクトルをもつ A の固有値はこれ以外に存在しない．

上記の証明は，たとえば，[21] をみていただきたい．厳密に正な行列ではなくても，厳密に正の固有ベクトルが存在する条件として非負行列の既約性を導入しよう：

定義 3.2　非負行列 $A = \left(a_{ij}\right)$ の各要素に関して，その添え字の集合 $L = \{1, 2, \cdots, n\}$ が共通部分のない 2 つの空でない集合 L_1, L_2 の和 $L = L_1 \cup L_2$ と表されて，$i \in L_1$, $j \in L_2$ であれば $a_{ij} = 0$ となるとき，A は**分解可能**または**可約**とよばれる．分解可能でない非負行列は**分解不能**または**既約**とよばれる．

---

7) ベクトルに関しても同じ用語，記法を使う．

8) $\sigma(A)$ は行列 A の固有値の集合を示す．スペクトル半径が固有値である場合，**主固有値**とか**優固有値**とかよばれることもある [21]．

9) $\{\lambda \in \sigma(A) : |\lambda| = r(A)\}$ を周縁スペクトルとしている場合もある [25]．離散力学系を扱う場合にはそのほうが適切であろう．既約非負行列で，この意味で周縁スペクトルがフロベニウス根に限る場合は，**原始的**といわれる．

10) 特性多項式の単根になっていること．

既約行列は，以下のように特徴づけられる：

命題 3.5 A^k の要素を $a_{ij}^{(k)}$ とするとき，非負行列 A が既約であるためには，任意の添え字の組 (i,j) に対して，自然数 $p=p(i,j)$ が存在して $a_{ij}^{(p)}>0$ となることが必要十分である．

既約な非負行列に関しては，ペロン–フロベニウスの定理が，より強い形で成り立つ：

定理 3.12 $A=\left(a_{ij}\right)$ を既約な非負正方行列，λ_0 をそのフロベニウス根とすると，$\lambda_0>0$ であり，対応する厳密に正な固有ベクトル $\boldsymbol{y}_0>0$ が存在する．λ_0 は単純固有値であり，λ_0 以外の実固有値に属する非負固有ベクトルは存在しない．

連立方程式 $\boldsymbol{y}'=A\boldsymbol{y}$ の解は $\boldsymbol{y}(t)=e^{tA}\boldsymbol{y}(0)$ であるから，A が非負であれば $e^{tA}\geq 0$ であり，非負の初期値 $\boldsymbol{y}(0)$ に対して，$\boldsymbol{y}(t)$ が非負となることは明らかである．さらに，A が既約であれば，そのフロベニウス根 $\lambda_0>0$ と正固有ベクトル $\boldsymbol{y}_0>0$ に対して $e^{At}\boldsymbol{y}_0=e^{\lambda_0 t}\boldsymbol{y}_0$ となり，それ以外に実の成長率をもつ非負の指数関数的成長解はない．この正の指数関数的成長解は，一定の条件のもとで，他のすべての解がそれに漸近的に比例するという相対的な安定性をもつ．

定理 3.13 行列 A は実単純固有値 λ_0 をもち，$\sigma_+(A)=\{\lambda_0\}$ とする．このとき，$\boldsymbol{y}'=A\boldsymbol{y}$ の解について以下が成り立つ：

$$\lim_{t\to\infty}e^{-\lambda_0 t}\boldsymbol{y}(t)=\frac{\langle\boldsymbol{v}_0,\boldsymbol{y}(0)\rangle}{\langle\boldsymbol{v}_0,\boldsymbol{y}_0\rangle}\boldsymbol{y}_0. \tag{3.80}$$

ここで，$\boldsymbol{v}_0$, $\boldsymbol{y}_0$ は λ_0 に対応する左右の固有ベクトルで，$\langle\,,\rangle$ はベクトルの内積を表す．

証明 簡単のため, A の固有値はすべて単根である場合を示す．重根のある場合も同様である[11]．固有値を $\lambda_j, 0\leq j\leq n-1$ としよう．$\lambda_0>\Re\lambda_j, j=1,2,\cdots,n-1$ である．対応する左右の固有ベクトルを $\boldsymbol{v}_j$, $\boldsymbol{y}_j$ とおけば，任意の初期値 $\boldsymbol{y}(0)$ は c_j を係数として，

$$\boldsymbol{y}(0)=\sum_{j=0}^{n-1}c_j\boldsymbol{y}_j$$

と固有ベクトルの一次結合で表され．左右の固有ベクトルの直交性から，

$$c_j=\frac{\langle\boldsymbol{v}_j,\boldsymbol{y}(0)\rangle}{\langle\boldsymbol{v}_j,\boldsymbol{y}_j\rangle},\quad j=1,2,\cdots,n-1 \tag{3.81}$$

11) 初期データの一般化固有ベクトルの基底による展開を用いればよい．

である．したがって，

$$\boldsymbol{y}(t)=e^{tA}\boldsymbol{y}(0)=\sum_{j=0}^{n-1}c_je^{t\lambda_j}\boldsymbol{y}_j \tag{3.82}$$

となるが，

$$\sum_{j=0}^{n-1}c_je^{t\lambda_j}\boldsymbol{y}_j=e^{\lambda_0 t}\sum_{j=0}^{n-1}c_je^{-t(\lambda_0-\lambda_j)}\boldsymbol{y}_j$$

であり，$\Re(\lambda_0-\lambda_j)>0,\ j\geq 1$ であるから，

$$\lim_{t\to\infty}e^{-\lambda_0 t}\boldsymbol{y}(t)=c_0\boldsymbol{y}_0 \tag{3.83}$$

となる．□

上記の定理が成り立つ場合，$\boldsymbol{y}_0$ として厳密に正な固有ベクトルがとれるのであれば，正の初期条件に対して $c_0>0$ であり，(3.80) から，正規化された解ベクトルは初期条件に無関係な正規化された正固有ベクトルに収束する：

$$\lim_{t\to\infty}\frac{\boldsymbol{y}(t)}{\|\boldsymbol{y}(t)\|}=\frac{\boldsymbol{y}_0}{\|\boldsymbol{y}_0\|}. \tag{3.84}$$

このように，システム状態が初期条件から独立な状態ベクトルへ収束することを**強エルゴード性**という．

A が既約非負行列であれば，ペロン–フロベニウスの定理から，そのフロベニウス根 $\lambda_0>0$ は定理 3.13 の条件を満たし，$\boldsymbol{y}_0>0$ であるから以下を得る：

命題 3.6　A が既約非負行列であれば，$\boldsymbol{y}'=A\boldsymbol{y}$ は強エルゴード的な正値線形システムである．漸近的な成長率は A のフロベニウス根で与えられる．

3.5.2 準正値行列

A が非負であることは，同次線形方程式 $\boldsymbol{y}'=A\boldsymbol{y}$ が正値線形システムであるための十分条件ではあるが，必要ではない．いま，対角要素以外は非負であるゼロではない正方行列を**準正値行列**と定義する[12]．

命題 3.7　行列 A が準正値であれば，$t\geq 0$ に対して $e^{tA}\geq 0$ である．逆も成り立つ．

証明　十分大きな正数 α をとれば $A+\alpha I_d$ は非負となるから，$e^{(A+\alpha I_d)t}\geq 0$ である．よって，$e^{tA}=e^{-\alpha t}e^{(A+\alpha I_d)t}\geq 0$ となる．逆に，$e^{tA}\geq 0$ と仮定しよう．A

12) H.R. Thieme (2009), Spectral bound and reproduction number for infinite-dimensional population structure and time heterogeneity, *SIAM J. Appl. Math.* 70(1): 188–211. 経済数学では**メッツラー行列**といわれることもある．

の (i,j) 要素を a_{ij}，$A^n, n \geq 2$ の (i,j) 要素を $a_{ij}^{(n)}$，e^{tA} の (i,j) 要素を $(e^{tA})_{ij}$ とすれば，

$$(e^{tA})_{ij} = \delta_{ij} + a_{ij}t + a_{ij}^{(2)}\frac{t^2}{2} + O(t^3).$$

ただし，δ_{ij} はクロネッカーの記号で，$\delta_{ii} = 1$ であり，$i \neq j$ であれば $\delta_{ij} = 0$ である．したがって，もしある $(i,j), i \neq j$ に対して $a_{ij} < 0$ であれば，十分小さな $t > 0$ に対して右辺は負になるが，左辺は非負だから矛盾である．したがって A は準正値である． □

準正値行列 A は単位行列の正定数倍を加えれば非負行列になるから，その固有値の複素平面上での分布は，非負行列の固有値の分布を定数だけ左へずらしたものになる．そこで，ペロン–フロベニウスの定理から以下がわかる：

命題 3.8 A が準正値であれば，$s(A)$ はその固有値で，対応する非負の固有ベクトルが存在する．また，$\sigma_+(A) = \{s(A)\}$ である．さらに A が既約であれば，$s(A)$ は単純固有値で，対応する厳密に正な固有ベクトルが存在する．

証明 $\alpha > 0$ を適当にとって，$A + \alpha I_d \geq 0$ としよう．このときペロン–フロベニウスの定理から $r(A + \alpha I_d) = s(A + \alpha I_d) \in \sigma(A + \alpha I_d)$ である．$\Delta_A(\lambda) := \det(\lambda I_d - A)$ を行列 A の特性方程式とすると

$$\begin{aligned}\Delta_{A+\alpha I_d}(\lambda) &= \det(\lambda I_d - (A + \alpha I_d)) \\ &= \det((\lambda - \alpha)I_d - A) = \Delta_A(\lambda - \alpha)\end{aligned}$$

より，A の任意の固有値 λ は，$\lambda + \alpha$ が $A + \alpha I_d$ の固有値になり，対応する固有ベクトルは同じである．逆に，$A + \alpha I_d$ の固有値から α を引けば A の固有値であるから，$s(A + \alpha I_d) - \alpha \in \sigma(A)$ であり，これが実部最大の A の固有値になる．よって，$s(A) = s(A + \alpha I_d) - \alpha \in \sigma(A)$ である．対応する固有ベクトルは $A + \alpha I_d$ のフロベニウス根に属する固有ベクトルであるから，非負である．$\sigma_+(A + \alpha I_d) = \{s(A + \alpha I_d)\}$ であったから，$\sigma_+(A) = \{s(A)\}$ である．さらに A の既約性を仮定すれば，$s(A)$ は単純固有値であり，厳密に正な固有ベクトルをもつ． □

定理 3.13 と命題 3.8 から以下を得る：

命題 3.9 A が既約準正値であれば，$\boldsymbol{y}' = A\boldsymbol{y}$ は強エルゴード的な正値線形システムである．このとき，漸近的な成長率は $s(A)$ で与えられる．

証明 すでに命題 3.8 と定理 3.13 から明らかであるが，以下のようにも示せる．$A + \alpha I_d$ が非負既約となるように α をとって，$\boldsymbol{w} = e^{\alpha t}\boldsymbol{y}$ とおけば，$\boldsymbol{w}' = (A + \alpha I_d)\boldsymbol{w}$ となる．これに定理 3.13 を適用すれば，$\boldsymbol{w}$ は強エルゴード的な正値線形システムの解であることがわかる．したがって $\boldsymbol{y}$ もそうである． □

3.5.3 多状態マルサスモデル

準正値行列は，個体群ダイナミクスの数理モデルにおいてキーとなる概念である．実際，連続時間の有限次元個体群ダイナミクスは，定常環境で，他集団との相互作用のない場合，以下のような線形システム (**多状態マルサスモデル**) で記述される：

$$\frac{d\boldsymbol{y}(t)}{dt} = (B + C)\boldsymbol{y}(t). \tag{3.85}$$

ここで, $\boldsymbol{y}(t)$ は時刻 t における個体群の状態ベクトルで, その第 j 要素 y_j, $1 \le j \le n$ は状態 j [13] の個体群密度を表し，行列 C は非負で，その第 (i, j) 要素 c_{ij} は状態 j の個体が状態 i の個体を生む出生率，行列 B は準正値で，その非対角第 (i, j) 要素 b_{ij}, $i \neq j$ は状態 j から状態 i へ移動する推移強度を示すとする．さらに，B の対角要素 b_{ii} は状態 i からの**離脱率**で,

$$b_{ii} = -\mu_i - \sum_{j \neq i} b_{ji} \tag{3.86}$$

と定義される．ここで μ_i は i 種の死亡率である．このとき，$B + C$ は準正値であるから，システム (3.85) の基本行列 $e^{(B+C)t}$ は非負となる．すなわち (3.85) は正値線形システムである．

○**演習問題** 3.15 $\mu_i, 1 \le i \le n$ はすべて正であるとする．$s(B) < 0$ となることを示せ．また，μ_i がすべてゼロのときは $s(B) = 0$ となることを示せ．

正値線形システム (3.85) において，$C\boldsymbol{y}(t)$ を非同次項とみなして，定数変化法の公式 (3.72) を適用してみると，

$$\boldsymbol{y}(t) = e^{Bt}\boldsymbol{y}(0) + \int_0^t e^{B(t-\sigma)}C\boldsymbol{y}(\sigma)\,d\sigma \tag{3.87}$$

を得る．すなわち，微分方程式のシステム (3.85) と，積分方程式 (3.87) は同値である．ここで C を左から (3.87) にかけて，$\boldsymbol{z}(t) := C\boldsymbol{y}(t)$ とおけば，$\boldsymbol{z}(t)$ は新生個体群を示すベクトルであり，

---

13) ここで個体の「状態」は同一個体における遷移可能な生物学的，社会的，地理的な異質性であるか，あるいは遺伝特性のような変化しない特性でもよい．ただし後者の場合は $c_{ij} = 0, i \neq j$ となる．

$$\boldsymbol{z}(t) = Ce^{Bt}\boldsymbol{y}(0) + \int_0^t \Psi(\sigma)\boldsymbol{z}(t-\sigma)\,d\sigma \tag{3.88}$$

を得る．ここで $\Psi(\sigma) := Ce^{B\sigma}$ は**純再生産関数** (行列) とよばれる．$e^{B\sigma}$ は**生残率行列**であり，その第 (i,j) 要素は，状態 j の新生個体が，年齢 σ で状態 i に生残している確率を与えている．(3.88) は新生個体の再生産を表現する方程式で，例 2.13 で考察した再生積分方程式にほかならない．

純再生産関数 Ψ の積分は重要な意義をもっている．それを計算するために以下の補題を準備しよう：

補題 3.4 一般の行列 A に対して $\Re\lambda > s(A)$ であれば，

$$\int_0^\infty e^{-\lambda t}e^{At}\,dt = (\lambda I_d - A)^{-1} \tag{3.89}$$

が成り立つ．特に，A が準正値であれば $(\lambda I_d - A)^{-1} \geq 0$ であるから，$\lambda I_d - A$ は非負の逆行列をもつ[14]．

証明 行列の指数関数の定義から，$T>0$ に対して，

$$\int_0^T e^{-\lambda t}e^{At}dt = \int_0^T \sum_{k=0}^\infty \frac{(A-\lambda I_d)^k}{k!}t^k dt = \sum_{k=0}^\infty \frac{(A-\lambda I_d)^k}{(k+1)!}T^{k+1}.$$

したがって，

$$(A-\lambda I_d)\int_0^T e^{-\lambda t}e^{At}dt = \sum_{k=0}^\infty \frac{(A-\lambda I_d)^{k+1}}{(k+1)!}T^{k+1} = e^{(A-\lambda I_d)T} - I_d.$$

$\Re\lambda > s(A)$ とすれば，$s(A-\lambda I_d) < 0$ であるから，$\lim_{T\to\infty} e^{(A-\lambda I_d)T} = 0$ となる．したがって，$T\to\infty$ として，

$$(A-\lambda I_d)\int_0^\infty e^{-\lambda t}e^{At}dt = -I_d.$$

これは (3.89) を示している． □

演習問題 3.15 でみたように $s(B) < 0$ であるから，(3.89) から

$$\int_0^\infty \Psi(\sigma)\,d\sigma = C(-B)^{-1} \tag{3.90}$$

を得る．この非負行列を $K := C(-B)^{-1}$ としよう．K は，個体群システム (3.85) の**次世代行列**とよばれる [5, 14]．次世代行列のスペクトル半径 (フロベニウス根) $r(K)$ が，多状態マルサスモデル (3.85) の**基本再生産数** R_0 となる．実際，$Ce^{Bt}\boldsymbol{y}(0)$ は初期時点で生存していた個体群 $\boldsymbol{y}(0)$ から生まれた第一世代の新生個体群の時

14) このことを**非負逆転可能**という．

間 t における状態間分布ベクトルである．これを $\boldsymbol{z}_1(t)$ として，第 n 世代目の新生個体のベクトルを $\boldsymbol{z}_n(t)$ とすれば，その意味から，

$$\boldsymbol{z}_{n+1}(t) = \int_0^t \Psi(\sigma)\boldsymbol{z}_n(t-\sigma)\,d\sigma \tag{3.91}$$

となる．このとき再生積分方程式 (3.88) の解は $\boldsymbol{z}(t) = \sum_{k=1}^{\infty} \boldsymbol{z}_k(t)$ として得られる．

時間的に集計した n 世代ベクトルを $\boldsymbol{w}_n := \int_0^\infty \boldsymbol{z}_n(t)\,dt$ とすれば，(3.91) を $[0,\infty)$ で積分して，合成積の積分順序の交換を行えば，

$$\boldsymbol{w}_{n+1} = K\boldsymbol{w}_n \tag{3.92}$$

を得る．したがって，$\boldsymbol{w}_n = K^{n-1}\boldsymbol{w}_1$ であり，$\boldsymbol{w}_n$ は漸近的に K の固有値 R_0 に属する正固有ベクトルに比例し，その大きさ $\|\boldsymbol{w}_n\|$ は，$R_0 = r(K)$ を公比として等比数列的に成長する[15)]．このことは離散時間モデル (3.92) に対する強エルゴード性にほかならない．

それゆえ，世代ごとにみれば $R_0 = 1$ が個体群の成長が増加か減少かを決める閾値になっているが，B が準正値で $s(B) < 0$，C が正であれば，

$$\mathrm{sign}(s(B+C)) = \mathrm{sign}(R_0 - 1) \tag{3.93}$$

となることが示される[16)]．したがって，$R_0 > 1$ であれば (3.85) のゼロ解 (平衡点) は不安定であり，$R_0 < 1$ であれば安定である，という力学系的な解釈を得る．命題 3.9 から，B が既約であれば，(3.85) は強エルゴード的になり，個体群は漸近的にマルサス的に成長する．

○**演習問題** 3.16　$\boldsymbol{b} > 0$ として，非同次方程式

$$\boldsymbol{y}' = A\boldsymbol{y} + \boldsymbol{b} \tag{3.94}$$

を考える．A が準正値であるとき，$s(A) < 0$ となることが，(3.94) が正の平衡点をもつための必要十分条件であることを示せ．また，正の平衡点は存在すれば安定であることを示せ[17)]．

例 3.16 **(多状態生命表)**　多状態のマルサスモデルで現れた生残率の行列 $e^{B\sigma}$ をより現実的に，パラメータが時間に依存する場合に拡張してみよう [15]．個体の加齢による状態変化のモデルを考えるために，時間軸としては，一般の時間 t の

---

15) 定理 3.13 の離散時間版であり，同様に証明できる．たとえば [15] 参照．

16) sign(a) は a の符号を示す．sgn(a) とも書く．証明については注 12 の Thieme (2009)，また [5], [15] 参照．

17) 平衡点の定義と安定性の意味については第 4 章参照．

代わりに，生まれてからの経過時間としての年齢 a を採用する．状態間の**生残率** $\ell_{ji}(b,a)$, $b \geq a$, $1 \leq i,j \leq n$ は年齢 a で状態 i にいた個体が，年齢 b で状態 j に生存している確率であるとする．ただし，$\ell_{ji}(a,a) = \delta_{ji}$ である．このとき，ある個体が一つの状態から他の状態へ移動する確率はその個体の過去の移動歴に無関係に，その出発状態，到達状態，年齢のみに依存して決まっているという**マルコフ性**を仮定すると，**チャップマン–コルモゴロフの等式**が成り立つ：

$$\ell_{ki}(c,a) = \sum_{j=1}^{n} \ell_{kj}(c,b)\ell_{ji}(b,a), \quad c \geq b \geq a. \tag{3.95}$$

さらに，以下のような状態間の**推移強度**が存在すると仮定する：

$$\begin{aligned} q_{ji}(a) &= \lim_{h\to 0} \frac{\ell_{ji}(a+h,a)}{h}, \quad j \neq i, \\ q_{ii}(a) &= \lim_{h\to 0} \frac{\ell_{ii}(a+h,a)-1}{h}. \end{aligned} \tag{3.96}$$

このとき $q_{ji}(a) \geq 0$, $j \neq i$, $q_{ii}(a) \leq 0$ であるが，$\mu_i(a)$ を i 状態における年齢 a の個体に作用する死力[18]とすれば，

$$\lim_{h\to 0} \frac{1}{h}\left[\sum_{j=1}^{n} \ell_{ji}(a+h,a) - 1\right] = -\mu_i(a) \tag{3.97}$$

であるから，

$$q_{ii}(a) = -\mu_i(a) - \sum_{j\neq i} q_{ji}(a), \quad 1 \leq i,j \leq n \tag{3.98}$$

となる．$L(b,a)$ を $\ell_{ji}(b,a)$ を (j,i) 要素とする $n\times n$ 行列, $Q(a)$ を $q_{ji}(a)$ を (j,i) 要素とする $n\times n$ 行列としよう．このとき，(3.95), (3.96) は以下のように書ける：

$$\begin{aligned} &L(c,a) = L(c,b)L(b,a), \quad L(a,a) = I_d, \\ &\lim_{h\to 0} \frac{L(a+h,a)-I_d}{h} = Q(a). \end{aligned} \tag{3.99}$$

このとき，

$$\frac{L(b+h,a)-L(b,a)}{h} = \left[\frac{L(b+h,b)-I_d}{h}\right] L(b,a)$$

であるから，$h \to 0$ とすれば以下の**コルモゴロフの前進方程式**が導かれる：

$$\frac{\partial L(b,a)}{\partial b} = Q(b)L(b,a), \quad L(a,a) = I_d. \tag{3.100}$$

前進方程式 (3.100) は行列微分方程式であるが，微分方程式

18) 死力は瞬間的死亡率のことである．5.1 節参照.

$$\frac{d\boldsymbol{y}(b)}{db} = Q(b)\boldsymbol{y}(b) \tag{3.101}$$

を考えると，命題 3.1 でみたように $L(b,a)$ は，微分方程式 (3.101) の推移行列そのもので，$\boldsymbol{y}(b) = L(b,a)\boldsymbol{y}(a)$ である．したがって $L(b,a)$ は正則である．また，各年齢 b について，$Q(b)$ は準正値だから，推移行列 $L(b,a)$ は正行列である．

○**演習問題** 3.17　推移行列 $L(b,a)$ は正行列であることを証明せよ．

以上のように，状態間推移強度 $Q(a)$ が与えられれば，生残率行列 $L(b,a)$ が決定される．特に $L(a,0)$ を $L(a)$ と書けば，推移規則から $L(b,a) = L(b)L^{-1}(a)$ である．$L(a)$ は多状態の生残率で，それを表形式に示したものが**多状態生命表**である．$L(a)$ の要素を $\ell_{ji}(a)$ とすれば，$\ell_{ji}(a)$ は i 状態に生まれた個体が a 歳で状態 j に生残している確率を示していて，$\int_0^\infty \ell_{ji}(a)\,da$ は，i 状態に生まれた個体の，状態 j における平均滞在時間 (出生状態別・滞在状態別余命) を与える．■

3.6 周期係数をもつ線形微分方程式

これまでみてきたように，係数が定数ではない微分方程式は，解を具体的に構成できないことが多い．しかし係数となる関数 (パラメータ) が独立変数に関して周期性をもつ場合は，解は特別な構造をもっていることがわかる．

例 3.17　変数係数の 1 階線形方程式

$$\frac{dy}{dt} = (a + \sin t)y(t) \tag{3.102}$$

を考えてみよう．ここで a は実定数である．このとき解は

$$\log|y(t)| = at - \cos t + C$$

と書ける．C は積分定数である．すると，y は K を任意定数として

$$y(t) = Ke^{at} \cdot e^{-\cos t}, \quad K = \pm e^C$$

と書けるが，右辺は周期係数の平均値 a を成長率とする項と周期関数の積にほかならない．このことは一般化できる．■

命題 3.10　微分方程式

$$\frac{d}{dt}y(t) = \rho(t)y(t) \tag{3.103}$$

において，ρ は最小周期 $\theta > 0$ をもつ周期関数であるとする．すなわち，$\rho(t+\theta) =$

$\rho(t)$ である．1 周期での平均値を

$$\overline{\rho} = \frac{1}{\theta}\int_0^\theta \rho(x)\,dx \tag{3.104}$$

とする．このとき，ある周期 θ の関数 $q(t)$ が存在して，t_0 を初期点とすると，

$$y(t) = y(t_0)e^{(t-t_0)\overline{\rho}}\frac{q(t)}{q(t_0)} \tag{3.105}$$

が成り立つ．

証明　いま，Q を

$$Q(t) := \exp\left(\int_0^t \rho(x)\,dx\right)$$

と定義すると，

$$y(t) = y(t_0)\frac{Q(t)}{Q(t_0)}$$

であるから，あとは $Q(t) = e^{\overline{\rho}t}q(t)$ となる周期関数 q が存在することをいえばよい．$\sigma(t) := \log(e^{-\overline{\rho}t}Q(t))$ という関数を定義すると，

$$\sigma(t) = -\overline{\rho}t + \int_0^t \rho(x)\,dx$$

であるが，これは周期関数となる．実際，

$$\sigma'(t) = -\overline{\rho} + \rho(t)$$

なので，すべての t について $\sigma'(t+\theta) - \sigma'(t) = 0$ であるから，$\sigma(t+\theta) - \sigma(t) =$ const. であり，$\sigma(\theta) = \sigma(0)$ から，$\sigma(t+\theta) = \sigma(t)$ となり，θ を周期とする関数であることがわかる．そこで改めて $q(t) = e^{\sigma(t)}$ とおけば，これは周期関数で，$Q(t) = e^{\overline{\rho}t}q(t)$ となる．　□

○**演習問題** 3.18　$p(t)$ は周期が $\theta > 0$ の連続関数であるとする．このとき微分方程式

$$\frac{dy}{dt} = p(t)y \tag{3.106}$$

のすべての解が，周期 θ をもつための必要十分条件を求めよ．

以下では，周期係数行列をもつ同次線形方程式を考えよう．$A(t)$ は $n \times n$ 行列で，最小周期 $\theta > 0$ をもつとする．すなわち $A(t+\theta) = A(t), t \in \mathbb{R}$ である．このとき，同次方程式

$$\frac{d\boldsymbol{y}}{dt} = A(t)\boldsymbol{y} \tag{3.107}$$

の解の基本系を考えよう．

補題 3.5 (3.107) の基本行列の一つを $\Phi(t)$ とすると，正則行列 C が存在して，

$$\Phi(t+\theta) = \Phi(t)C. \tag{3.108}$$

証明 $\Phi'(t+\theta) = A(t+\theta)\Phi(t+\theta) = A(t)\Phi(t+\theta)$ であり，すべての t で $\det\Phi(t) \neq 0$ であったから $\Phi(t+\theta)$ は正則行列であり，$\Phi(t+\theta)$ は基本行列である．したがって，補題 3.1 から結論を得る． □

命題 3.11 (3.107) の推移行列を $\Psi(t,s)$ とする．このとき，以下が成り立つ：

$$\Psi(t+\theta, s+\theta) = \Psi(t,s). \tag{3.109}$$

証明 任意のベクトル $\boldsymbol{\phi}_0$ に対して，$\boldsymbol{\phi}(t) = \Psi(t+\theta, s+\theta)\boldsymbol{\phi}_0$ とおけば，

$$\frac{d}{dt}\boldsymbol{\phi}(t) = A(t+\theta)\boldsymbol{\phi}(t) = A(t)\boldsymbol{\phi}(t), \quad \boldsymbol{\phi}(s) = \boldsymbol{\phi}_0$$

となるから，推移行列 Ψ を用いて $\boldsymbol{\phi}(t) = \Psi(t,s)\boldsymbol{\phi}_0$ と書けるはずである．よって，$\Psi(t+\theta, s+\theta)\boldsymbol{\phi}_0 = \Psi(t,s)\boldsymbol{\phi}_0$ となるが，$\boldsymbol{\phi}_0$ は任意であったから，(3.109) が成り立つ． □

以下の準備のために，正則行列 B に対しては，その対数 $\log B$ が定義できることを述べておこう：

命題 3.12 B が正則な正方行列であれば，$e^A = B$ となる正方行列 A が存在する．

上記の命題の証明は少し複雑なのでここでは取り上げないが，B がジョルダン標準形の場合に示せば十分であることはわかるであろう．たとえば，正則行列 P が存在して，$P^{-1}BP = J$ で J が対角行列であるとき，$J = e^C$ となる対角行列 C がとれる．たとえば，$J = \begin{pmatrix} \lambda_1 & 0 \\ 0 & \lambda_2 \end{pmatrix}$ であれば $C = \begin{pmatrix} \log\lambda_1 & 0 \\ 0 & \log\lambda_2 \end{pmatrix}$ とすればよい．したがって，$B = PJP^{-1} = \exp(PCP^{-1})$ として，$A = PCP^{-1}$ が得られる．このとき，B の固有値 λ がすべて正数であれば問題ないが，そうでない場合，複素数の対数 $\log\lambda = \log|\lambda| + 2n\pi i$ が C の対角要素になるから，それは一意的ではない．そこで，A も一意的には決まらない．

周期的な係数行列をもつ連立微分方程式に関しては，以下の**フロケの定理**は基本的である：

定理 3.14 $A(t)$ を周期 θ の $n\times n$ の連続行列として，$d\boldsymbol{y}/dt=A(t)\boldsymbol{y}$ の基本行列の一つを $\Phi(t)$ とする．このとき，周期 θ をもつ $n\times n$ の正則行列 $P(t)$ と定数行列 R が存在して，以下が成り立つ (**フロケ表現**)：

$$\Phi(t)=P(t)e^{tR}. \tag{3.110}$$

証明 $\Phi(t+\theta)$ と $\Phi(t)$ はいずれも基本行列だから，ある正則行列 C が存在して $\Phi(t+\theta)=\Phi(t)C$ と書ける．このとき命題 3.12 から，$C=e^{\theta R}$ となる行列 R が存在する．そこで，$P(t):=\Phi(t)e^{-tR}$ と定義して，P が周期 θ をもつことを示せばよい．P は正則で，

$$P(t+\theta)=\Phi(t+\theta)e^{-(t+\theta)R}=\Phi(t)e^{\theta R}e^{-\theta R-tR}=P(t)$$

より，P は周期 θ をもつ． □

命題 3.13 $A(t)$ を周期 θ の $n\times n$ の連続行列として，$d\boldsymbol{y}/dt=A(t)\boldsymbol{y}$ の基本行列の一つを $\Phi(t)$ とする．Φ のフロケ表現を $\Phi(t)=P(t)e^{tR}$ とするとき，$\boldsymbol{y}=P(t)\boldsymbol{z}$ とすれば，$\boldsymbol{z}$ は定数係数の線形微分方程式 $\boldsymbol{z}'=R\boldsymbol{z}$ の解となる．

証明 $P(t)e^{tR}$ を微分して，P が満たす行列微分方程式を導いてみると，

$$(P(t)e^{tR})'=P'e^{tR}+PRe^{tR}=A(t)P(t)e^{tR}$$

であるから，

$$P'(t)=AP(t)-P(t)R$$

となる．さらに，

$$\boldsymbol{y}'=A\boldsymbol{y}=AP\boldsymbol{z}=P'\boldsymbol{z}+P\boldsymbol{z}'=(AP-PR)\boldsymbol{z}+P\boldsymbol{z}'$$

より，$-PR\boldsymbol{z}+P\boldsymbol{z}'=\boldsymbol{0}$ となる．よって，$\boldsymbol{z}'=R\boldsymbol{z}$ となる． □

$A(t)$ を周期 θ の $n\times n$ の連続行列として，$d\boldsymbol{y}/dt=A(t)\boldsymbol{y}$ の基本行列の一つを $\Phi(t)$ とする．このとき，$C=\Phi(0)^{-1}\Phi(\theta)=e^{\theta R}$ (あるいは $\Phi(\theta)\Phi(0)^{-1}$) を**モノドロミー行列**という．その固有値 λ_j を**特性乗数** (**フロケ乗数**) とよぶ．また，R の固有値 ρ_j を**特性指数** (**フロケ指数**) とよぶ．モノドロミー行列 $C=\Phi(0)^{-1}\Phi(\theta)$ は，初期時刻のデータを 1 周期後のデータに写す推移行列 (**周期写像**) $\Phi(\theta)\Phi(0)^{-1}$ と相似で，同じ固有値をもつ．

補題 3.6 特性乗数は基本行列 Φ の選び方によらない．

証明 $\widetilde{\Phi}(t)$ を任意の他の基本行列とすると，上でみたように正則行列 T が存在して，$\widetilde{\Phi}(t)=\Phi(t)T$ となる．よって，$C=\Phi(0)^{-1}\Phi(\theta)$ として，

$$\widetilde{\Phi}(t+\theta) = \Phi(t+\theta)T = \Phi(t)CT = \widetilde{\Phi}(t)T^{-1}CT.$$

よって，$\widetilde{\Phi}(0)^{-1}\widetilde{\Phi}(\theta) = T^{-1}CT$ となるから，$\widetilde{\Phi}(0)^{-1}\widetilde{\Phi}(\theta)$ と C は相似行列で，同じ固有値をもつ．□

$C = e^{\theta R}$ であったから，特性指数の集合を $\{\rho_1, \rho_2, \cdots, \rho_n\}$ とすれば，特性乗数の集合は $\{e^{\theta\rho_1}, e^{\theta\rho_2}, \cdots, e^{\theta\rho_n}\}$ となる．特性乗数を $\lambda_j = e^{\theta\rho_j}$ とおくと，特性乗数は一意的だから，特性指数は $\frac{2n\pi i}{\theta}$ の不定性を除いて一意的である．

○**演習問題** 3.19　特性指数の和は $\frac{2n\pi i}{\theta}$ の不定性を除いて $A(t)$ のトレースの 1 周期の平均値に等しいことを示せ：

$$\sum_j \rho_j = \frac{1}{\theta}\int_0^\theta \mathrm{tr}A(s)\,ds. \tag{3.111}$$

命題 3.14　ρ が特性指数であれば，$\boldsymbol{p}$ を θ 周期の周期関数として，$e^{\rho t}\boldsymbol{p}(t)$ という解が存在する．逆も成り立つ．

証明　基本行列のフロケ表現を $\Phi(t) = P(t)e^{Rt}$ とすると，ρ が特性指数であれば，$R\boldsymbol{\phi} = \rho\boldsymbol{\phi}$ という R の固有ベクトル $\boldsymbol{\phi}$ がある．したがって，

$$\Phi(t)\boldsymbol{\phi} = P(t)e^{Rt}\boldsymbol{\phi} = P(t)e^{\rho t}\boldsymbol{\phi} = e^{\rho t}P(t)\boldsymbol{\phi}$$

は解であり，かつ $P(t)\boldsymbol{\phi}$ は周期関数 (ベクトル) である．逆に，$\boldsymbol{p}(t)$ を周期 θ の周期関数ベクトルとして，$e^{\rho t}\boldsymbol{p}(t)$ が解であれば，推移行列を用いて，

$$\Phi(\theta)\Phi(0)^{-1}\boldsymbol{p}(0) = e^{\rho\theta}\boldsymbol{p}(\theta) = e^{\rho\theta}\boldsymbol{p}(0)$$

と書けるはずであるから，$e^{\rho\theta}$ はモノドロミー行列の固有値 (特性乗数) であり，ρ は特性指数である．□

上の命題から，以下が成り立つことは明らかであろう：

命題 3.15　(3.107) が周期 θ の解をもつための必要十分条件は，特性乗数に 1 が含まれることである．

例 3.18　周期係数行列 $A(t) = \begin{pmatrix} \cos t & 0 \\ 1 & \cos t \end{pmatrix}$ に対する特性乗数を求めてみよう．

$$y_1'(t) = (\cos t)y_1(t), \quad y_2'(t) = y_1(t) + (\cos t)y_2(t)$$

を初期条件 $(y_1(0), y_2(0))^{\mathrm{T}} = (1, 0)^{\mathrm{T}}$, $(y_1(0), y_2(0))^{\mathrm{T}} = (0, 1)^{\mathrm{T}}$ で解けば基本行列

$$\Phi(t) = \begin{pmatrix} e^{\sin t} & 0 \\ te^{\sin t} & e^{\sin t} \end{pmatrix}$$

を得る．このとき，

$$\Phi(t+2\pi) = \begin{pmatrix} e^{\sin t} & 0 \\ (t+2\pi)e^{\sin t} & e^{\sin t} \end{pmatrix} = \Phi(t) \begin{pmatrix} 1 & 0 \\ 2\pi & 1 \end{pmatrix}.$$

したがって，特性乗数は重根 1 である．このとき Φ の 2 列目は周期解になっている． ■

フロケの定理から，周期係数の連立微分方程式の解ベクトルの成分は，指数関数と周期関数，多項式の組合せで得られることがわかる．したがって，漸近的な成長率は特性指数の最大実部で決まる．

例 3.19 (周期的環境における人口成長) 季節変動のような周期的環境変化によって周期的な成長率をもつような個体群集団のモデルとして，以下の常微分方程式を考えてみよう：

$$\frac{dx(t)}{dt} = \alpha(t)x(t) + f(t), \quad t \geq 0. \tag{3.112}$$

ここで x は個体群密度，$\alpha(t)$ は周期 $T > 0$ をもつ連続関数であり，$f(t)$ は与えられた正の有界連続関数で，外部からの転入個体群密度である．このとき，外部からの個体群の補充によって，漸近的挙動はどのように変わるだろうか．周期的成長率の平均値を

$$\alpha^* = \frac{1}{T}\int_0^T \alpha(s)\,ds$$

とおく．はじめに，

$$\lim_{t\to\infty} \frac{1}{t}\int_0^t \alpha(s)\,ds = \alpha^* \tag{3.113}$$

となることに注意しよう．

○**演習問題** 3.20 (3.113) を示せ．

定数変化法の公式によって解を表現すれば，

$$x(t) = e^{\int_0^t \alpha(s)\,ds}\left(x(0) + \int_0^t e^{-\int_0^s \alpha(\zeta)d\zeta} f(s)\,ds\right)$$

となる．そこで，

$$e^{-\alpha^* t}x(t) = e^{-\alpha^* t + \int_0^t \alpha(s)\,ds}\left(x(0) + \int_0^t e^{-\int_0^s \alpha(\zeta)d\zeta} f(s)\,ds\right)$$

となるが，このとき $\phi(t) := e^{-\alpha^* t+\int_0^t \alpha(s)\,ds}$ とおけば，ϕ は周期 T をもつ．そこで，$\alpha^* > 0$ と仮定して，

$$\lim_{t\to\infty}\int_0^t e^{-\int_0^s \alpha(\zeta)d\zeta} f(s)\,ds$$

が存在することを示そう．(3.113) から，$0 < \epsilon' < \alpha^*$ となる小さな ϵ' について，ある $t_0 > 0$ を十分大きくとれば，

$$\int_0^t \alpha(s)\,ds > (\alpha^* - \epsilon')t, \quad t > t_0$$

となる．仮定から $\sup|f(x)| =: M < \infty$ であり，$v > u > t_0$ に対して，

$$\left|\int_u^v e^{-\int_0^s \alpha(\zeta)d\zeta} f(s)\,ds\right| \le M\int_u^v e^{-(\alpha^*-\epsilon')s}ds$$

を得る．それゆえ，$t_0 \to \infty$ で右辺はゼロに収束する．したがって，無限積分

$$C = x(0) + \int_0^\infty e^{-\int_0^s \alpha(\zeta)d\zeta} f(s)\,ds$$

が有限確定であり，

$$e^{-\alpha^* t}x(t) - C\phi(t) = -\phi(t)\int_t^\infty e^{-\int_0^s \alpha(\zeta)d\zeta} f(s)\,ds \to 0, \quad t\to\infty$$

となる．すなわち，$\alpha^* > 0$ であるとき，周期 T をもつ連続関数 $\phi(t)$ と定数 C が存在して，

$$\lim_{t\to\infty}|e^{-\alpha^* t}x(t) - C\phi(t)| = 0 \tag{3.114}$$

となる．よって，平均成長率が正であれば，外部からの個体群補充があっても，漸近的に解のフロケ表現が成り立つことがわかる．$\alpha^* \le 0$ の場合に何が起きるか，については読者の研究にゆだねたい． ■

4 非線形系の基礎理論

本章では，非線形の微分方程式を解析するための基本的な視点について紹介しよう．非線形方程式に関しては解を解析的に求める一般的方法はない．したがって，解を具体的に求めることなく，いかに解に関する情報を得るかが問題となる．現象の数理モデルは，たいてい非線形であり，モデルごとに解の様子を探る工夫が必要であるが，本章で取り上げる視点が手がかりとなるだろう．

4.1 微分方程式と力学系

ここでは，n 次元の常微分方程式システム

$$\frac{dx}{dt} = f(x), \quad x(0) = x_0,\ t \in \mathbb{R} \tag{4.1}$$

を考える[1)]．$x(t) = (x_1(t), x_2(t), \cdots, x_n(t))^{\mathrm{T}}$ は $\mathbb{R}$ から $\mathbb{R}^n$ への連続微分可能な関数，f は $\mathbb{R}^n$ から $\mathbb{R}^n$ への写像である．その要素を $f_j(x_1, x_2, \cdots, x_n), 1 \le j \le n$ とすれば，

$$f(x) = \begin{pmatrix} f_1(x_1, x_2, \cdots, x_n) \\ f_2(x_1, x_2, \cdots, x_n) \\ \vdots \\ f_n(x_1, x_2, \cdots, x_n) \end{pmatrix}.$$

このような f が独立変数 t に依存しない微分方程式系 (4.1) は**自律系**とよばれる．初期条件に対して解が一意的に存在する場合，それを

$$x(t) = T(t)x_0 \tag{4.2}$$

と書こう．ここで，$T(t)$ は初期データ x_0 を t 時間後の解ベクトル $x(t)$ に写す (一般には非線形の) 写像 $T(t) : \mathbb{R}^n \to \mathbb{R}^n$ と考えられる．このとき以下の性質が

1) 前章ではベクトルを太字で示したが，以下ではベクトル値でも通常の字体で記述する．また，以下では現象の数理モデルを意識して，独立変数 t をしばしば「時間」とよぶ．

成り立つ：

(1) $T(t+s) = T(t)T(s),\ t, s \in \mathbb{R}$

(2) $T(0) = I$　(I は恒等写像)

(3) $(t, x) \to T(t)x$ は $\mathbb{R} \times \mathbb{R}^n$ から $\mathbb{R}^n$ への写像として連続である．

これまで考えてきた有限次元の線形微分方程式システムでは，$T(t)$ は線形写像で，推移行列で具体的に与えられたことに注意しよう．

性質 (1)–(3) を満たす写像の族 $T(t), t \in \mathbb{R}$ を**流れ** (フロー)，あるいは (連続) **力学系** (ダイナミカルシステム) とよぶ．微分方程式 (4.1) が定める $T(t)$ が，流れとしての性質 (1)–(3) を満たすことは，f のリプシッツ連続性などを仮定すれば解の存在と一意性の定理，および初期値に対する解の連続性からわかる．

このとき，さらに $T(t)^{-1} = T(-t)$ という性質が成り立つ．これは，$T(0) = I = T(t-t) = T(t)T(-t)$ から得られる．そこで，写像の合成 $T(t)T(s)$ を一つの演算としてみると交換法則が成り立ち，単位元，逆元があることになる．その意味で $T(t), t \in \mathbb{R}$ は 1–パラメータの群をなす，ともいわれる．もしも半直線 $t \geq 0, s \geq 0$ でだけ性質 (1)–(3) が成り立つ場合は，$T(t)$ は**半流** (セミフロー) とよばれ，1–パラメータの半群をなす．このときは時間発展は可逆ではない．たとえば，熱方程式などの放物型偏微分方程式の解は半流を定める．

上記では微分方程式から力学系を定めたが，逆に，力学系 $T(t), t \in \mathbb{R}$ が与えられていて，かつ $T(t)x_0$ が微分可能であれば，

$$\left.\frac{d}{dt}T(t)x\right|_{t=0} = \lim_{h \to 0} \frac{T(h) - I}{h} x = f(x) \tag{4.3}$$

として f を定めると，$T(t)x_0$ は初期値問題 (4.1) の解を与えている．実際，

$$\begin{aligned} \frac{d}{dt}T(t)x_0 &= \lim_{h \to 0} \frac{T(t+h)x_0 - T(t)x_0}{h} = \lim_{h \to 0} \frac{T(h) - I}{h} T(t)x_0 \\ &= \left.\frac{d}{ds}T(s)(T(t)x_0)\right|_{s=0} = f(T(t)x_0) \end{aligned}$$

であり，$T(0)x_0 = x_0$ であるから，$T(t)x_0$ は (4.1) の解になっている．

$x \in \mathbb{R}^n$ に対して $\{T(t)x : t \in \mathbb{R}\}$ を x を通る**軌道**とよぶ．ある $\tau > 0$ で $T(\tau)x = x$ となるとき，x を周期 τ の**周期点**とよび，x を通る軌道を周期 τ の**周期軌道**とよぶ．任意の t で $T(t)x = x$ のとき，x を**平衡点**という．

命題 4.1　一つの力学系によって定まる 2 つの解軌道は共有点をもたないか，完全に一致するか，のいずれかである．

証明　共有点があるとすれば，もし解軌道が完全に一致しているのでなければ，その点を初期点とする 2 つの異なる解があることになるが，それは解の一意性に反する．もう少し正確に述べるために，点 y_0 を通る軌道 $O(y_0) := \{T(t)y_0 : t \in \mathbb{R}\}$ を定義しよう．2 つの軌道 $O(y_1), O(y_2)$ が共有点 y_0 ももったとすると，ある時刻 t_1 で $y_0 = T(t_1)y_1$ となるから，$y_1 = T(-t_1)y_0$ であり，$T(t)y_1 = T(t)T(-t_1)y_0 = T(t-t_1)y_0$ なので，じつは $O(y_1) = O(y_0)$ である．同様に，$O(y_2) = O(y_0)$ でもあるから，2 つの軌道は一致している．□

上の定義から，n 次元の力学系 $x' = f(x)$ があるとき，$f(x^*) = 0$ となる点 x^* は平衡点である．このとき，$x(t) = x^*$ は一つの軌道 (解) であるから，**平衡解**あるいは**定常解**ともよぶ．微分方程式 $x' = f(x)$ の平衡点を x^* とするとき，任意の $\epsilon > 0$ に対して $\delta > 0$ が存在して，$\|x(0) - x^*\| < \delta$ であれば，すべての $t > 0$ に対して $\|x(t) - x^*\| < \epsilon$ であるとき，x^* は**安定**であるという．もし x^* が安定であり，かつ $\eta > 0$ が存在して，$\|x(0) - x^*\| < \eta$ であれば $\lim_{t\to\infty} x(t) = x^*$ であるとき，x^* は**漸近安定**という．x^* が安定ではないとき，**不安定**という．ここでの安定性は局所的なものであり，平衡点の近傍の軌道の様子を述べていることに注意しよう．それに対して，考えている領域で，すべての軌道を引き寄せるような平衡点は**大域的に漸近安定**という．

4.2　2 次元の線形微分方程式の流れ

一般にシステムの状態変数 ((4.1) の場合は $(x_1, x_2, \cdots, x_n)$) のなす空間を**状態空間**あるいは**相空間**とよぶ．特に 2 次元であれば**相平面**とよぶ．ここでは，2 次元の線形微分方程式系が，相平面上の平衡点のまわりで描く軌道を分類しよう．

2 次元の線形微分方程式 $x' = Ax$ の実係数行列 A は，実数の範囲でジョルダン標準形にすると以下の 3 種類になる：

$$(1)\ \begin{pmatrix} \lambda_1 & 0 \\ 0 & \lambda_2 \end{pmatrix},\quad (2)\ \begin{pmatrix} \lambda & 1 \\ 0 & \lambda \end{pmatrix},\quad (3)\ \begin{pmatrix} \alpha & -\beta \\ \beta & \alpha \end{pmatrix}. \tag{4.4}$$

ここで，(1) は λ_1, λ_2 は 2 つの実固有値 ($\lambda_1 = \lambda_2$ の場合もある) で，対応する 2 つの一次独立な固有ベクトルがある場合，(2) は実数 λ が重根となっていて，対応する固有ベクトルは 1 つしかなく，対応する標数 2 の一般化固有ベクトルがある場合，(3) は共役複素固有値がある場合で，α, β は共役複素固有値 $\alpha \pm i\beta$ の実部と虚部である．

このように変形 (座標変換) したうえで，流れ $T(t) = \exp(tA)$ を計算すれば，(1) の場合は，

$$e^{tA} = \begin{pmatrix} e^{t\lambda_1} & 0 \\ 0 & e^{t\lambda_2} \end{pmatrix}$$

となる．いま，解軌道を相平面上で考えれば，$(x_1, x_2) = (e^{\lambda_1 t}x_1(0), e^{\lambda_2 t}x_2(0))$ であるから，曲線の方程式として，

$$\frac{x_2}{x_1} = \frac{x_2(0)}{x_1(0)} e^{(\lambda_2 - \lambda_1)t}$$

が得られる．このとき，原点のまわりでの流れの様子は図 4.1 のようになる．

$\lambda_1 > 0$, $\lambda_2 > 0$ であれば，原点は**湧き出し** (**源点**) とよばれる不安定な平衡点である (図 4.1b)．$\lambda_1 < 0$, $\lambda_2 < 0$ であれば，原点は**吸い込み** (**沈点**) とよばれる安定な平衡点である (図 4.1a)．λ_1 と λ_2 が異符号であれば，1 つの軸に沿っては軌道は原点に近づくが，別の軸に沿っては離れていく．このような場合，原点は**鞍点** (サドル) とよばれる．鞍点はむろん不安定な平衡点である (図 4.1c)．

A が対角化できない (2) の場合では，

$$e^{At} = \begin{pmatrix} e^{\lambda t} & te^{\lambda t} \\ 0 & e^{\lambda t} \end{pmatrix}$$

であるから，原点は微分方程式のゼロ解であり平衡点であるが，$\lambda > 0$ であれば不安定で，$\lambda < 0$ であれば漸近安定となる (図 4.1d)．

固有値が複素共役 ($\beta \neq 0$) で，A が実の標準形になる場合は，

$$e^{At} = e^{\alpha t} \begin{pmatrix} \cos\beta t & -\sin\beta t \\ \sin\beta t & \cos\beta t \end{pmatrix}.$$

このときは，$\alpha > 0$ であれば原点は不安定な**渦状点** (フォーカス) ($\beta > 0$ なら反時計回りに回転，$\beta < 0$ なら時計回り) (図 4.1f)，$\alpha < 0$ ならば安定な**渦状点** (図 4.1e)，$\alpha = 0$ ならば軌道は原点を中心とした円周となり，原点は**渦心点** (センター) とよばれる (図 4.1g)．センターは漸近安定でもなく，不安定でもなく**中立安定**という．

○演習問題 4.1　微分方程式

$$\frac{d}{dt}\begin{pmatrix} x \\ y \end{pmatrix} = \begin{pmatrix} -6 & -3 \\ 2 & 1 \end{pmatrix}\begin{pmatrix} x \\ y \end{pmatrix} + \begin{pmatrix} 3 \\ -1 \end{pmatrix}$$

を考える．

(1) 平衡点を求めて，その安定性を調べよ．

(2) 初期値を $(x(0), y(0)) = (a, b)$ としたときの解を求めよ．

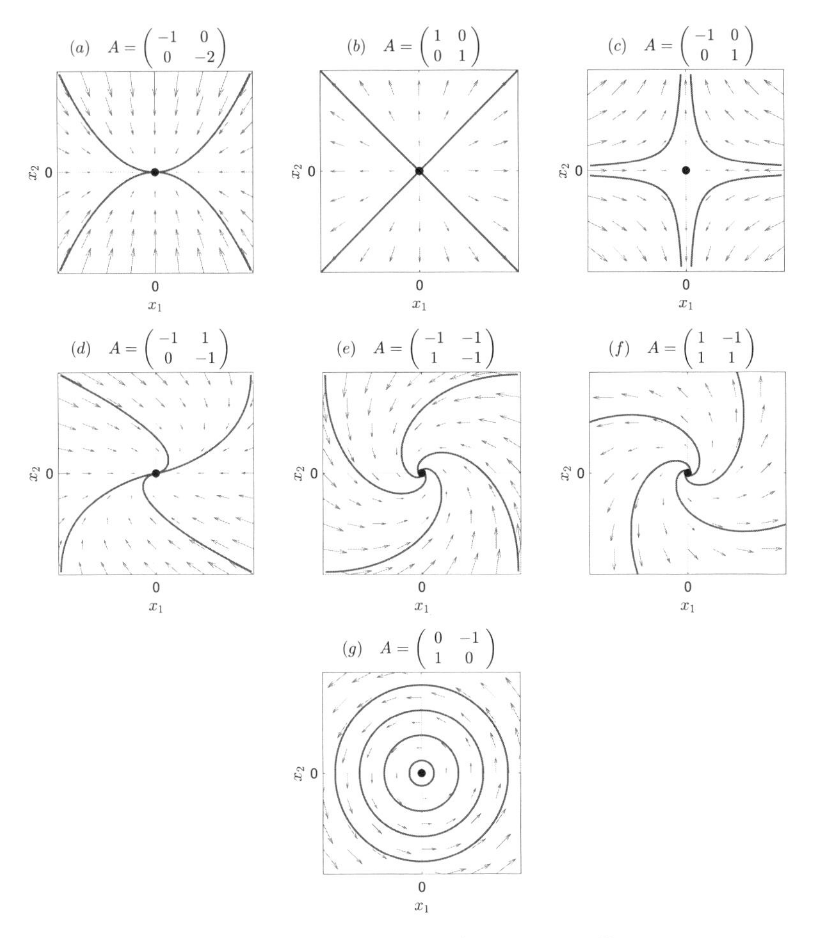

図 4.1 2 次元線形系の原点のまわりでの流れ

4.3 平衡点の安定性

例 4.1 経済学における価格決定のメカニズムを考えてみよう．時刻 t での商品の価格を $p(t)$ とする．商品への需要は価格が安いほど増える．一方，商品の供給量は，価格が高くなれば増加する．そこで，価格の関数として需要量 $D(p)$，供給量 $S(p)$ を考えれば，D は p の減少関数，S は p の増加関数である．超過需要 $E(p) := D(p) - S(p)$ に比例して価格が変化すると仮定すれば，$k > 0$ を比例定数として，

$$\frac{dp}{dt} = kE(p) \tag{4.5}$$

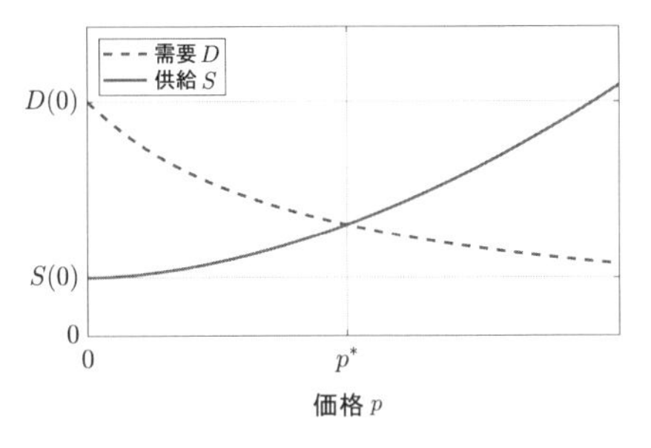

図 4.2　需要曲線と供給曲線

という価格変動を決める数理モデルができる．$E(p^*) = 0$ となる点が均衡価格である．$D(0) > 0$, $D'(p) < 0$, $\lim_{p\to\infty} D(p) = 0$ と仮定しよう．また $S(0) > 0$, $S'(p) > 0$, $\lim_{p\to\infty} S(p) = \infty$ とする．このとき明らかに，$S(0) < D(0)$ であれば．2 つの曲線 $D(p)$ と $S(p)$ の交点として，ただ一つの均衡価格が存在する．このとき，E の p^* におけるテイラー展開を考えると，

$$E(p) = E(p^*) + E'(p^*)(p - p^*) + g(p - p^*)$$

となる．ここで，$g(x)$ は差 $p - p^*$ の 2 次以上の項だから，一般に $\lim_{x\to 0} g(x)/x = 0$ となるような関数である．$E(p^*) = 0$ であるから，$p = p^* + v$ とおけば，均衡価格からのずれ v は，

$$\frac{dv}{dt} = E'(p^*)v + g(v) \tag{4.6}$$

と記述できる．v が非常に小さく，$g(v)$ は無視できるのであれば，$v' = E'(p^*)v$, $E'(p^*) < 0$ であるから，$\lim_{t\to\infty} v(t) = 0$ となることがわかる．すなわち，均衡価格は局所的に漸近安定である． ■

上記の考察を一般化してみよう．以下では微分方程式 $x' = f(x)$ の平衡点を $x = x^*$ として，f は $x = x^*$ 近傍で連続微分可能であるとする[2]．原点を x^* に移動してみよう．$x = x^* + v$ として，新しい変数 v を導入する．このとき，f の微分可能性と $f(x^*) = 0$ であることから，

$$\begin{aligned} f(x^* + v) &= Av + g(v), \\ A &= \frac{\partial f}{\partial x}(x^*) = \left(\frac{\partial f_i}{\partial x_j}(x^*)\right)_{1\le i,j\le n} \end{aligned} \tag{4.7}$$

と書ける．ここで A は x^* におけるヤコビ行列であり，$g(v) := f(x^* + v) - Av$

2)　多変数ベクトル値関数の微分については意外に紹介が少ない．たとえば [17] が詳しい．

は以下を満たす：

$$\lim_{v \to 0} \frac{\|g(v)\|}{\|v\|} = 0. \tag{4.8}$$

このとき，方程式は $v' = Av + g(v)$ となるが，その線形部分だけをとった方程式

$$\frac{dv}{dt} = Av \tag{4.9}$$

を，x^* における**線形化方程式**という．

以下の評価は非常によく使われる：

命題 4.2　行列 A のすべての固有値の実部が負であれば，ある $C > 0, a > 0$ が存在して，

$$\|e^{tA}\| \leq Ce^{-at} \tag{4.10}$$

となる．逆に，実部が正の固有値が 1 つでもあれば，ある $C > 0$, $a > 0$ が存在して，

$$\|e^{tA}\| \geq Ce^{at} \tag{4.11}$$

となる．

証明　A の固有値を λ_k とすると，e^{tA} の各要素は，$e^{\lambda_k t}$ と t の高々 $n-1$ 次多項式の積の和で表される．すべての固有値の実部が負であれば，すべての k に対して $\Re\lambda_k < -a < 0$ となる $a > 0$ がとれて，$|\sum(t \text{ の多項式})| \times e^{\lambda_k t}/e^{-at}$ は有界にとどまる．したがって，(4.10) が成り立つ．(4.11) は，ある k に対して，$\Re\lambda_k > a > 0$ となる $a > 0$ が存在することから，$|\sum(t \text{ の多項式})| \times e^{\lambda_k t}/e^{at}$ が非有界になることによる．　□

定理 4.1　線形系 $x' = Ax$ の自明解 $x = 0$ は平衡点である．A の固有値を λ_k, $k = 1, 2, \cdots, n$ とするとき，その安定性について以下が成り立つ：

(1) 任意の k で $\Re\lambda_k < 0$ であることが，$x = 0$ が漸近安定であるための必要十分条件である．

(2) 任意の k について以下のいずれかが成り立つことが，$x = 0$ が安定であるための必要十分条件である：

(i) $\Re\lambda_k < 0$

(ii) $\Re\lambda_k = 0$ であり，かつ λ_k の代数的重複度と幾何学的重複度[3)]が一致する．

3)　固有値の代数的重複度とは固有多項式の根としての重複度であり，幾何学的重複度は対応する固有空間の次元である．

(3) 以下のいずれかが成り立つ k が存在することが，$x=0$ が不安定であるための必要十分条件である：

(i) $\Re\lambda_k > 0$

(ii) $\Re\lambda_k = 0$ であり，かつ λ_k の代数的重複度は幾何学的重複度より大きい．

証明 (1) 任意の k で $\Re\lambda_k < 0$ であれば，$x=0$ が漸近安定であることは明らかであろう．逆に，$x=0$ が漸近安定であれば，任意の k で $\Re\lambda_k \le 0$ であるべきことはすぐにわかる．実際，$\Re\lambda_k > 0$ となる固有値があれば，対応する固有ベクトル $\boldsymbol{x}_k$ をとれば，$e^{\lambda_k t}\boldsymbol{x}_k$ という解が存在して，$x=0$ 付近から出発して，いくらでも大きくなる (非有界)．もし $\Re\lambda_k = 0$ であれば，ゼロ固有値があるか，複素共役の固有値がある．前者は対応する固有ベクトルがゼロではない平衡解になり，後者では対応して周期解が存在するが，それらは漸近安定性に反する．よって条件は必要でもある．(2) の条件が成り立てば，$\Re\lambda_k = 0$ に対応する解は，平衡解か周期解であり，他の固有値に対応する解はゼロに収束するから，原点は安定である．逆に原点が安定であれば，条件が必要なことも，同様に明らかであろう．(3) は (2) と同値な命題である． □

この固有値による安定性定理は有名であるが，もしも A が時間に依存する場合は，各時刻での $A(t)$ の固有値が常にすべてのその実部が負という条件 (1) を満たしていても，原点 (平衡点) は安定とは限らない．たとえば，

$$A(t) = \begin{pmatrix} -1+3\cos 8t & 4-3\sin 8t \\ -4-3\sin 8t & -1-3\cos 8t \end{pmatrix}$$

において，時刻 t を止めて考えると，常に固有値の実部は負であるが，原点は不安定である [40].

また，線形系の原点の安定性は，解の有界性と密接に結びついていることに注意しよう．線形系 $\boldsymbol{x}' = A\boldsymbol{x}$ の任意の解 $\boldsymbol{x}$ に対して，初期条件に依存する定数 $M > 0$ が存在して，すべての $t \in \mathbb{R}_+$ で $\|\boldsymbol{x}(t)\| < M$ となるとき，解は**有界**であるという．

○**演習問題 4.2** $\boldsymbol{x}' = A\boldsymbol{x}$ の解が有界であるための必要十分条件を述べよ．

再び非線形自律方程式 $x' = f(x)$ を考えて，その平衡点 $x = x^*$ の安定性を考えよう：

定理 4.2 (線形化安定性の原理) 非線形自律系 $x' = f(x)$ において，f は連続微分可能で，$x = x^*$ は平衡点とする．$A = J(x^*)$ は，$x = x^*$ における f のヤコビ行列であるとする．このとき，A のすべての固有値の実部が負であれば，$x = x^*$ は漸近安定である．一方，もし実部が正の固有値が存在すれば，$x = x^*$ は不安定である．

証明 平衡点 x^* からの摂動 $y = x - x^*$ に対する方程式を $y' = Ay + g(y)$ としよう．A は $x = x^*$ における f のヤコビ行列である．また $g(0) = 0$ であり，かつ $y = 0$ の近傍で (4.8) が成り立つ．前半を示す．仮定から $C_2 > 0$, $a > 0$ が存在して，$\|e^{tA}y\| \le C_2 e^{-at}\|y\|$ と仮定できる (命題 4.2)．定数変化法の公式から，

$$y(t) = e^{At}y_0 + \int_0^t e^{(t-s)A} g(y(s))\,ds, \quad y(0) = y_0$$

と書ける．仮定から $\alpha > 0$ を小さくとると，$\|y\| < \alpha$ では $\|g(y)\| \le \eta\|y\|$ となるような $0 < \eta < \frac{a}{C_2}$ をとることができる．そこで，

$$\begin{aligned}\|y\| &\le \|e^{tA}\|\,\|y_0\| + \int_0^t \|e^{(t-s)A}\|\,\|g(y(s))\|\,ds \\ &\le C_2 e^{-at}\|y_0\| + C_2\eta \int_0^t e^{-a(t-s)}\|y(s)\|\,ds.\end{aligned}$$

この関係式は，$T > 0$ を十分小さくとって，$t \in [0, T]$ で $\|y(t)\| < \alpha$ となるようにしておけば，そこで成り立っている．そこで，$V(t) := e^{at}\|y(t)\|$ とおけば，

$$V(t) \le C_2\|y_0\| + C_2\eta \int_0^t V(s)\,ds.$$

この右辺を $k(t)$ と定義すると，$k' = C_2\eta V(t) \le C_2\eta k$ となる．それゆえ，

$$V(t) \le k(t) \le k(0)e^{C_2\eta t} = C_2\|y_0\|e^{C_2\eta t}$$

であり，

$$\|y(t)\| \le C_2\|y_0\|e^{(C_2\eta - a)t}.$$

そこで，$\epsilon \in (0, \alpha)$ を小さくとって，$\delta = \min\{\epsilon, \epsilon/C_2\}$ とすれば，$\|y_0\| < \delta$ のとき，

$$\|y(t)\| \le C_2\|y_0\|e^{-(a - C_2\eta)t} < C_2\delta \le \epsilon < \alpha$$

となるから，$y(t)$ は $t > T$ になっても常に $\|y(t)\| < \alpha$ である．実際，$\|y(0)\| < \delta$ のとき $\sup\{t \ge 0 : \|y(t)\| < \alpha\} = t^*$ とおくと，もし $t^* < \infty$ であれば，区間 $[0, t^*)$ で上の議論が成り立つから，$\|y(t^*)\| < \alpha$ となって，t^* の右近傍に $\|y(t)\| < \alpha$ となる点があるから，t^* の定義に矛盾する．すなわち，$y(t)$ はすべての $t > 0$ で原

点の α 近傍に含まれ，かつ $\lim_{t\to\infty} y(t) = 0$ となる．よって原点は漸近安定である．後半の不安定性部分は，ここでは証明しないで認めておく ([8] など参照)．□

平衡点で得られた線形化方程式の係数行列 (ヤコビ行列) の固有値の実部の位置によって，その平衡点の局所的な安定性が判定されていたが，実部の最大値がゼロである場合は，線形化方程式では安定性の判定はできず，平衡点は安定にも不安定にもなりうる．その判定は，テイラー展開の 2 次以上の項に依存している．線形化行列の固有値の実部がゼロにならない場合，その平衡点を**双曲型**という．双曲型平衡点の近傍の解の様子は，線形化方程式の原点まわりの解の様子と同相 (1 対 1 の連続写像で写り合う) であることが知られている (**ハートマン–グロブマンの定理**)．非双曲型の平衡点近傍の挙動を調べるためには中心多様体定理が利用される [26]．

例 4.2 $A = \begin{pmatrix} 0 & 1 \\ -1 & 0 \end{pmatrix}$ とすると，この行列は，以下の方程式のゼロ解 (定常解) における線形化方程式の係数行列 (**線形化行列**) になっていて，その固有値の実部はゼロである：

$$\frac{d}{dt}\begin{pmatrix} x \\ y \end{pmatrix} = A\begin{pmatrix} x \\ y \end{pmatrix} + \begin{pmatrix} -x(x^2+y^2) \\ -y(x^2+y^2) \end{pmatrix}, \tag{4.12}$$

$$\frac{d}{dt}\begin{pmatrix} x \\ y \end{pmatrix} = A\begin{pmatrix} x \\ y \end{pmatrix} + \begin{pmatrix} x(x^2+y^2) \\ y(x^2+y^2) \end{pmatrix}. \tag{4.13}$$

ところが，(4.12) の方程式では

$$\frac{d}{dt}(x^2+y^2) = -2(x^2+y^2)^2 < 0$$

となって，

$$x^2+y^2 = \frac{C}{1+2Ct}, \quad C = x(0)^2 + y(0)^2$$

なので，$(x, y) \to (0, 0)$ であり，原点は漸近安定になる．この場合の x^2+y^2 のように，解軌道に沿って単調に減少する正値関数をリアプノフ関数という．リアプノフ関数があるときは平衡点は安定である (次節参照)．一方，(4.13) の方程式では

$$\frac{d}{dt}(x^2+y^2) = 2(x^2+y^2)^2 > 0$$

となって，

$$x^2+y^2 = \frac{C}{1-2Ct}, \quad C = x(0)^2 + y(0)^2$$

なので，$(0,0)$ は不安定で，解は有限時間で無限大になる．このような現象を**解の爆発**という． ■

4.4 リアプノフ関数

いま，非線形自律方程式 $x' = f(x)$ が $x = 0$ を平衡点としてもつとき，その安定性を調べるために，以下のような関数 $V(x)$ を考えよう．

(1) V は $x = 0$ 近傍で定義された連続微分可能な関数とする．

(2) $V(0) = 0$, $x \neq 0$ では $V(x) > 0$ (正の**定符号関数**)，または $V(x) \geq 0$ (正の**半定符号関数**).

(3) V の導関数 $\dot{V}$ は以下のように定義する：

$$\dot{V}(x) := \text{grad } V(x) \cdot f(x) = \sum_{j=1}^{n} \frac{\partial V}{\partial x_j} f_j(x). \tag{4.14}$$

ここで, grad $V(x)$ は C^1 級スカラー値関数 $V(x)$, $x \in \mathbb{R}^n$ の**勾配ベクトル**であり，

$$\text{grad } V(x) = \left(\frac{\partial V}{\partial x_1}, \frac{\partial V}{\partial x_2}, \cdots, \frac{\partial V}{\partial x_n} \right)^{\mathrm{T}}$$

と定義される．

このような関数が存在して，$-\dot{V}$ が非負 (半) 定符号である場合，V を**リアプノフ関数**とよぶ．リアプノフ関数を，単純な設定のもとで平衡点の局所的な安定性を判定するために使ってみよう．簡単のために，以下では平衡点は原点にあると仮定する[4)]：

定理 4.3 $x' = f(x)$ の平衡点 $x = 0$ の近傍 $\Omega = \{x : \|x\| < r\}$, $r > 0$ において連続微分可能な正定符号関数 $V(x)$ が存在して，$-\dot{V}(x)$ が正の半定符号 (すなわち $\dot{V}$ は負の半定符号) であれば，$x = 0$ は安定である．

証明 解を $\phi(t)$ としよう．ϕ が Ω の中にあれば，合成関数の微分から，

$$\frac{d}{dt} V(\phi(t)) = \dot{V}(\phi(t))$$

であるから，$t \geq 0$ で

$$V(\phi(t)) - V(\phi(0)) = \int_0^t \dot{V}(\phi(s)) ds \leq 0$$

となり，$V(\phi(t)) \leq V(\phi(0))$ である．すなわち，解軌道に沿って V は単調減少

4) 以下の定式化は [16] に従った．

する．$\epsilon \in (0,r)$ に対して，$m = \min_{\|x\|=\epsilon} V(x)$ とおけば，V は正定値連続だから $m > 0$ である．$x \to 0$ で $V(x) \to 0$ だから，ある $\delta \in (0,\epsilon)$ をとって，$\|x\| < \delta$ ならば $V(x) < m$ とできる．このとき，$\|\phi(0)\| < \delta$ であれば，すべての $t > 0$ で $\|\phi(t)\| < \epsilon$ となる．すなわち，原点は安定平衡点である．実際，もしそうでなければ，$\|\phi(t')\| = \epsilon$ となる最小の $t' > 0$ が存在するが，そのとき $m \le V(\phi(t'))$ である．一方，$t \in [0,t']$ においては $\phi(t) \in \Omega$ だから，$V(\phi(t))$ は単調減少で，$m \le V(\phi(t')) \le V(\phi(0)) < m$ となって矛盾である．□

定理 4.4　$x' = f(x)$ の平衡点 $x = 0$ の近傍 $\Omega = \{x : \|x\| < r\}$ において，連続微分可能な正定符号関数 $V(x)$ が存在して，$-\dot{V}(x)$ が正の定符号 (すなわち $\dot{V}$ は負の定符号) であれば，$x = 0$ は漸近安定である．

証明　解を $\phi(t)$ とする．前の定理からゼロ解は安定であるから, $\delta \in (0,r)$ を小さくとれば, $\|\phi(0)\| < \delta$ であれば, すべての $t \ge 0$ で $\phi(t) \in \Omega$ とできる．このような初期条件に対して $V(\phi(t))$ は単調減少だから, $\lim_{t\to\infty} V(\phi(t)) = m$ が存在する．このときもし $m > 0$ とすれば, すべての $t > 0$ に対して, $r \ge \|\phi(t)\| \ge s > 0$ となる s が存在する．実際もしそうでなければ, 点列 t_n が存在して $\lim_{n\to\infty} \phi(t_n) \to 0$ となるが, これは $m > 0$ に反する．そこで, $\widetilde{m} := \min_{r \ge \|x\| \ge s} (-\dot{V}(x))$ と定めれば, 仮定から $\widetilde{m} > 0$ であって，$\dot{V}(x) \le -\widetilde{m}$ となるから，$t \to \infty$ で $V(\phi(t)) < V(\phi(0)) - \widetilde{m}t \to -\infty$ となるが，これは V の正値性に反する．それゆえ，$m = 0$ でなければならない．すなわち $\lim_{t\to\infty} V(\phi(t)) = 0$ である．いま，任意の $\epsilon > 0$ を $0 < \epsilon < r$ ととると，ある t' が存在して，$t > t'$ では $V(\phi(t)) < \min_{r \ge \|x\| \ge \epsilon} V(x)$ となるが，これは $\|\phi(t)\| < \epsilon$ を意味している．実際，もし $\|\phi(t)\| \ge \epsilon$ であれば，$\phi(t)$ は Ω 内部にあるから $\epsilon \le \|\phi(t)\| \le r$ となり，$V(\phi(t)) < \min_{r \ge \|x\| \ge \epsilon} V(x) \le V(\phi(t))$ となって矛盾である．したがって，$\phi(t)$ は原点の ϵ 近傍に入っていて，原点は漸近安定である．□

　物理的現象に関するシステムにおいては，リアプノフ関数が自然に定義されることがある：

例 4.3

$$\frac{dx}{dt} = -\mathrm{grad}\, U(x) \tag{4.15}$$

という形の微分方程式は**勾配系**とよばれる．x^* が U の孤立した極小点であれば，

x^* は漸近安定な平衡点である．実際，仮定から $\mathrm{grad}\, U(x^*) = 0$ であるから，x^* は平衡点である．$V(x) = U(x) - U(x^*)$ とおけば，仮定から V は x^* の近傍で正の定符号関数で，さらに

$$\dot{V}(x) = \mathrm{grad}\, V(x) \cdot (-\mathrm{grad}\, U(x)) = -|\mathrm{grad}\, U(x)|^2 < 0$$

であるから，V がリアプノフ関数になっている．したがって $x = x^*$ は漸近安定である． ■

○演習問題 4.3　ポテンシャルエネルギー $\Phi(x)$ ($x \in \mathbb{R}^n$ は位置座標) があるときの質点のニュートンの運動方程式は以下のようになる：

$$\frac{d}{dt}\begin{pmatrix} x \\ v \end{pmatrix} = \begin{pmatrix} v \\ -\frac{1}{m}\mathrm{grad}\, \Phi(x) \end{pmatrix}. \tag{4.16}$$

ここで, v は速度, m は質量である．$v^2 = v \cdot v$ ($\cdot$ は内積) として，エネルギーを $E(x,v) = \frac{1}{2}mv^2 + \Phi(x)$ とおく．x^* を $\Phi(x)$ の孤立極小点であるとすれば，$V = E(x,v) - E(x^*,0)$ がリアプノフ関数になることを示し，$(x,v) = (x^*,0)$ は安定な平衡点であることを示せ.

○演習問題 4.4　次の連立方程式を考える：

$$\frac{d}{dt}\begin{pmatrix} x \\ y \\ z \end{pmatrix} = \begin{pmatrix} 2y(z-2) \\ -x(z-1) \\ xy \end{pmatrix}.$$

(1) 原点は平衡点であるが，双曲型ではないことを示せ.

(2) $V(x,y,z) = ax^2 + by^2 + cz^2$ が原点近傍でリアプノフ関数になるように a, b, c を決定して，原点は安定であるが，漸近安定ではないことを示せ.

4.5　不変集合と極限集合

微分方程式の解の様子を理解するために，力学系理論から若干の定義と結果を導入しよう．E をベクトル空間，W をその開集合，ϕ_t, $t \in \mathbb{R}$ を C^1 級のベクトル場 $f : W \to E$ によって定義される W 上の流れ (フロー) であるとする．すなわち，$\phi_t(x_0)$ は $x' = f(x)$ の初期条件 $x(t) = x_0$ に対する解軌道を与えている[5)].

集合 $M \subset W$ が**正不変**であるとは, 任意の $t \geq 0$ に対して $\phi_t(M) \subset M$ となることである．すなわち, 任意の $x \in M$ に対して, その正軌道 $\gamma_+(x) = \{\phi_t(x) : t \geq 0\}$ が M に含まれることである．また，$M \subset W$ が**不変**とは，任意の $t \in \mathbb{R}$ に対して，$\phi_t(M) = M$ となることである.

5) 4.1 節の記号では，$\phi_t(x_0) = T(t)x_0$ である.

補題 4.1 $M \subset W$ が不変であるためには，任意の $x \in M$ に対して，その全軌道 $\gamma(x) = \{\phi_t(x) : t \in \mathbb{R}\}$ が M に含まれることが必要十分である．

証明 $M \subset W$ が ϕ_t に関する不変集合であれば，任意の $x \in M$ に対して，その全軌道 $\gamma(x) = \{\phi_t(x) : t \in \mathbb{R}\}$ が M に含まれることは明らかだから，十分性を示せばよい．全軌道が M に含まれるならば $\phi_t(M) \subset M$ は明らかだから，$M \subset \phi_t(M)$ を示せばよい．任意の $x \in M, t \in \mathbb{R}$ に対して，$\phi_t(x) = y \in M$ であるから，$x = \phi_{-t}(y) \in \phi_{-t}(M)$ である．すなわち $M \subset \phi_{-t}(M)$ であるが，t は任意だから，$M \subset \phi_t(M)$ となる． □

○**演習問題 4.5** $M \subset W$ が不変であるとは，任意の $t \geq 0$ に対して $\phi_t(M) = M$ となること，と定義してもよいことを示せ．

$x \in W$ が $y \in W$ の **$\boldsymbol{\omega}$ 極限点**であるとは，ある増加点列 $t_1 < t_2 < \cdots < t_n \to \infty$ が存在して，$\lim_{n\to\infty} \phi_{t_n}(y) = x$ となることである．$y \in W$ の **$\boldsymbol{\omega}$ 極限集合**は $\omega(y) = \{y \text{ の } \omega \text{ 極限点}\}$ と定義される．$x \in W$ が $y \in W$ の **$\boldsymbol{\alpha}$ 極限点**であるとは，ある減少点列 $t_1 > t_2 > \cdots > t_n \to -\infty$ が存在して，$\lim_{n\to\infty} \phi_{t_n}(y) = x$ となることである．$y \in W$ の **$\boldsymbol{\alpha}$ 極限集合**は $\alpha(y) = \{y \text{ の } \alpha \text{ 極限点}\}$ と定義される．

以上の定義によって以下が示される：

補題 4.2 同じ軌道上の点は，同じ極限集合をもつ．

証明 $z \in \gamma(x)$ のとき，$t_0 \in \mathbb{R}$ が存在して $z = \phi_{t_0}(x)$ となる．任意の $y \in \omega(x)$ に対して，$\phi_{t_n}(x) \to y \in \omega(x)$ となる点列 t_n が存在して，$\phi_{t_n - t_0}(z) = \phi_{t_n}(x) \to y$ だから $y \in \omega(z)$ となる．すなわち $\omega(x) \subset \omega(z)$ となる．逆に，任意の $w \in \omega(z)$ に対して $\phi_{t_m}(z) \to w$ とすれば，$\phi_{t_0 + t_m}(x) \to w$ だから，$\omega(z) \subset \omega(x)$ でもある．よって，$\omega(x) = \omega(z)$ で，$\gamma(x)$ 上のどの点の極限集合も $\omega(x)$ に等しい． □

補題 4.3 $\mathrm{cl}A$ は集合 A の閉包を意味するとする．このとき，

$$\omega(x) = \bigcap_{t \geq 0} \mathrm{cl}\{\phi_s(x) : s \geq t\}, \qquad \alpha(x) = \bigcap_{t \leq 0} \mathrm{cl}\{\phi_s(x) : s \leq t\}$$

である．

証明 前半を証明すれば十分である．$y \in \omega(x)$ とすれば，ある増加点列 $t_n \to \infty$ が存在して，$\lim_{n\to\infty} \phi_{t_n}(x) = y$ となる．そこで，

$$\{y\} = \bigcap_{k=1}^{\infty} \mathrm{cl}\{\phi_{t_j}(x) : j \geq k\} \subset \bigcap_{t \geq 0} \mathrm{cl}\{\phi_s(x) : s \geq t\}$$

であるから, $\omega(x) \subset \bigcap_{t\geq 0} \mathrm{cl}\{\phi_s(x) : s \geq t\}$ となる．逆に, $y \in \bigcap_{t\geq 0} \mathrm{cl}\{\phi_s(x) : s \geq t\}$ とすれば，任意の $t \geq 0$ で $y \in \mathrm{cl}\{\phi_s(x) : s \geq t\}$．よって $\{y_k\} \subset \{\phi_s(x) : s \geq t\}$ で，$y_k \to y$ となる点列 $y_k = \phi_{s_k}(x)$, $s_k \geq t$ がある．t は任意なので，たとえば，$t_n \to \infty$，$t_n < t_{n+1} < \cdots \to \infty$ となる点列が存在して，$y_j = \phi_{t_j}(x)$ で，$|y_j - y| < \frac{1}{j}$ とできる．$\phi_{t_j}(x) \to y$ となるから，$y \in \omega(x)$ となる． □

補題 4.4 極限集合は W の閉集合で不変である．

証明 $y \in \omega(x)$ とすれば, ある点列 $t_n \to \infty, t_n < t_{n+1}$ が存在して, $\lim_{n\to\infty} \phi_{t_n}(x) = y$ となる．このとき，任意の $t \in \mathbb{R}$ に対して，解の初期値への連続依存性から，$k \to \infty$ で $\phi_{t+t_k}(x) = \phi_t(\phi_{t_k}(x)) \to \phi_t(y)$ となる．これは $\phi_t(y) \in \omega(x)$ を意味している．すなわち，y を通る全軌道が $\omega(x)$ に含まれるから，補題 4.1 から $\omega(x)$ は不変である．また補題 4.3 から，閉集合の共通部分として $\omega(x)$, $\alpha(x)$ は閉集合になる． □

定理 4.5 x を通る正の軌道 $\gamma_+(x)$ が有界であれば，$\omega(x)$ は空でないコンパクト集合で，不変かつ連結，$t \to \infty$ で $\mathrm{dis}(\phi_t(x), \omega(x)) \to 0$ である[6)]．

証明 $\omega(x)$ は仮定から有界閉集合になるからコンパクトで，空ではない．不変なことは前の補題 4.4 で示された．$\phi_t(x) \to \omega(x)$ ではないと仮定すると，$t_m \to \infty$ となる点列と $\delta > 0$ が存在して，$\mathrm{dis}(\phi_{t_m}(x), \omega(x)) > \delta$ となる．このとき収束部分列 $\phi_{t_n}(x)$ がとれて，その極限は $\omega(x)$ に含まれないことになるから，極限集合の定義に反する．よって，$\mathrm{dis}(\phi_t(x), \omega(x)) \to 0$ である．さらに，もし連結集合ではないとすると，$\omega(x) \subset U_1 \cup U_2$, $U_1 \cap U_2 = \emptyset$, $U_j \cap \omega(x) \neq \emptyset$ となる空でない開集合 U_j が存在する．$\mathrm{dis}(\phi_t(x), \omega(x)) \to 0$ なので，十分大きな T について $\{\phi_t(x) : t \geq T\}$ は連結集合で，U_1, U_2 のいずれかに含まれるので U_j の仮定に反する． □

定理 4.6 半軌道 $\gamma_+(x_0) = \{\phi_t(x_0) : t \geq 0\}$ が，コンパクト集合 K に含まれるとする．$\omega(x_0)$ が正則点 (平衡点ではない点) x を含むならば，x を通る全軌道 $\{\phi_t(x) : t \in \mathbb{R}\}$ が存在して，$\omega(x_0)$ に含まれる．

証明 $x \in \omega(x_0)$ を正則点とすると，$\phi_{t_n}(x_0) \to x$ となる増加点列 $t_n \to \infty$ が存在する．$x_n = \phi_{t_n}(x_0)$ とおけば，$\phi_t(x_n) = \phi_{t+t_n}(x_0)$ となる．x を通る軌道 $\phi_t(x)$, $t \in \mathbb{R}$ を考えると，$\phi_t(x)$ は (t, x) について連続なので，$x_n \to x$ より，

6) ここで，$\mathrm{dis}(x, A) = \inf_{y\in A} \|x - y\|$ と定義する．

$$\phi_t(x_n) = \phi_{t+t_n}(x_0) \to \phi_t(x).$$

ここで，$t + t_n \to \infty$ であるから，$\phi_t(x) \in \omega(x_0)$ である．$t \in \mathbb{R}$ は任意であるから，x を通る全軌道が $\omega(x_0)$ に含まれることになる．□

$x \in \omega(x_0)$ が正則点のとき，x を通る全軌道 $\{\phi_t(x) : t \in \mathbb{R}\}$ を**極限軌道**とよぶ．上のことからわかるように，極限集合は平衡点と極限軌道からなる．

前節で導入したリアプノフ関数に関しては，極限集合や不変集合という力学系の言葉を使って，大域的結論を導くことができる [24]．まず，必ずしも正定値性を仮定しないリアプノフ関数の定義を導入しておこう．

定義 4.1　$G \subset \Omega \subset \mathbb{R}^n$ における**リアプノフ関数** V とは，$V \in C(G)$ 7)であり，かつ，任意の $x \in G$ で $V(\phi_t(x))$ が t について広義単調減少となるものである．

定理 4.7　$V \in C(\overline{G})$ は G におけるリアプノフ関数であるとする．$\gamma_+(x) \subset G$ であれば，$\omega(x)$ 上で V は定数である．

証明　仮定から $\omega(x) \subset \overline{G}$ である．$y, z \in \omega(x)$ であれば，$\phi_{t_k}(x) \to y, \phi_{s_k}(x) \to z$ となる増加点列 $t_k \to \infty, s_k \to \infty$ が存在する．部分列を $s_1 < t_1 < s_2 < t_2 < \cdots$ となるようにとれば，$V(\phi_t(x))$ は単調減少なので，$V(\phi_{t_{k+1}}(x)) \le V(\phi_{s_{k+1}}(x)) \le V(\phi_{t_k}(x))$ となる．$k \to \infty$ とすれば $V(y) \le V(z) \le V(y)$ となるから，$V(y) = V(z)$ である．□

定理 4.8 (ラサールの不変性原理)　V は G 上のリアプノフ関数で，G を含む開集合で微分可能とする．$\gamma_+(x) \subset G$ であれば，$\omega(x)$ は，$\{x \in \overline{G} : \dot{V}(x) = 0\}$ となる最大の不変集合に含まれる．

証明　前の定理から，$\omega(x)$ 上で V は一定値をとる．$\omega(x)$ は不変集合だから，任意の $y \in \omega(x)$ について，その全軌道 $\{\phi_t(y) : t \in \mathbb{R}\}$ は $\omega(x)$ に含まれるので，$V(\phi_t(y))$ は定数である．$z = \phi_t(y)$ とすると，

$$\dot{V}(z) = \frac{d}{dt} V(\phi_t(y)) = 0$$

だから，z は不変集合の要素であり，かつ $\dot{V}(z) = 0$ である．よって，$\dot{V} = 0$ となるような点からなる最大不変集合は $\omega(x)$ を含んでいる．□

7)　$C(G)$ は G 上の連続関数の集合．以下で $\overline{G}$ は G の閉包を表す．

上記のリアプノフ関数とラサールの不変性原理の応用に関しては，5.4 節や，[24] を参照していただきたい．応用上ではしばしば，最大不変集合がただ一つの要素からなっている場合があるが，そのときは，その点が G のすべての軌道を引き寄せる大域安定な平衡点であると結論できる．

4.6 ポアンカレ–ベンディクソンの定理

ここでは 2 次元の力学系 $\phi_t, t \in \mathbb{R}$ を考える．このとき，その極限集合は簡単な構造をもっていることがわかっている．これを**ポアンカレ–ベンディクソンの定理**と総称している．証明については [43], [8] などを参照していただきたい．

定理 4.9 半軌道 $\gamma_+(x_0) = \{\phi_t(x_0) : t \geq 0\}$ がコンパクト集合 K に含まれるとする．$\omega(x_0)$ が正則点のみからなっていれば，$\gamma_+(x_0)$ 自身が周期軌道であるか，または $\omega(x_0)$ が周期軌道である．

ポアンカレ–ベンディクソンの定理で，$\omega(x_0)$ が周期軌道のとき，それを**極限周期軌道** (**リミットサイクル**) とよぶ．

系 4.1 コンパクト集合 K が，平衡点を含まず，半軌道 γ_+ を含むならば，K は周期軌道を含む．

以下の定理は**ポアンカレの三分割定理**と称される：

定理 4.10 半軌道 $\gamma_+(x_0) = \{\phi_t(x_0) : t \geq 0\}$ がコンパクト集合 K に含まれるとする．K は高々有限個の平衡点しか含まないとする．このとき，以下のいずれかが起きる：

(1) $\omega(x_0)$ はただ一つの平衡点 x からなり，$\lim_{t\to\infty} \phi_t(x_0) = x$ となる．

(2) $\omega(x_0)$ は周期軌道である．

(3) $\omega(x_0)$ は有限個の平衡点と軌道の集合からなる．このとき，軌道は $t \to \pm\infty$ で，これらの平衡点の一つに収束する．

○**演習問題** 4.6 $r > 0, a > 1$ として，2 次元の力学系

$$\frac{dx}{dt} = y,$$

$$\frac{dy}{dt} = -x + (r - x^2 - ay^2)y$$

を考えよう．このとき，$\Omega = \{(x, y) : \frac{r}{a} < x^2 + y^2 < r\}$ は正不変で平衡点を含まないことを示し，Ω が周期軌道を含んでいることを示せ．

2 次元の力学系の特徴を考えてみよう．コンパクト集合に閉じ込められた 2 次元の力学系の極限集合は 3 通りしかなかったが，平衡解の存在とともに周期軌道があるかどうかが重要である．以下の定理は，周期軌道の存在を排除するために使われる：

定理 4.11 (ベンディクソンの定理)　$\mathbb{R}^2$ において D は単連結な開集合とする．$f, g \in C^1(D)$ で，D 内において，

$$\mathrm{div}(f,g) = \frac{\partial f}{\partial x} + \frac{\partial g}{\partial y}$$

が恒等的にゼロではなく，その符号が一定であれば，D の内部には自律系

$$\begin{aligned} \frac{dx}{dt} &= f(x,y), \\ \frac{dy}{dt} &= g(x,y) \end{aligned} \tag{4.17}$$

の周期解は存在しない．

証明　D 内に周期解があると仮定して，その軌道を $\partial\Omega$ とおく．Ω はその軌道の内部である．単連結の仮定から，$\Omega \subset D$ である．このとき，平面上のグリーンの定理から，

$$\int_{\partial\Omega} f(x,y)\,dy - g(x,y)\,dx = \iint_{\Omega} \mathrm{div}(f,g)\,dxdy.$$

ここで，左辺は $\partial\Omega$ を正の向き[8)]に計算する線積分である．ところが，

$$f(x,y)\,dy - g(x,y)\,dx = \frac{dx}{dt}\,dy - \frac{dy}{dt}\,dx = 0$$

である．一方，仮定から右辺は正または負で，ゼロにはならない．これは矛盾である．よって，周期解は存在しない．□

例 4.4　以下の 2 次元力学系を考える：

$$\begin{aligned} \frac{dx}{dt} &= ax + u(y), \\ \frac{dy}{dt} &= dy + v(x). \end{aligned}$$

ここで，a, d は定数である．このとき $\mathrm{div}(f,g) = a + d$ であるから，$a + d \neq 0$ であれば，周期解は存在しない．■

ベンディクソンの定理とまったく同じ背理法を用いることで，以下のような**デュラックの定理**が得られる．

8)　Ω を進行方向に向かって左側に見る向き．

定理 4.12 $\mathbb{R}^2$ において D は単連結な開集合，$f, g \in C^1(D)$ とする．$B(x,y)$ は D 上の連続微分可能な関数で，D 内において，

$$\mathrm{div}(Bf, Bg) = \frac{\partial Bf}{\partial x} + \frac{\partial Bg}{\partial y} \tag{4.18}$$

が恒等的にゼロではなく，その符号が一定であれば，D の内部には自律系 (4.17) の周期解は存在しない．

この関数 B は**デュラック関数**とよばれているが，このような関数をみつける一般的方法はない．ベンディクソンやデュラックの判定基準が成り立たない場合，周期解があるかどうかは，それだけでは不明である．

4.7 周期軌道の安定性

これまで平衡点の安定性を考えてきたが，周期解についてもその安定性を考えることができる．いま，簡単のために 2 次元の力学系 $x' = f(x)$ を考えて，それが周期解 $x^*(t)$ をもつと仮定しよう．その最小周期を θ とする．すなわち，$x^*(t+\theta) = x^*(t)$ である．周期解の軌道を $\Gamma = \{x^*(t) : 0 \le t \le \theta\}$ とする．周期解 $x^*(t)$ が**安定**であるとは，任意の $\epsilon > 0$ に対してある $\delta > 0$ が存在して，$\mathrm{dis}(x_0, \Gamma) < \delta$ であれば，x_0 を初期点とする軌道 $\phi_t(x_0)$ について，任意の $t \ge 0$ で $\mathrm{dis}(\phi_t(x_0), \Gamma) < \epsilon$ となることをいう．さらに，$\lim_{t\to\infty} \mathrm{dis}(\phi_t(x_0), \Gamma) = 0$ であるとき，$x^*(t)$ は**漸近安定**であるという．

平衡点の場合と同様に，$x^*(t)$ からの摂動を $u(t)$ として，$x^*(t) + u(t)$ を方程式に代入して，2 次以上の項を無視すれば，周期解 $x^*(t)$ に対する線形化方程式 (**変分方程式**) が得られる：

$$\frac{du}{dt} = A(t)u(t). \tag{4.19}$$

ここで，$A(t)$ は f のヤコビ行列に周期解を代入した周期行列である：

$$A(t) = \frac{\partial f}{\partial x}(x^*(t)). \tag{4.20}$$

このとき，周期解の微分 $\dot{x}^*$ は変分方程式の一つの解になっている．実際，

$$\frac{d}{dt}\dot{x}^*(t) = \frac{d}{dt}f(x^*(t)) = \frac{\partial f}{\partial x}(x^*(t))\dot{x}^*(t) = A(t)\dot{x}^*(t)$$

だからである．

○**演習問題** 4.7 以下の方程式は周期解 $x^* = (\cos t, \sin t)$ をもつ．このとき周期行列 $A(t)$ を計算せよ．

$$x' = (1 - x^2 - y^2)x - y,$$
$$y' = (1 - x^2 - y^2)y + x.$$

変分方程式 $u' = A(t)u$ の基本行列の一つを $\Phi(t)$ とするとき, $U_\theta = \Phi(\theta)\Phi(0)^{-1}$ が周期写像 (モノドロミー行列) であり，モノドロミー行列の固有値が特性乗数であった．このとき，一般の解は

$$u(t) = \Phi(t)\Phi(0)^{-1}u(0) \tag{4.21}$$

と表されていて $u(\theta) = U_\theta u(0)$ となるが，上でみたように変分方程式は $\dot{x}^*$ という周期解をもっている．そこで,

$$\dot{x}^*(\theta) = U_\theta \dot{x}^*(0) = \dot{x}^*(0) \tag{4.22}$$

だから，$\dot{x}^*(0)$ は周期写像の固有値 1 に属する固有ベクトルであり，かつ周期軌道の接ベクトルである．よって，$A(t)$ の特性乗数は 1 を含む．このとき，以下が示される：

定理 4.13　周期写像 U_θ の 1 以外の固有値の絶対値が 1 より小であれば，周期解 $x^*(t)$ は漸近安定であり，もし絶対値が 1 より大きい特性乗数があれば，不安定である．

上記の定理の証明は省くが，[41] に従って直感的な説明をしておこう．2 次元で考えることとして，特性乗数を $1, \alpha$ として，対応する固有ベクトルをそれぞれ $\boldsymbol{a}_1, \boldsymbol{a}_2$ とする．上でみたように，$\boldsymbol{a}_1$ は接ベクトル $\dot{x}^*(0)$ と考えてよい．周期解からのずれ u の初期データを

$$\boldsymbol{v} = c_1\boldsymbol{a}_1 + c_2\boldsymbol{a}_2$$

とすれば，周期軌道上の初期点の近傍から出発した解は 1 周期で出発点の近傍に戻ってくるが，線形近似で初期点から $U_\theta \boldsymbol{v}$ のずれを生ずる．そこで，n 周期経つと，ずれは

$$U_\theta^n \boldsymbol{v} = c_1\boldsymbol{a}_1 + \alpha^n c_2\boldsymbol{a}_2$$

となる．そこで，$\boldsymbol{n}$ を接ベクトルに直交する法線ベクトルとして，$|\alpha| < 1$ であれば,

$$\langle U_\theta^n \boldsymbol{v}, \boldsymbol{n}\rangle = c_2\alpha^n\langle \boldsymbol{a}_2, \boldsymbol{n}\rangle \to 0, \quad n \to \infty$$

であるから，周期軌道の法線方向の摂動は減衰していくことがわかる．したがって，接ベクトル方向のずれは残るが，軌道どうしは接近していくことになる．したがって，周期軌道は漸近安定であることがわかる．

4.8 分　　岐

微分方程式がパラメータを含んでいる場合，パラメータの値によって平衡点の数が変わってしまうことがある．いま，パラメータ ϵ を含む方程式

$$\frac{dx}{dt} = f(x, \epsilon), \quad (x, \epsilon) \in \mathbb{R}^n \times \mathbb{R} \tag{4.23}$$

を考えよう．平衡点は $f(x, \epsilon) = 0$ を満たす点であるが，いま，$f(x_0, \epsilon_0) = 0$ であるとしよう．このとき，もし $\epsilon = \epsilon_0$ の近傍で平衡点の個数が変わる場合，平衡点 $x = x_0$ は $\epsilon = \epsilon_0$ で (定常) **分岐**する，という．

例 4.5　パラメータ ϵ をもつ微分方程式

$$\frac{dx}{dt} = \epsilon + x^2$$

の平衡点を考えてみよう．$\epsilon < 0$ であれば，$x^* = \pm\sqrt{-\epsilon}$ という 2 つの平衡点がある．このとき，$x^* = -\sqrt{-\epsilon}$ は安定であり，$x^* = \sqrt{-\epsilon}$ は不安定である．ϵ が増加してゼロになると，2 つの平衡点は合体して不安定平衡点 $x^* = 0$ になり，さらに ϵ が増加して正になると平衡点は消失する．　■

一般に，平衡点の生成や消滅をともなうベクトル場の変化がパラメータ変動によって起きるとき，そのような定常解分岐を**サドルノード分岐**という．パラメータ変化によって，2 つの平衡点が消滅せずに安定性が交換されるベクトル場の変化が起きるとき，**トランスクリティカル分岐**が起きるという．1 つの安定平衡点が，分岐点で不安定化して新たな 2 つの対称的な安定平衡点を生成するとき，**超臨界ピッチフォーク分岐**が起きるという．逆に，2 つの不安定平衡点が安定な平衡点に対して対称的な位置にあって，パラメータ変化で安定平衡点に吸い込まれて，安定平衡点が不安定化して残るような分岐を**亜臨界ピッチフォーク分岐**という．安定な平衡点が不安定化して，安定な周期解が出現することを**超臨界ホップ分岐**という．不安定な周期解が安定な平衡点を囲んでいて，パラメータ変化で周期解が平衡点に吸い込まれて平衡点が不安定化して残る場合を**亜臨界ホップ分岐**という (図 4.3 参照)．

命題 4.3　(4.23) の平衡点 $x = x_0$ が $\epsilon = \epsilon_0$ で定常分岐するならば，$(x, \epsilon) = (x_0, \epsilon_0)$ における線形化行列

$$A = \frac{\partial f}{\partial x}(x_0, \epsilon_0) \tag{4.24}$$

はゼロ固有値をもつ．

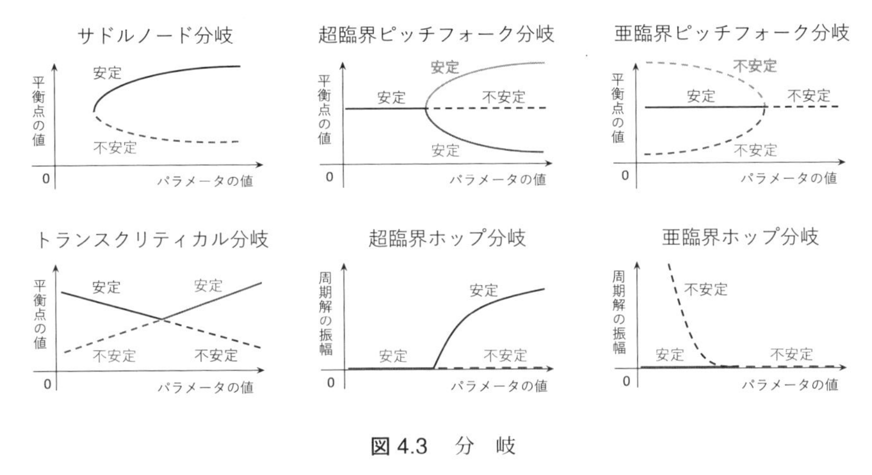

図 4.3　分　岐

証明　A がゼロ固有値をもたない場合，$\det A \neq 0$ より，陰関数定理によって，方程式 $f(x,\epsilon)=0$ は $(x,\epsilon)=(x_0,\epsilon_0)$ 近傍で x について解けて，$x=\phi(\epsilon)$ という関数が一意に定まり，$f(\phi(\epsilon),\epsilon)=0$, $x_0=\phi(\epsilon_0)$ となる．これは，$\epsilon=\epsilon_0$ で定常解の分岐は起きていないことを示している．　□

定常解分岐が起きなくても，平衡点 x_0 のまわりで流れ (フロー) の様子が，$\epsilon=\epsilon_0$ を境にして変化する (位相的に同値でなくなる) 場合がある．そのような場合も，平衡点 x_0 は $\epsilon=\epsilon_0$ で**分岐**するという．ϵ_0 は**分岐点**という．

命題 4.4　(4.23) の平衡点 $x=x_0$ が $\epsilon=\epsilon_0$ で分岐するならば，$(x,\epsilon)=(x_0,\epsilon_0)$ における線形化行列

$$A=\frac{\partial f}{\partial x}(x_0,\epsilon_0) \tag{4.25}$$

は虚軸上に固有値をもつ．すなわち，x_0 は $x'=f(x,\epsilon_0)$ の双曲型平衡点ではない．

証明　$x=x_0$ が $x'=f(x,\epsilon_0)$ の双曲型平衡点であれば，分岐しないことをいえばよい．その場合はゼロは固有値ではないので，再び陰関数定理によって，方程式 $f(x,\epsilon)=0$ は $(x,\epsilon)=(x_0,\epsilon_0)$ 近傍で x について解けて，$x=\phi(\epsilon)$ という関数が一意に定まって，$f(\phi(\epsilon),\epsilon)=0$, $x_0=\phi(\epsilon_0)$ となる．その平衡点 $\phi(\epsilon)$ に対する線形化行列を

$$A(\epsilon)=\frac{\partial f}{\partial x}(\phi(\epsilon),\epsilon)$$

とすると，$\epsilon=\epsilon_0$ では虚軸上に固有値がないから，ϵ が ϵ_0 に十分近ければ，やはり固有値は虚軸上にはないし，実部が正の固有値，負の固有値のそれぞれの数も

変わらないから，線形化方程式のフローは位相的に変化しない．また，4.3 節で述べたハートマン・グロブマンの定理によって，線形化方程式の示すフローともとの非線形方程式の平衡点まわりのフローは同相になっている．よって，分岐しない． □

例 4.6 **(ピッチフォーク分岐)** ϵ をパラメータとし，次の 2 次元系を考えよう：

$$\frac{dx}{dt} = xy, \quad \frac{dy}{dt} = \epsilon - x^2 - y. \tag{4.26}$$

平衡点は，$\epsilon \leq 0$ ならば $(0, \epsilon)$ のみであり，$\epsilon > 0$ ならば $(0, \epsilon)$, $(\pm\sqrt{\epsilon}, 0)$ の 3 つとなる．したがって $\epsilon = 0$ でピッチフォーク分岐が起こると考えられる．実際，各平衡点におけるヤコビ行列を $A_{(0,\epsilon)}$, $A_{(\pm\sqrt{\epsilon},0)}$ と表すと，

$$A_{(0,\epsilon)} = \begin{pmatrix} \epsilon & 0 \\ 0 & -1 \end{pmatrix}, \quad A_{(\pm\sqrt{\epsilon},0)} = \begin{pmatrix} 0 & \pm\sqrt{\epsilon} \\ \mp 2\sqrt{\epsilon} & -1 \end{pmatrix}$$

である．したがって，$\epsilon < 0$ ならば平衡点 $(0, \epsilon)$ は漸近安定であり，$\epsilon > 0$ ならば $(0, \epsilon)$ は不安定 (サドル)，$(\pm\sqrt{\epsilon}, 0)$ は漸近安定である．よって，$\epsilon = 0$ で超臨界ピッチフォーク分岐が起こるといえる (図 4.4). ■

例 4.7 **(ホップ分岐)** ϵ をパラメータとし，次の 3 次元系を考えよう：

$$\begin{aligned} \frac{dx}{dt} &= \epsilon x - x(x^2 + y^2 + z^2) + y, \\ \frac{dy}{dt} &= \epsilon y - y(x^2 + y^2 + z^2) - x, \\ \frac{dz}{dt} &= \epsilon z - z(x^2 + y^2 + z^2). \end{aligned} \tag{4.27}$$

自明な平衡点である $(0, 0, 0)$ の安定性を調べる．ヤコビ行列は

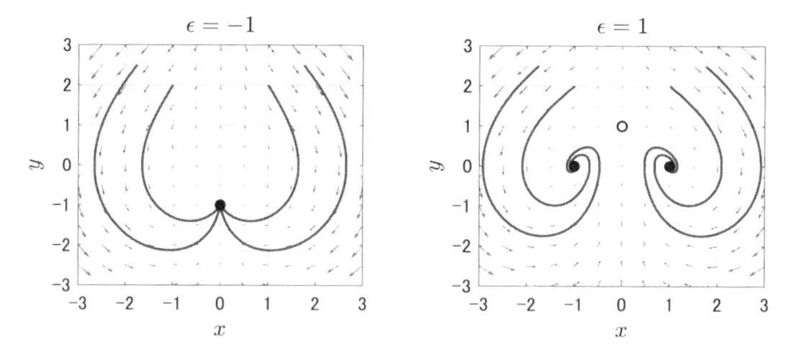

図 4.4 系 (4.26) の解軌道とベクトル場 (黒丸は安定平衡点，白丸は不安定平衡点を表す)

$$A = \begin{pmatrix} \epsilon & 1 & 0 \\ -1 & \epsilon & 0 \\ 0 & 0 & \epsilon \end{pmatrix}$$

なので，固有値は ϵ, $\epsilon \pm i$ である．したがって平衡点 $(0,0,0)$ は，$\epsilon < 0$ ならば漸近安定であり，$\epsilon > 0$ ならば不安定である．特に，ϵ が負から正に変わるとき，複素共役な固有値 $\epsilon \pm i$ が虚軸を横切るため，ホップ分岐が起こると考えられる．実際，

$$x = r\cos u \cos v, \quad y = r \sin u \cos v, \quad z = r \sin v,$$
$$r \geq 0, \quad 0 \leq u \leq 2\pi, \quad -\frac{\pi}{2} \leq v \leq \frac{\pi}{2}$$

という極座標表示を利用して，安定な周期解の出現を調べることができる (r, u, v は t の関数)．$x^2 + y^2 + z^2 = r^2$ の両辺を微分すれば，

$$2rr' = 2(xx' + yy' + zz') \iff r' = \frac{xx' + yy' + zz'}{r} = \epsilon r - r^3$$

を得る．一方，$\frac{y}{x} = \tan u$ より $u = \mathrm{Arctan}\frac{y}{x}$ なので，

$$u' = \frac{1}{1 + \left(\frac{y}{x}\right)^2}\left(\frac{y}{x}\right)' = \frac{y'x - yx'}{x^2 + y^2} = -1$$

を得る．また，$\frac{z^2}{x^2+y^2} = \tan^2 v$ より

$$\tan v = \mathrm{sgn}(\tan v)\sqrt{\frac{z^2}{x^2 + y^2}} = \mathrm{sgn}(\sin v)\sqrt{\frac{z^2}{x^2 + y^2}}$$
$$= \mathrm{sgn}(z)\sqrt{\frac{z^2}{x^2 + y^2}} = \frac{z}{\sqrt{x^2 + y^2}}$$

となる (sgn は符号関数)．よって，$v = \mathrm{Arctan}\frac{z}{\sqrt{x^2+y^2}}$ なので，

$$v' = \frac{1}{1 + \frac{z^2}{x^2+y^2}}\left(\frac{z}{\sqrt{x^2 + y^2}}\right)' = \frac{\sqrt{x^2 + y^2}}{x^2 + y^2 + z^2}\left[z' - \frac{z(xx' + yy')}{x^2 + y^2}\right] = 0$$

を得る．まとめると，r, u, v が満たす方程式は

$$r' = \epsilon r - r^3, \quad u' = -1, \quad v' = 0$$

となる．r の式に注目すると，$\epsilon < 0$ ならば $r = 0$ が漸近安定であり，$\epsilon > 0$ ならば $r = 0$ は不安定で $r = \pm\sqrt{\epsilon}$ が漸近安定である (超臨界ピッチフォーク分岐)．特に $r(0) > 0$ ならば，$t \to \infty$ での解は，$\epsilon < 0$ ならば原点に収束し，$\epsilon > 0$ ならば原点中心の半径 $\sqrt{\epsilon}$ の球面に引き寄せられる (図 4.5)．また，$u' = -1$ より解の「経度」は一定速度で変化し，その周期は 2π である．また，$v' = 0$ より解の

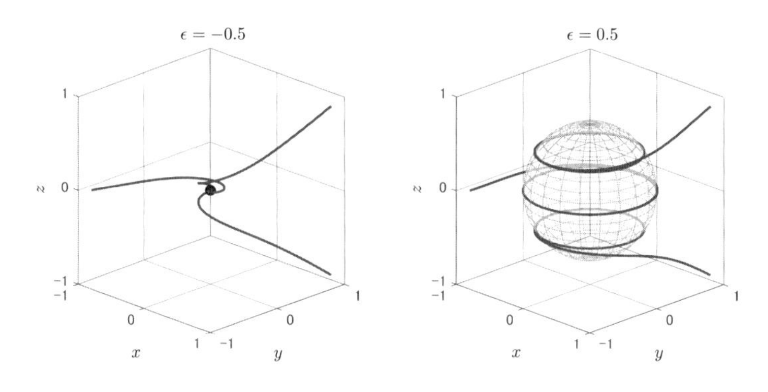

図 4.5　系 (4.27) の解軌道

「緯度」は変化しない．結果として，$\epsilon > 0$ ならば，原点以外から出発する任意の解は，半径 $\sqrt{\epsilon}$ の球面上の xy 平面に平行な円周 (「緯線」に対応するリミットサイクル) に収束する (図 4.5 右)．したがってこの例では，$\epsilon = 0$ で超臨界ホップ分岐が起こるといえる．■

○**演習問題** 4.8　以下のような連立微分方程式を考える：

$$\begin{aligned} \frac{dx(t)}{dt} &= \mu - \mu x(t) - \beta x(t)y(t), \\ \frac{dy(t)}{dt} &= -(\mu + \gamma)y(t) + \beta(x(t) + \sigma z(t))y(t), \\ \frac{dz(t)}{dt} &= -\mu z(t) + \gamma y(t) - \beta\sigma y(t)z(t). \end{aligned} \tag{4.28}$$

ただし, μ, β, γ, σ はすべて正の実数である．$\mathbb{R}^3$ の集合 Ω を

$$\Omega = \{(x, y, z) \in \mathbb{R}^3 : \ x + y + z = 1, \ x \geq 0, \ y \geq 0, \ z \geq 0\}$$

と定義し，$(x(0), y(0), z(0)) \in \Omega$ と仮定する．

(1) 任意の $t > 0$ で $(x(t), y(t), z(t)) \in \Omega$ となることを示せ．

(2) パラメータ R_0 を

$$R_0 = \frac{\beta}{\mu + \gamma}$$

と定義するとき，$R_0 < 1$, $\sigma \leq 1$ であれば,

$$\lim_{t\to\infty} y(t) = 0, \quad \lim_{t\to\infty} z(t) = 0$$

となることを示せ．

(3) $R_0 > 1$ であれば，Ω の内部に平衡点が少なくとも一つ存在することを示せ．

(4) $R_0 = 1$ でかつ $\sigma > 1 + \frac{\mu}{\gamma}$ であれば Ω の内部に平衡点が少なくとも一つ存在することを示せ．

(5) $R_0 > 1$ とする．ある $\epsilon > 0$ が存在して，$y(0) > 0$ であるようなすべての解に対して

$$\limsup_{t\to\infty} y(t) > \epsilon \tag{4.29}$$

が成り立つことを示せ．

システム (4.28) は，x を感受性人口割合，y を感染人口割合，z は感染から回復して免疫を得たが部分感受性をもつ人口の割合，と考えると，再感染を許す感染症モデルになっている [13]．μ は出生率でありかつ死亡率，γ は回復率，β は感染伝達係数，σ は感受性の減衰割合である．R_0 は基本再生産数であり，$R_0 = 1$ の前後で，定常解分岐が起きている．この場合は，劣臨界 $R_0 < 1$ でも内部平衡点があることが示唆されている (後退分岐の存在) [13, 14]．また (4.29) の性質は**弱パーシステンス**とよばれ，$R_0 > 1$ では感染個体群が絶滅しないことを意味している．大域的な安定性が示せない場合でも，パーシステンスであるかどうかは，個体群の存続可能性の重要な指標である．

5

生命と社会の数理モデル

本章では，生命と社会の数理モデルの代表例として，個体群ダイナミクスにおける，常微分方程式を用いた初等的な数理モデルをいくつか紹介しよう．数学的個体群ダイナミクスの歴史的発展についてはバカエル [2] をみていただきたい．その端緒は 13 世紀におけるフィボナッチのウサギ再生産モデルであるが，それは，生命現象の数学的解明をめざす数理生物学の発端でもあった．

5.1 予防接種を行うべきか？

はじめに 1 階の微分方程式の応用例をあげよう．18 世紀半ば頃，天然痘の予防接種は，接種した個体に致死的な結果を招く可能性があることから，推奨されるべきものであるかどうかは大きな議論となっていた[1)]．ダニエル・ベルヌーイは，数理モデルとハレーが作成した生命表を用いて，天然痘による死因が取り除かれることで，個体の平均寿命がどれだけ伸びるかを推定している．ここでは，ベルヌーイによる数理モデルと解析的な性質について紹介する．ベルヌーイの研究は，データと数理モデルを用いて，直接的な観測が難しい個体群の数の推定や人為的介入の効果の定量化を行った非常に先駆的なものであり，微分方程式の解が効果的に使われている．文献 [2] に，ベルヌーイの数理モデルやその背景について詳しい記述がある．

同時に生まれた人々の集団を**コーホート**とよぶ．外部から同年齢の個体の流入がなければ，コーホートのサイズは個体の死亡によって，加齢とともに減少していく．コーホート中の個体が生まれてからの経過時間 (すなわち年齢) を $a \geq 0$ で表し，コーホート中の個体の年齢が a であるときのコーホートのサイズを $N = N(a)$ と表す．

---

1) ジェンナーによるより安全な牛痘接種法確立 (1798) 以前の，人痘接種法に対する議論である．副作用がない予防接種なら推進すべきことは自明である．

年齢 a における個体の死亡率を $\mu(a)$ とおくと，コーホートのサイズの時間変化は

$$N'(a) = -\mu(a)N(a), \tag{5.1}$$

$$N(0) = N_0 \tag{5.2}$$

と表される．ここで，N_0 は正の定数で，出生時のコーホートのサイズを表している．

死亡率 $\mu(a)$ は**死力**ともよばれ，コーホートのサイズの単位人口当たりの減少率を表す [11]：

$$\mu(a) = -\frac{N'(a)}{N(a)}.$$

ここで，$\mu(a)$ は非負の連続関数 (あるいは，より一般に局所可積分関数) とし，$\int_0^\infty \mu(s)\,ds = \infty$ とする．

微分方程式 (5.1) は 1 階の線形微分方程式であり，初期条件 (5.2) を満たす解は

$$N(a) = N_0 e^{-\int_0^a \mu(s)ds}$$

と与えられる．ここで

$$\mathcal{F}(a) := e^{-\int_0^a \mu(s)ds}, \quad a \geq 0 \tag{5.3}$$

と定めるとき，$\mathcal{F}(a)$ は，コーホート中の個体が出生してから年齢 a となるまでに生存している確率を表し，**生存確率**や**生残率**とよばれる．このとき，個体の平均寿命が従う確率分布の密度関数を $\mathcal{G}(a)$ で表すと，$\mathcal{G}(a) = \mu(a)e^{-\int_0^a \mu(s)ds}$ であり，個体の平均寿命は

$$\int_0^\infty a\mathcal{G}(a)\,da = \int_0^\infty \mathcal{F}(a)\,da = \int_0^\infty e^{-\int_0^a \mu(s)ds}\,da$$

と与えられる [11]．ただし，$\lim_{a\to\infty} a\mathcal{F}(a) = 0$ が成り立つとする．

ベルヌーイは，以下の仮定のもとで，天然痘の流行下におけるコーホートサイズの時間変化についてモデル化をした．

- 天然痘に感染した個体は，(年齢に関係なく) 確率 q で死亡し，確率 $1-q$ で回復する $(0 \leq q \leq 1)$.
- 天然痘感染から回復した個体は，免疫によって新たな感染が防がれる．
- 感染率は時間によって変化せず一定である．

$S(a), R(a)$ をそれぞれコーホート中の年齢 a の未感染者数，年齢 a の免疫保持者数とする．年齢 a の個体で免疫を保持している個体は，出生してから年齢 a となるまでに感染し，その後，感染から回復している．1 個体の感染率は定数 $\lambda > 0$

で表し，死亡率を $\mu(a)$ とする．このとき，$S(a)$ と $R(a)$ の変動は，以下の微分方程式によってモデル化される：

$$S'(a) = -\lambda S(a) - \mu(a)S(a), \tag{5.4}$$

$$R'(a) = \lambda(1-q)S(a) - \mu(a)R(a). \tag{5.5}$$

微分方程式系 (5.4), (5.5) に対して，初期条件を

$$(S(0), R(0)) = (N_0, 0) \tag{5.6}$$

とおく (ただし $N_0 > 0$ である)．$a = 0$ においては，未感染者がコーホートの全体を占めるとしている．

$N(a) = S(a) + R(a)$ とおくと，(5.4), (5.5) から，$N(a)$ は次の微分方程式を満たす：

$$N'(a) = -\mu(a)N(a) - \lambda q S(a). \tag{5.7}$$

ここで，

$$f(a) = \frac{S(a)}{N(a)}$$

とおくと，$f(a)$ に関するベルヌーイ型の微分方程式を得る：

$$f'(a) = \lambda q f^2(a) - \lambda f(a). \tag{5.8}$$

初期条件 (5.6) より $f(0) = 1$ であり，以下の解を得る：

$$f(a) = \frac{1}{q + (1-q)e^{\lambda a}}. \tag{5.9}$$

$f(a)$ は，コーホートにおける未感染者数の割合を示す．$0 \leq q < 1$ のとき，コーホートにおける未感染者数の割合は，年齢の増加とともに，単調減少することが示され，

$$\lim_{a \to \infty} f(a) = 0$$

が成り立つことがわかる．(5.9) を用いて，コーホート中の未感染者数と回復者数を推定することができる．ベルヌーイは，コーホートのサイズを，ハレーの生命表をもととしたデータを使い，q と λ を定めて ($q = \lambda = 1/8$ としている) $S(a) = N(a)f(a)$, $R(a) = N(a)(1 - f(a))$ を計算し，天然痘による死亡者の数も計算している．

$S(a) = f(a)N(a)$ であり，(5.7) と (5.9) より，次の線形微分方程式を得る：

$$\begin{aligned} N'(a) &= -\mu(a)N(a) - \lambda q f(a)N(a) \\ &= -\left(\mu(a) + \frac{\lambda q}{q + (1-q)e^{\lambda a}}\right)N(a). \end{aligned}$$

$N(0) = N_0 > 0$ より，

$$N(a) = N_0 \mathcal{F}^*(a) \tag{5.10}$$

を得る．ここで $\mathcal{F}^*(a)$ は，天然痘流行下において，個体が出生してから年齢 a となるまで生存する確率 (生存確率) を表し，

$$\mathcal{F}^*(a) := e^{-\int_0^a \mu(s)ds} \left((1-q) + qe^{-\lambda a}\right) \tag{5.11}$$

である．ここで，

$$\int_0^a \frac{\lambda q}{q + (1-q)e^{\lambda a}}\, da = -\log\left(qe^{-\lambda a} + (1-q)\right)$$

であることを使った．

天然痘による死因が取り除かれれば，コーホートにおける各年齢 a の個体数は増加する．その増加率は以下の式によって与えられる：

$$\frac{N_0 \mathcal{F}(a)}{N_0 \mathcal{F}^*(a)} = \frac{1}{(1-q) + qe^{-\lambda a}}.$$

ここで，分子の $N_0\mathcal{F}(a)$ は，天然痘が根絶されたときのコーホートサイズであり，$\mathcal{F}(a)$ は (5.3) で定められているものである．

(5.11) より，$\mu(a) \equiv \mu$ (定数) とすると，天然痘が流行しているときの平均寿命は

$$\int_0^\infty \mathcal{F}^*(a)\, da = (1-q)\frac{1}{\mu} + q\frac{1}{\mu + \lambda}$$

と計算できる．また，(5.3) で定められている生存確率 $\mathcal{F}(a)$ より，天然痘が根絶されたときの個体の平均寿命 $1/\mu$ を得ることができる．その 2 つの平均寿命の差は

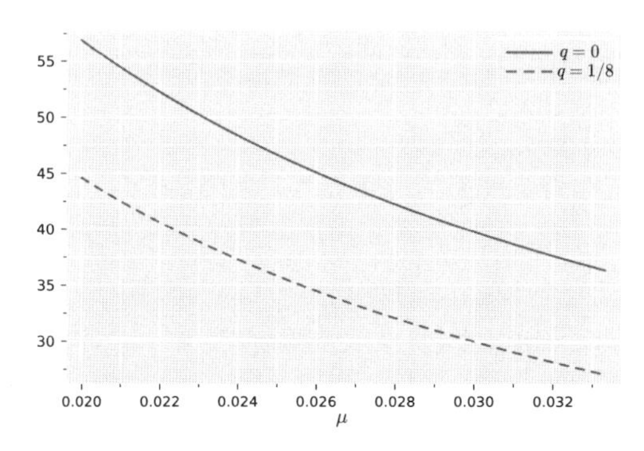

図 5.1　天然痘が流行するときの平均寿命 (下) と天然痘が根絶されたときの平均寿命 (上) ($q = \lambda = 1/8$)

$$\frac{1}{\mu} - \left((1-q)\frac{1}{\mu} + q\frac{1}{\mu+\lambda}\right) = q\frac{1}{\mu}\left(1 - \frac{\mu}{\mu+\lambda}\right)$$

であり，$q = \lambda = 1/8$ として，$30 \le 1/\mu \le 40$ の範囲で計算すると，$2.96\ldots$ から $4.17\ldots$ の間にあることがわかる．天然痘が流行するときの個体の平均寿命および根絶されたときの個体の平均寿命を，横軸を μ として図 5.1 に表した．

ベルヌーイは，自然死亡率の年齢依存性を考慮して，生命表を用いて，天然痘が流行しているときの個体の平均寿命と根絶された場合の個体の平均寿命を計算している．天然痘による死因が取り除かれれば，個体の平均寿命は，26 歳 7 ヶ月から 29 歳 9 ヶ月に約 3 年間伸びることが示されている．

○**演習問題** 5.1　全体の出生個体のうち，p $(0 < p < 1)$ の割合の出生個体に対して予防接種を行うとする．予防接種を受けた個体は，その後，天然痘にかからないとする．コーホートの変動に関するモデルをつくり，個体の平均寿命について議論せよ．

天然痘が存在しない世界での寿命を $e_0 := \int_0^\infty \mathcal{F}(a)\,da$，天然痘流行下での寿命を $e_0^* = \int_0^\infty \mathcal{F}^*(a)\,da$ とする．乳幼児期に全員に予防接種を行った場合，その副作用によって確率 q' で死亡してしまうが，死亡しなかった個体に対する予防効果は完璧であると仮定すれば，新生児の期待寿命は $(1-q')e_0$ となる．したがって，「天然痘によって失われる余命のほうが，予防接種によって失われる余命よりも大きければ，予防接種は促進されるべき」という結論になる．そこで，

$$e_0 - e_0^* > e_0 - (1-q')e_0$$

を解けば，条件式

$$q' < 1 - \frac{e_0^*}{e_0} \tag{5.12}$$

が得られる．上記でみたように，比 e_0^*/e_0 は 0.9 程度であるから，予防接種による死亡率が 10 パーセント以下であれば，予防接種の利益が大きいということになる．バカエル [2] によれば，ベルヌーイは q' を 1 パーセント以下と見積もっていたので，予防接種を促進すべき，と結論していたのである．とはいえ，寿命を 10 パーセント延ばすために，100 分の 1 の確率で死亡するワクチンを打つのは相当に勇気のいることである．なお，当時のベルヌーイの論争相手だったダランベールは，ベルヌーイのモデルを批判して，天然痘死亡率や感染確率は年齢依存にするべきであると論じた．それはもっともではあるが，データがなかった当時としては無い物ねだりであったろう．しかし，そのようなより正しいと考えられるモデルが使えるまで，結論を急ぐべきではないという議論には一理ある．またダラ

ンベールは，平均寿命 (出生時期待余命) だけを政策判断の根拠にすることにも疑問を呈した．ベルヌーイとダランベールの論争は，数理モデルの政策的利用をめぐる現代的な議論を，はるかに先取りしていたといえるだろう．

5.2　食うものと食われるものの数学

5.2.1　捕食者–被食者モデル

前章で考えた 2 次元力学系の具体的な例として，生態学において有名な，生物個体群に対する**ロトカ–ヴォルテラの方程式**を考えてみよう：

$$\begin{aligned} \frac{dx}{dt} &= x(r - ay), \\ \frac{dy}{dt} &= y(-s + bx). \end{aligned} \tag{5.13}$$

ここで，r, a, s, b は正の定数である．x は被食者 (餌になる個体群) 密度，y はそれを捕食する生物個体群の密度，r は被食者の成長率，s は捕食者の死亡率，ay は捕食による被食者減衰率，bx は捕食による捕食者増加率である．

(5.13) は**捕食者–被食者モデル**ともよばれ，生態系における「食うものと食われるもの」(捕食者と被食者) の相互作用をモデル化したものであり，自律的な周期現象の発生や非線形相互作用の思わざる効果を示したものとして，理論生物学のみならず，社会科学にも大きな影響を与えた．たとえば，経済学者のグッドウィンは雇用率 (x) と労働分配率 (y) に対してロトカ–ヴォルテラ方程式を定式化して景気の循環的変動を説明している [2, 24, 35, 36, 38, 39, 42].

はじめに，解の非負性を確かめよう．これは生物の数理モデルとしては必須の前提で，はじめに確かめておかなければならない．$\Omega := \mathbb{R}^2_+ = \{(x, y) \in \mathbb{R}^2 : x \geq 0, y \geq 0\}$ とするとき，Ω 自身，Ω の境界 $\mathrm{bd}\ \Omega = \{\mathbb{R}^2_+ : x = 0$ または $y = 0\}$，Ω の内部 $\mathrm{Int}\ \Omega = \{\mathbb{R}^2 : x > 0, y > 0\}$ はすべて不変である．実際，x 軸上では $(x', y') = (rx, 0)$ だから，軸そのものが解軌道である．y 軸上でも $(x', y') = (0, -sy)$ だから，y 軸自体が原点に向かう解軌道である．それゆえ，これら境界は不変集合である．第一象限内部から出た解軌道は，それ自身解軌道である境界を横切ることがないから，内部にとどまる．すなわち，内部も不変集合である．したがってその和集合も不変である．

次いで，(5.13) の非負の平衡点とその安定性を調べてよう．平衡点が $(0, 0)$ と $(s/b, r/a)$ であることはすぐにわかる．前者は鞍点で不安定であるが，後者は双曲型ではないので，線形化では安定性は判定できない．

いま，ロトカ–ヴォルテラ方程式の平衡点を

$$E_0 = (0,0),\ E_+ = (x^*, y^*) = \left(\frac{s}{b}, \frac{r}{a}\right)$$

とする．このとき，x' に $bx - s$ をかけ，y' に $ay - r$ をかけて足すと，

$$\frac{x'}{x}(bx - s) + \frac{y'}{y}(ay - r) = 0$$

となる．これから，

$$b\left(x' - x^* \frac{x'}{x}\right) + a\left(y' - y^* \frac{y'}{y}\right) = 0 = \frac{d}{dt}V(x(t), y(t))$$

となる．ここで，

$$V(x,y) = b(x - x^* \log x) + a(y - y^* \log y) \tag{5.14}$$

である．したがって，$V(x(t), y(t)) = \text{const.}$ となる．$G = \text{Int } \mathbb{R}_+^2$ に対して，$\dot{V} = 0$ である．また一般に，$f(x) = x - 1 - \log x \geq 0$ は $x > 0$ で正で，$x = 1$ で最小値 0 をとる．したがって，

$$x - x^* \log x = x^*\left(\frac{x}{x^*} - \log\frac{x}{x^*} - \log x^*\right) \geq x^*(1 - \log x^*).$$

y についても同様に考えて，$V(x,y) \geq V(x^*, y^*)$ となることがわかる．(x^*, y^*) で V は最小値をとるから，$V(x,y) - V(x^*, y^*) = L(x,y)$ とおけば，L は正定値で，$\dot{L} = 0$ だから，L はリアプノフ関数であり，$E_+ = (x^*, y^*)$ は安定であって，漸近安定ではない．

最後に，平衡点以外の軌道が周期解であることを確認しよう．$(x,y) = (x^* + k\cos\theta, y^* + k\sin\theta)$ とおいて，動径 k について微分すると，

$$k\frac{\partial V}{\partial k} = s\frac{(x - x^*)^2}{xx^*} + r\frac{(y - y^*)^2}{yy^*} \geq 0$$

となって，V は動径方向に単調増大する．よって，$V = \text{const.}$ となる (x,y) は，動径とただ一度だけ交わるから，閉曲線を形成している．その上に平衡点はないから，閉曲線は周期解になっている．

上記のことから，ロトカ–ヴォルテラシステムの解は平衡点を囲む閉曲線であり，周期解であることがわかる．いま，その周期を $T > 0$ としよう．このとき，解の 1 周期での平均値を計算しよう．

$$\frac{d}{dt}\log x = r - ay$$

だから，$x(T)=x(0)$ であることより，

$$\int_0^T \frac{d}{dt}\log x(t)\,dt = \log x(T) - \log x(0) = 0 = \int_0^T (r-ay)\,dt.$$

したがって，

$$\frac{1}{T}\int_0^T y(t)\,dt = \frac{r}{a} \tag{5.15}$$

である．同様に，

$$\frac{1}{T}\int_0^T x(t)\,dt = \frac{s}{b}. \tag{5.16}$$

すなわち，軌道に沿っての1周期の (x,y) の平均値は平衡点 E_+ の座標の値に等しい．

いま，外部から個体群を ϵ の率で一様に捕獲して取り除いたとすると，(5.13) は

$$\begin{aligned} \frac{dx}{dt} &= x(r-ay) - \epsilon x, \\ \frac{dy}{dt} &= y(-s+bx) - \epsilon y \end{aligned} \tag{5.17}$$

と変化する．(5.17) は，(5.13) において r, s を $r-\epsilon$, $s+\epsilon$ に置き換えたものである．ただし，$r>\epsilon$ とする．したがって，新たなシステム (5.17) の個体群の平均値は，

$$\left(\frac{s+\epsilon}{b}, \frac{r-\epsilon}{a}\right) \tag{5.18}$$

となる．

たとえば，x, y を被食，捕食関係にある魚類だとすると，ϵ は漁獲率と考えられる．上記の事実が示していることは，漁獲が一様になされるのであれば，漁業

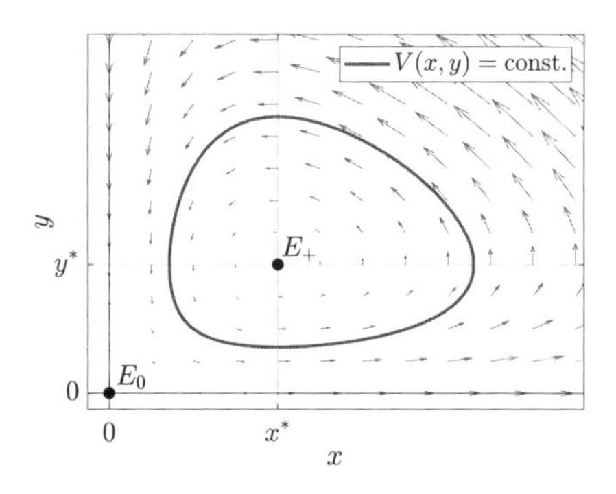

図 5.2 ロトカ–ヴォルテラ方程式の相平面図

があったほうが，被食者である魚 (これは通常は人間も必要としている資源魚) の資源量は「増える」というパラドクスである．あるいは，$x(t)$ を害虫の個体群，y はそれを捕食する益鳥個体群として，ϵ は両者に影響を与える農薬や殺虫剤の効果とすれば，害虫駆除という意図が害虫密度を上げてしまうという「思わざる効果」をもたらすことになる．これを**ヴォルテラの原理**という．生態学における典型的な非線形効果として有名である．

○**演習問題** 5.2　(5.13) は，辺ごとに割り算すれば，以下のような変数分離形の微分方程式になる：

$$\frac{dy}{dx} = \frac{(-s+bx)y}{x(r-ay)}. \tag{5.19}$$

これを解いて，x, y の関係式を求めよ．

○**演習問題** 5.3　(5.13) において，$u = \log x$, $v = \log y$ とおき，

$$H(u,v) = rv - ae^v - be^u + su$$

とおけば，軌道に沿って微分すれば $\dot{H} = 0$ となることを示せ．また，以下が成り立つことを示せ：

$$\begin{aligned} \frac{du}{dt} &= \frac{\partial H}{\partial v}, \\ \frac{dv}{dt} &= -\frac{\partial H}{\partial u}. \end{aligned} \tag{5.20}$$

このようなシステムは**ハミルトン系**とよばれ，H を**ハミルトニアン**とよぶ．2 次元のハミルトン系の平衡点における線形化行列の固有値は，$\lambda \in \mathbb{R}$ が存在して，$\pm\lambda$ または $\pm i\lambda$ となることを示せ．

5.2.2　種内競争の導入

ロトカ–ヴォルテラ系には，同一種内の競争関係はないが，それを考慮すると以下のように拡張される：

$$\begin{aligned} \frac{dx}{dt} &= x(\epsilon_1 - \lambda_1 x - k_1 y), \\ \frac{dy}{dt} &= y(-\epsilon_2 + k_2 x - \lambda_2 y). \end{aligned} \tag{5.21}$$

ここで，パラメータはすべて正で，ϵ_1 は種 x の内的成長率，λ_1 は x 種内の競争係数である．ϵ_2 は種 y の死亡率，λ_2 は y 種内の競争係数である．この場合，y 種が存在しなければ，x 種はロジスティック的に成長する．

このシステムには 3 つの平衡解がある：

$$P_0 = (0,0), \quad P_1 = \left(\frac{\epsilon_1}{\lambda_1}, 0\right), \quad P_2 = (x^*, y^*). \tag{5.22}$$

ここで,

$$x^* = \frac{\lambda_2\epsilon_1 + k_1\epsilon_2}{\lambda_1\lambda_2 + k_1k_2}, \quad y^* = \frac{k_2\epsilon_1 - \lambda_1\epsilon_2}{\lambda_1\lambda_2 + k_1k_2}$$

である．したがって, P_0, P_1 は常に存在する非負の平衡解であるが, P_2 は, $k_2\epsilon_1 > \lambda_1\epsilon_2$ のときのみ正の平衡点として存在していて，大域安定であり，$k_2\epsilon_1 = \lambda_1\epsilon_2$ のときは $P_1 = P_2$ である．$k_2\epsilon_1 < \lambda_1\epsilon_2$ のときは P_1 が大域安定となる．

2 種が共存する定常解 P_2 が分岐して安定になるための条件は,

$$-\epsilon_2 + k_2\frac{\epsilon_1}{\lambda_1} > 0 \tag{5.23}$$

と書けるが，この左辺の値は，y 種がサイズ ϵ_1/λ_1 で飽和状態にある x 種の集団に侵入したときの初期成長率にほかならない．

○**演習問題** 5.4　上記の主張を証明せよ．特に，P_2 の大域安定性を示すために，以下の関数

$$H(x,y) = \frac{x^*}{k_1}\left(\frac{x}{x^*} - 1 - \log\left(\frac{x}{x^*}\right)\right) + \frac{y^*}{k_2}\left(\frac{y}{y^*} - 1 - \log\left(\frac{y}{y^*}\right)\right) \tag{5.24}$$

がリアプノフ関数になることを利用せよ．

例 5.1　ロトカ–ヴォルテラの捕食者–被食者モデルを修正して，どちらの生物も相手がいなくてもロジスティック成長できるとしよう：

$$\begin{aligned} \frac{dx}{dt} &= x(1 - ax - by), \\ \frac{dy}{dt} &= y(1 - cx - dy). \end{aligned} \tag{5.25}$$

ここで a, b, d は正のパラメータであるが，c は正の場合と負の場合を考える．$D = \{(x,y) \in \mathbb{R}^2 : x > 0,\ y > 0\}$ とする．(x,y) でのヤコビ行列は

$$J(x,y) = \begin{pmatrix} (1 - ax - by) - ax & -bx \\ -cy & (1 - cx - dy) - dy \end{pmatrix}$$

であるから，この (x,y) に平衡点の値を代入すれば，各平衡点でのヤコビ行列が得られる．平衡点としては，$P_1 = (0,0)$, $P_2 = (1/a, 0)$, $P_3 = (0, 1/d)$ が常に存在する．さらに $ad - bc \neq 0$ と仮定すれば，$P_4 = (x^*, y^*)$ という正の内部平衡点がありうる：

$$(x^*, y^*) = \frac{1}{ad - bc}(d - b, a - c).$$

このとき，正の共存平衡解が存在するためには，(a) $d > b$ かつ $a > c$, (b) $d < b$ かつ $a < c$, のいずれかが成り立つことが必要十分である．

はじめに $c < 0$ の場合を考えよう．このときは y は捕食者，x は被食者となっ

ている．$d > b$，すなわち捕食者の死亡率が被食者のそれより大きい場合は，P_1 は湧き出しで不安定，P_2 はサドルで不安定，P_3 は $d > b$ の場合はサドルで不安定，$d < b$ の場合は安定となる．$d > b$ の場合は，P_4 が正の平衡点として存在して漸近安定になる．$d = b$ であれば $P_3 = P_4$ であり，d が増加して $d > b$ になれば P_3 は不安定化し，P_4 が分岐して安定になる．$B = 1/(xy)$ をデュラック関数として採用すると，$\mathrm{div}(Bf, Bg) = -a/y - d/x < 0$ となるので，周期解は存在しないことがわかる．

次に，$c > 0$ のときを考える．この場合は x, y は被食–捕食の関係にはなく，お互いに共通の環境や資源をめぐって競争関係にあると考えられる．正の共存定常解が存在しない場合は，どちらか一方の種のみが存在する平衡点 P_2 または P_3 が大域的に安定になる．すなわち，時間とともに一方の種が絶滅して，1種のみが生き残る．(a) が成り立つ場合，P_4 は漸近安定であるが，他の平衡点は不安定，(b) の場合は P_4 は不安定になるが，P_2 と P_3 が漸近安定になる (**双安定**)．したがって，(a) も (b) も成り立たないか，(b) が成り立つ場合は，一種のみが生き残る (**競争的排除**)．特に (b) が成り立つ双安定な場合は，どちらの種が生き残るかは初期条件にも依存する [35]．■

5.3 感染症の突発と閾値現象

はじめに述べたように，2020 年からパンデミックとなった COVID-19 感染症流行は，微分方程式による数理モデルが，流行の理解，予測や制御のためにはじめて全世界で大規模に利用されたという意味で画期的な事態だった．本節と次節では感染症数理モデルに現れる初等的な微分方程式の基本的性質を紹介しよう．

感染症の数理モデルの最も簡単な形態は，以下のような 2 次元の非線形連立微分方程式である：

$$
\begin{aligned}
S' &= -\beta IS, \\
I' &= -\gamma I + \beta IS.
\end{aligned}
\tag{5.26}
$$

ここで $S = S(t)$ は時刻 t における感受性人口サイズ，$I = I(t)$ は感染人口サイズ，$\beta > 0$ は感染伝達係数，$\gamma > 0$ は回復率である．βI は感染人口サイズに比例した感染力 (単位時間当たり・単位人口当たりの感染率) を与える．したがって，単位時間当たりの新規感染者発生数は βIS で与えられる．より詳しい意味や背景については次節および [14], [2] などを参照していただきたいが，(5.26) は，外部との人口の出入りのない封鎖人口における感染症の流行を記述するモデルとしてケルマックとマッケンドリックによって 1927 年に提起された．ただし，本来のモデルは感染時間に依存するパラメータをもつ微分積分方程式モデルであり，(5.26) はその特殊なケースである．また，もとの**ケルマック–マッケンドリックモデル**は，感染からの回復者 (免疫保持者) の人口サイズを $R = R(t)$ として，

$$R' = \gamma I$$

を付加した 3 元連立微分方程式である (**SIR モデル**という)．総人口 $S + I + R$ は定数であるから，本質的に S と I の相互作用でダイナミクスは決定されているので，ここでは S と I の 2 次元系として扱う．R の役割については 5.4 節を参照していただきたい[2]．

(5.26) からただちにわかるように，$I = 0$ となる点 $(S, 0)$ はすべて平衡点であり，$S > \gamma/\beta$ であれば不安定，$S < \beta/\gamma$ であれば安定となる．また，$(S, I) = (0, I(0)e^{-\gamma t})$ は一つの解軌道である．すなわち，(S, I) 平面 (相平面) の縦軸と横軸はいずれも解である．解軌道は (有限時間のうちに) 交差しないから，初期点を第一象限内にとれば，解軌道は第一象限から外に出ない．**感染のない平衡点** $(S, 0)$ において，$R_0 = \beta S/\gamma$ を**基本再生産数**という[3]．基本再生産数は，すべてが感受性である集団に発生した少数の感染者が，一人当たりその全感染性期間に再生産する 2 次感染者の平均数である．

(5.26) において，dI/dt を dS/dt で割れば，(S, I) (相) 平面上の軌道方程式として，

$$\frac{dI}{dS} = -1 + \frac{\gamma}{\beta S} \tag{5.27}$$

が得られる．(5.27) は変数分離形であるから簡単に積分できて，C を積分定数とすれば，

$$I = -S + \frac{\gamma}{\beta} \log S + C \tag{5.28}$$

という軌道方程式を得る．したがって，正の初期点 (S_0, I_0) を通る軌道は

$$I = -S + S_0 + I_0 + \frac{\gamma}{\beta} \log \frac{S}{S_0} \tag{5.29}$$

となる．

---

2)　R クラスは決して付け足しではない．5.4 節でみるように，ケルマック–マッケンドリックモデルは R だけの単独方程式に還元できる．

3)　厳密にいえば，ホスト人口が感受性人口 S のみである場合に基本再生産数という．この平衡点にここでは考慮していない免疫保持者がいる場合は，実効再生産数とよばれるべきである．基本再生産数がホスト人口サイズに依存するかどうかは大きな問題であり，β の仮定に依存するが，ここでは論じない．

もとの方程式 (5.26) において，S は時間とともに単調減少で非負だから，$\lim_{t\to\infty} S(t) = S(\infty) \geq 0$ が存在する．同様に時間を反転させると S は増大するが，(5.29) から S は上に有界であるから $\lim_{t\to-\infty} S(t) = S(-\infty) \geq 0$ が存在する．また $I(t)$ は，$S < \gamma/\beta$ という領域で，単調に減少して非負の値に収束する．時間を反転させると $S > \gamma/\beta$ となる領域で，単調に減少して非負の値に収束する．これらの軌道の極限点は平衡点でなければならないから，$I(\infty) = I(-\infty) = 0$ である．そこで，総人口サイズを $N > 0$ として，$S(-\infty) = N$ となる軌道，すなわち $(S, I) = (N, 0)$ を通る軌道 (**極限軌道**) を求めよう．$C = N - (\gamma/\beta)\log N$ とすればよいから，

$$I = -(S - N) + \frac{\gamma}{\beta}\log\frac{S}{N} \tag{5.30}$$

を得る．このとき，$I = 0$, $x = S/N \in (0, 1)$ として (5.30) を変形すると，

$$x = g(x) := \exp(R_0(x - 1)) \tag{5.31}$$

を得る．ここで $R_0 = \beta N/\gamma$ はこの流行の基本再生産数である．グラフ的考察から，この方程式は自明な根 $x = 1$ 以外に，もう一箇所正根があることがわかる．ただし，$R_0 = 1$ であれば $x = 1$ のみが根である．$R_0 > 1$ であれば，$g'(1) > 1$ で，$g(0) > 0$ であるから，もう一つの根 x^* は 1 より小さく，$S(\infty) = Nx^* < N$ に対応している．$R_0 < 1$ であれば，区間 $(0, 1)$ に根はない．

したがって，$N > \gamma/\beta$ であれば，解軌道は時間 $t = -\infty$ で $(N, 0)$ を出発し，$t = \infty$ で $(S(\infty), 0)$ へ達する (図 5.3)．N は流行初期の感受性人口サイズであり，$S(\infty)$ は流行の後に残る感受性人口のサイズであるから，全流行期間に $N - S(\infty)$ だけの個体が感染したことになる．このとき $R_\infty := \beta S(\infty)/\gamma$ は流行が終わった後に残された感受性人口の**最終再生産数**である．最終状態は，免疫を得た回復人口と感受性人口の混合状態であることに注意しよう．ホスト集団が，必ずしも全員感受性ではない場合の 2 次感染者再生産数を**実効再生産数**という．したがって，最終再生産数は流行終了時の集団の実効再生産数にほかならない．

○**演習問題** 5.5　$g'(x) = R_0 x$ であるから，$g'(x)$ はサイズ N の集団で感受性割合が x であるときの実効再生産数を与える．最終再生産数が 1 より小さいことを示せ．

(5.30) の右辺を $f(S)$ とする．$I = f(S)$ のグラフ (図 5.3) から，$S > \gamma/\beta$ であれば時間とともに I は増加し，$S < \gamma/\beta$ という領域では I は時間とともに減少することがわかる．S は時間が増加するとともに常に減少であることに注意しよう．したがって，$S^* := \gamma/\beta$ において I は最大値に達する．

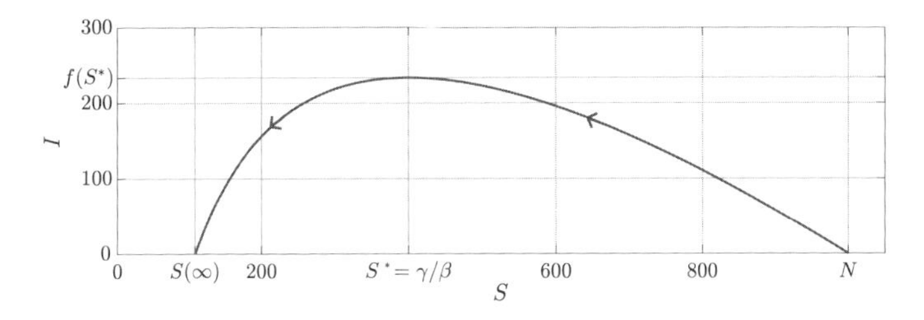

図 5.3 $N = 1000$, $R_0 = 2.5$ の場合の解軌道 $I = f(S)$

○**演習問題** 5.6 $I = f(S)$ は $S = S^* = \gamma/\beta$ で最大値を達することを示し，$f(S^*)$ を求めよ．

感染者サイズ I がピークに達したときの感受性人口割合の補数

$$\epsilon^* = 1 - \frac{S^*}{N} = 1 - \frac{1}{R_0} \tag{5.32}$$

を**集団免疫閾値**という．集団免疫閾値は，自然流行において感染者数 (ストック) のピーク時点までに感染した感受性人口割合であるが，流行が減衰するために必要な除去すべき感受性人口の割合 (**臨界免疫化割合**) でもある．たとえば，平衡点 $(N, 0)$ において，ワクチンによって，集団免疫閾値 $\epsilon^* = 1 - 1/R_0$ を超える感受性人口割合 $\epsilon > \epsilon^*$ を免疫化すれば，感受性人口サイズは $(1-\epsilon)N < (1-\epsilon^*)N = \gamma/\beta$ となる．この新しい平衡点 $((1-\epsilon)N, 0)$ は安定であって，流行は発生しない．

いま，$R_0 = \beta N/\gamma > 1$ のとき，流行の**最終規模** p を

$$p := \frac{N - S(\infty)}{N} = 1 - \frac{S(\infty)}{N} \tag{5.33}$$

と定義しよう．すなわち，最終規模は初期の感受性人口 N のなかで，最終的に罹患してしまう人の割合である．このとき，$1-p$ は $x = g(x)$ の根であるから，

$$1 - p = e^{-R_0 p} \tag{5.34}$$

を得る．(5.34) を**最終規模方程式**とよぶ．最終規模方程式は $R_0 > 1$ のときのみ，ただ一つの正根をもつ．ここで求めた 2 つの感染者のいない平衡点を結ぶ軌道は，初期感染人口が無限小であるような極限的な流行軌道であるが，その場合の最終規模は基本再生産数のみによって決まっている．

ここまで極限軌道について考えてきたが，通常の初期値問題の軌道との関係を考えよう．正の初期条件 (S_0, I_0) からスタートした流行に対して，感染発生以前にはすべて感受性であったと考えて，総人口を $N = S_0 + I_0$ とおく．サイズ N

の感受性人口の基本再生産数を $R_0 = \beta N/\gamma$ とする．このときは，最終規模は

$$p^* = 1 - \frac{S(\infty)}{N} \tag{5.35}$$

と定義される．(5.29) から，

$$0 = -S(\infty) + N + \frac{\gamma}{\beta}\log\frac{S(\infty)}{S_0}. \tag{5.36}$$

これを変形すれば，

$$1 - p^* = \frac{S_0}{N}e^{-R_0 p^*} \tag{5.37}$$

を得る．この場合は常にただ一つの正根 $p^* > 0$ が存在して，同じ R_0 をもつ方程式 (5.34) の根 p に対して，$R_0 > 1$ であれば $p^* \geq p > 0$ となる．この結果を**閾値定理**とよぶ．

○**演習問題** 5.7　このことを示せ．

したがって，$R_0 > 1$ であれば，いかに初期の感染者が少なくとも，最終規模はそれに比例して小さくなることはなく，最終規模の下限は R_0 で決まる正数 p である．一方，$R_0 \leq 1$ であれば，初期の感染人口をゼロに近づければ，それに対応して最終規模はいくらでも小さくなる．こうした閾値 $R_0 = 1$ の前後におけるダイナミクスの質的変化を**閾値現象**という．

○**演習問題** 5.8　SIR モデルにおいて，回復した個体が再感染可能となるモデルとして，以下のような連立微分方程式を考える：

$$\begin{aligned}
\frac{dx(t)}{dt} &= -\beta x(t)y(t), \\
\frac{dy(t)}{dt} &= -\gamma y(t) + \beta(x(t) + \sigma z(t))y(t), \\
\frac{dz(t)}{dt} &= \gamma y(t) - \beta\sigma y(t)z(t).
\end{aligned}$$

ただし, β, γ, σ はすべて正の定数である．$\mathbb{R}^3$ の集合 Ω とその部分集合 Ω_0 を

$$\Omega = \{(x, y, z) \in \mathbb{R}^3 \,:\, x + y + z = 1,\ x \geq 0,\ y \geq 0,\ z \geq 0\},$$
$$\Omega_0 = \{(x, y, z) \in \mathbb{R}^3 \,:\, y + z = 1,\ x = 0,\ y \geq 0,\ z \geq 0\}$$

と定義する．$(x(0), y(0), z(0)) \in \Omega$ と仮定する．また，パラメータ R_0 を

$$R_0 = \frac{\beta}{\gamma}$$

と定義する．このモデルでは全人口サイズは 1 に規格化されていて，x は感受性人口割合，y は感染人口割合，z は部分感受性をもつ回復人口割合である [13, 14]．このとき，以下の問いに答えよ．

(1) 任意の $t>0$ で $(x(t),y(t),z(t))\in\Omega$ となることを示せ．また，もし $(x(0),y(0),z(0))\in\Omega_0$ であれば，任意の $t>0$ で $(x(t),y(t),z(t))\in\Omega_0$ となることを示せ．

(2) $(x(0),y(0),z(0))\in\Omega_0$, $y(0)\neq 0$ であるとする．このとき，$\sigma R_0\le 1$ であれば，

$$\lim_{t\to\infty} y(t)=0$$

となり，$\sigma R_0>1$ であれば，

$$\lim_{t\to\infty} y(t)=1-\frac{1}{\sigma R_0}$$

となることを示せ．

(3) x を z の関数とみなして dx/dz を考察することによって，解軌道に沿って定数となる保存量が存在することを示せ．

(4) $(x(0),y(0),z(0))\in\Omega$ であるとする．このとき，$\sigma R_0\le 1$ であれば，

$$\lim_{t\to\infty} y(t)=0$$

となることを示せ．

(5) $(x(0),y(0),z(0))\in\Omega$, $\sigma R_0>1$, $0<\sigma<1$ であるとする．このとき，

$$\lim_{t\to\infty} y(t)=1-\frac{1}{\sigma R_0}$$

となることを示せ．

○演習問題 5.9 (ウィルスダイナミクス)　感染症の数理モデルは人口レベルにおける感染症の流行動態だけではなく，人の体内におけるウィルスと細胞のダイナミクスの記述にも適用できる [13, 18]．時刻 t における正常細胞の密度を $S(t)$，ウィルスに感染した細胞の密度を $I(t)$，体液中のウィルスの濃度を $V(t)$ とすると，以下のようなモデルが成り立つ：

$$\begin{aligned}\frac{dS(t)}{dt}&=-(\beta_1 I(t)+\beta_2 V(t))S(t),\\ \frac{dI(t)}{dt}&=(\beta_1 I(t)+\beta_2 V(t))S(t)-\gamma I(t),\\ \frac{dV(t)}{dt}&=-\alpha V(t)+\epsilon I(t).\end{aligned} \tag{5.38}$$

ここで $\beta_1 I(t)S(t)$ は感染細胞と正常細胞の出会い (cell to cell infection) による新規感染細胞の単位時間当たりの発生数，$\beta_2 V(t)S(t)$ はウィルスと正常細胞の出会いによる新規感染細胞の単位時間当たりの発生数である．γ は感染細胞の死亡率，α はウィルスの死亡率，ϵ は感染細胞からのウィルス産生率である．正常細胞の再生産過程は無視しておく．このとき，ウィルスも感染細胞もない健康な定常状態 $(S_0,0,0)$ における線形化方程式を考え，その定常状態がウィルスないし感染細胞の侵入によって不安定化する (すなわちウィルスが増殖する) 条件は，

$$\frac{\beta_1 S_0}{\gamma}+\frac{\epsilon\beta_2 S_0}{\alpha\gamma}>1 \tag{5.39}$$

となることを示せ．

○**演習問題** 5.10 前問で考えたウィルスダイナミクスモデルを修正して，細胞の再生産を考慮したモデルとして以下のような連立微分方程式を考える：

$$\frac{dx(t)}{dt} = \lambda - \mu x(t) - (\beta_1 y(t) + \beta_2 z(t))x(t),$$
$$\frac{dy(t)}{dt} = (\beta_1 y(t) + \beta_2 z(t))x(t) - \gamma y(t),$$
$$\frac{dz(t)}{dt} = \delta y(t) - \epsilon z(t).$$

ただし，λ, μ, β_1, β_2, γ, δ, ϵ はすべて正の定数であり，$\gamma \geq \mu$ と仮定する．x は正常細胞の密度，y はウィルスに感染した細胞の密度，z は体液中のウィルスの濃度である．

$\mathbb{R}^3$ の集合 Ω を

$$\Omega = \left\{(x,y,z) \in \mathbb{R}^3 \ :\ x \geq 0,\ y \geq 0,\ x+y \leq \frac{\lambda}{\mu},\ 0 \leq z \leq \frac{\delta\lambda}{\mu\epsilon}\right\}$$

と定義する．$(x(0), y(0), z(0)) \in \Omega$ と仮定する．

(1) 任意の $t > 0$ で $(x(t), y(t), z(t)) \in \Omega$ となることを示せ．

(2) パラメータ R_0 を

$$R_0 = \frac{\lambda}{\mu}\left(\frac{\beta_1}{\gamma} + \frac{\delta\beta_2}{\epsilon\gamma}\right)$$

と定義するとき，$R_0 > 1$ であれば，Ω に含まれる正の平衡点がただ一つ存在することを示せ．

(3) $R_0 < 1$ であれば，Ω の境界上にただ一つの平衡点が存在して，それが局所漸近安定であることを示せ．またこのとき，

$$\lim_{t\to\infty} y(t) = 0, \quad \lim_{t\to\infty} z(t) = 0$$

となることを示せ．

5.4 感染症の風土病化

前節で紹介したケルマック–マッケンドリックモデルは，1970 年代から勃興した数理生物学において，コンパートメント型の感染症数理モデルとして一般化され，著しい発展をみせた．これに関しては膨大な研究蓄積があるが，より詳しい説明については，たとえば [11], [13], [14] およびそこで紹介した文献などをみていただきたい．1 回の流行を記述した前節とは異なり，本節では感染症が風土病化して，人口中に常在する状況を記述する**エンデミックモデル**を中心とした拡張を示そう．じつは，ケルマックとマッケンドリックは 1930 年代の論文でエンデミックモデルを提起しており，前節で紹介したような 1 回流行のモデルだけがケルマック–マッケンドリックモデルというわけではない．

5.4.1　出生と死亡を考慮しないモデル

この節では，ホスト集団の人口学的再生産を考慮しない，短いタイムスケールにおける感染症の流行を表す数理モデルを考える．

1)　時間 t における感受性人口 (susceptibles：感染する可能性のある人口) を $S(t)$，感染人口 (infectious：感染していてかつ感染させる能力のある人口) を $I(t)$ とする．β は感染伝達係数，γ は回復率を表す正定数とし，感染から回復した者は免疫をもたないと仮定すると，**SIS モデル**とよばれる次の常微分方程式システムが得られる：

$$\begin{aligned} \frac{dS(t)}{dt} &= -\beta S(t)I(t) + \gamma I(t), \\ \frac{dI(t)}{dt} &= \beta S(t)I(t) - \gamma I(t). \end{aligned} \tag{5.40}$$

ここで $\beta S(t)I(t)$ は新規感染人口，$\gamma I(t)$ は新規回復人口を表す．このモデルでは，感染因子の感染力が感染性人口サイズ $I(t)$ に比例していて，$\beta I(t)$ で与えられると想定している．

総人口を $N = S + I$ とすると，$N' = S' + I' = 0$ であることから，N は定数である．特に，総人口を考えていることから，$N > 0$ を仮定する．$S = N - I$ であるため，(5.40) の第 2 式から次のような I 単独の方程式が得られる：

$$\frac{dI(t)}{dt} = [\beta N - \gamma - \beta I(t)]I(t). \tag{5.41}$$

これはベルヌーイ型の方程式 (ロジスティック方程式) なので，第 1 章の方法で解くことができる．具体的に，初期値 $I(0) > 0$ のもとで，解は

$$I(t) = \begin{cases} \dfrac{I(0)}{\beta I(0)t + 1}, & \beta N - \gamma = 0, \\ \dfrac{(\beta N - \gamma)I(0)}{\beta I(0)(1 - e^{-(\beta N-\gamma)t}) + (\beta N - \gamma)e^{-(\beta N-\gamma)t}}, & \beta N - \gamma \neq 0 \end{cases} \tag{5.42}$$

となる．これより，$\beta N - \gamma \leq 0$ ならば $\lim_{t\to\infty} I(t) = 0$ であり，$\beta N - \gamma > 0$ ならば

$$\lim_{t\to\infty} I(t) = N - \frac{\gamma}{\beta} > 0$$

であることがわかる．実際，(5.41) には 2 つの平衡点 $I = 0$ と $I = N - \gamma/\beta$ が存在し，$\beta N - \gamma \leq 0$ ならば前者が安定であり，$\beta N - \gamma > 0$ ならば後者が安定である．このとき，平衡点の安定性の交換をともなうトランスクリティカル分岐が $\beta N - \gamma = 0$ で起こっているといえる．各平衡点はそれぞれ感染症の根絶と定

着を意味し，$\beta N - \gamma \leq 0$ が感染症根絶のための必要十分条件となっている．この条件は $\beta N/\gamma \leq 1$ と書き換えることができ，$R_0 := \beta N/\gamma$ は基本再生産数である．まとめると，次の**閾値定理**が成り立つ．

- $R_0 \leq 1$ ならば，感染症の根絶を意味する平衡点 $I = 0$ は安定である．また，初期条件によらずに $t \to \infty$ で感染人口 $I(t)$ は 0 に収束する．
- $R_0 > 1$ ならば，感染症の定着を意味する平衡点 $I = N - \gamma/\beta =: I^* > 0$ は安定である．また，初期条件によらずに，$t \to \infty$ で感染人口 $I(t)$ は I^* に収束する．

○**演習問題** 5.11　初期条件 $I(0) > 0$ のもとで方程式 (5.41) を解き，(5.42) を導出せよ．

○**演習問題** 5.12　方程式 (5.41) の各平衡点の局所安定性を，4.3 節の線形化の手法を用いて調べよ．

2) 次に，感染から回復した者は免疫をもつと仮定し，時間 t における回復人口を $R(t)$ と表す．このとき，前節でも検討した **SIR モデル**とよばれる次の常微分方程式システムが得られる：

$$\begin{aligned} \frac{dS(t)}{dt} &= -\beta S(t)I(t), \\ \frac{dI(t)}{dt} &= \beta S(t)I(t) - \gamma I(t), \\ \frac{dR(t)}{dt} &= \gamma I(t). \end{aligned} \tag{5.43}$$

総人口を $N = S + I + R$ とすると，SIS モデル (5.40) と同様に，$N' = S' + I' + R' = 0$ であることから，N は定数である．$I = N - S - R$ であることから，(5.43) の第 3 式は次のように書き換えられる：

$$\frac{dR(t)}{dt} = \gamma\left[N - S(t) - R(t)\right]. \tag{5.44}$$

一方，(5.43) の第 1 式と第 3 式より

$$\frac{d\log S(t)}{dt} = \frac{1}{S(t)}\frac{dS(t)}{dt} = -\frac{\beta}{\gamma}\frac{dR(t)}{dt}$$

が得られるため，この両辺を積分して整理すると

$$S(t) = S(0)e^{-\frac{\beta}{\gamma}(R(t)-R(0))} \tag{5.45}$$

が得られる．(5.45) を (5.44) に代入すれば，R 単独の方程式

$$\frac{dR(t)}{dt} = \gamma\left[N - S(0)e^{-\frac{\beta}{\gamma}(R(t)-R(0))} - R(t)\right] \tag{5.46}$$

が得られる．$R(0) \approx 0$ を仮定し，近似 $e^x \approx 1 + x + x^2/2$ を利用すると，(5.46) より

$$\frac{dR}{dt} = \gamma\left[N - S(0) + \left(\frac{\beta S(0)}{\gamma} - 1\right)R - \frac{\beta^2 S(0)}{2\gamma^2}R^2\right] \tag{5.47}$$

を得る．これはリッカチの微分方程式なので，第1章の方法で解くことができる．また，流行初期で総人口がほぼ感受性をもつ ($S(0) \approx N$) と仮定すれば，(5.47) は

$$\frac{dR}{dt} = \left[\gamma(R_0 - 1) - \frac{\beta R_0}{2}R\right]R \tag{5.48}$$

と書き換えられる．ここで $R_0 = \beta N/\gamma$ である．(5.48) はベルヌーイ型の方程式なので，例 1.5 の方法で解くことができる．

○**演習問題** 5.13　方程式 (5.48) を解け[4]．

○**演習問題** 5.14　方程式 (5.47) を解け．（ヒント：(5.47) の平衡解を R^* とし，新しい変数 $W = R - R^*$ に関するベルヌーイ型の方程式を導け．）

3) 免疫の減衰率を表す正定数を δ とすると，SIR モデル (5.43) を次の **SIRS モデル**に変えることができる：

$$\begin{aligned} \frac{dS(t)}{dt} &= -\beta S(t)I(t) + \delta R(t), \\ \frac{dI(t)}{dt} &= \beta S(t)I(t) - \gamma I(t), \\ \frac{dR(t)}{dt} &= \gamma I(t) - \delta R(t). \end{aligned} \tag{5.49}$$

総人口 N が正定数であれば，$S = N - I - R$ であることから，(5.49) は次の I と R の2次元系に書き直すことができる：

$$\begin{aligned} \frac{dI(t)}{dt} &= \beta[N - I(t) - R(t)]I(t) - \gamma I(t), \\ \frac{dR(t)}{dt} &= \gamma I(t) - \delta R(t). \end{aligned} \tag{5.50}$$

この系の平衡点は，感染症のない状況を意味する $E_0 := (0, 0)$ と，感染症が定着する状況を意味する $E^* := (I^*, R^*)$ $(I^* > 0)$ の2種類である．後者は**エンデミックな平衡点**とよばれ，

---

4)　$S(0) = N$ としてしまうと $R(0) = 0$ になり，(5.48) の解はゼロになってしまうので，$R(0) > 0$ と仮定する．$S(-\infty) = N$，$R(-\infty) = 0$ として，流行が $t = -\infty$ からはじまったと考えれば，$S(t) = Ne^{-\frac{\beta}{\gamma}R(t)}$ であり，R が小さい範囲での近似式は (5.48) で与えられる．

$$\begin{pmatrix} I^* \\ R^* \end{pmatrix} = \frac{\gamma(R_0 - 1)}{\beta(\gamma + \delta)} \begin{pmatrix} \delta \\ \gamma \end{pmatrix}$$

であることから，$R_0 = \beta N/\gamma > 1$ のとき (かつそのときに限り) ただ一つ存在する．感染症のない平衡点 E_0 におけるヤコビ行列は

$$\begin{pmatrix} \gamma(R_0 - 1) & 0 \\ \gamma & -\delta \end{pmatrix}$$

であり，固有値は $\gamma(R_0 - 1)$ および $-\delta$ である．$R_0 < 1$ ならば，いずれの固有値も負であることから，E_0 は漸近安定である．一方，$R_0 > 1$ ならば $\gamma(R_0 - 1)$ が正であることから，E_0 は不安定である．エンデミックな平衡点 E^* におけるヤコビ行列は

$$\begin{pmatrix} -\beta I^* & -\beta I^* \\ \gamma & -\delta \end{pmatrix}$$

である．この行列のトレースは $-\beta I^* - \delta < 0$ であり，行列式は $\beta I^*(\delta + \gamma) > 0$ である．したがって，固有値はいずれも負の実部をもち，E^* は漸近安定である．まとめると，SIRS モデル (5.49) について次の**閾値定理**が成り立つ．

(P1) $R_0 < 1$ ならば，感染症のない平衡点 E_0 は漸近安定であり，エンデミックな平衡点 E^* は存在しない．

(P2) $R_0 > 1$ ならば，感染症のない平衡点 E_0 は不安定であり，エンデミックな平衡点 E^* がただ一つ存在する．また，E^* は漸近安定である．

○**演習問題** 5.15　一般の 2 次正方行列に対し，そのトレースが負で行列式が正であれば，その固有値はいずれも負の実部をもつことを示せ．

5.4.2 出生と死亡を考慮したモデル

1) SIR モデル (5.43) において出生と死亡の影響を考慮すると，次のモデルが得られる：

$$\begin{aligned} \frac{dS(t)}{dt} &= bN(t) - \beta S(t)I(t) - \mu S(t), \\ \frac{dI(t)}{dt} &= \beta S(t)I(t) - (\mu + \gamma)I(t), \\ \frac{dR(t)}{dt} &= \gamma I(t) - \mu R(t). \end{aligned} \tag{5.51}$$

ここで b は出生率，μ は死亡率を表す正定数であり，総人口は $N = S + I + R$ である．(5.51) の 3 式を辺々加えると

$$\frac{dN(t)}{dt} = (b-\mu)N(t)$$

という人口増加の基本モデル (第 1 章を参照) が得られる．ここでは総人口が定常状態にある状況を考慮し，$b = \mu$ と仮定しよう．すると，総人口 N は定数となり，単位時間当たりの出生数 bN を改めて定数 b とおけば，次の式を得る：

$$\begin{aligned}\frac{dS(t)}{dt} &= b - \beta S(t)I(t) - \mu S(t),\\ \frac{dI(t)}{dt} &= \beta S(t)I(t) - (\mu+\gamma)I(t),\\ \frac{dR(t)}{dt} &= \gamma I(t) - \mu R(t).\end{aligned} \tag{5.52}$$

ここで b は出生率，μ は死亡率を表す正定数である．(5.52) のはじめの 2 式に R は現れないため，安定性を調べるうえでは以下の 2 次元系を考えれば十分である：

$$\begin{aligned}\frac{dS(t)}{dt} &= b - \beta S(t)I(t) - \mu S(t),\\ \frac{dI(t)}{dt} &= \beta S(t)I(t) - (\mu+\gamma)I(t).\end{aligned} \tag{5.53}$$

この系の平衡点としては，感染症のない平衡点 $E_0 := (b/\mu, 0)$ と，エンデミックな平衡点 $E^* := (S^*, I^*)$ $(I^* > 0)$ の 2 種類が考えられる．ここで

$$S^* = \frac{\mu+\gamma}{\beta}, \quad I^* = \frac{b-\mu S^*}{\beta S^*} = \frac{\mu}{\beta}\left[\frac{\beta b}{\mu(\mu+\gamma)} - 1\right]$$

である．したがって，$R_0 := \beta b/[\mu(\mu+\gamma)]$ とすれば，$R_0 > 1$ は $I^* > 0$ であるための必要十分条件である．実際，感染症のない平衡点 E_0 のまわりで (5.53) の第 2 式を線形化すると，

$$\frac{dI(t)}{dt} = \beta\frac{b}{\mu}I(t) - (\mu+\gamma)I(t) = (\mu+\gamma)(R_0-1)I(t)$$

が得られるため，$R_0 > 1$ は感受性者のみの集団に侵入した感染症が流行する $(dI/dt > 0)$ ための必要十分条件であり，R_0 は基本再生産数と解釈できる．前節と同様にヤコビ行列を利用すれば，出生と死亡を考慮した系 (5.53) においても，閾値定理 (P1), (P2) が成り立つことがわかる．すなわち，R_0 は各平衡点の局所的な安定性を左右する指標である．

○**演習問題 5.16**　(5.53) において (P1), (P2) が成り立つことを示せ．

さらに，R_0 が各平衡点の大域的な安定性をも左右することを示す．そのために関数 $g(x) := x - 1 - \log x$, $x > 0$ を定める．$g(x) = 0$ となるのは $x = 1$ の

ときかつそのときに限ることに注意されたい．$S^0 := b/\mu$, $\Omega_1 := \{(S,I) \in \mathbb{R}_+^2 : S + I \leq S^0, S > 0\}$ とし，Ω_1 上の関数 V_1 を次のように定める：

$$V_1(S,I) := S^0 g\left(\frac{S}{S^0}\right) + I, \quad (S,I) \in \Omega_1. \tag{5.54}$$

関数 g の性質より，$V_1(S,I) = 0$ となるのは $(S,I) = (S^0, 0) = E_0$ のときのみであり，$(S,I) \in \Omega_1 \setminus \{E_0\}$ ならば $V_1(S,I) > 0$ である．また，$g'(x) = 1 - 1/x$ に注意すると，V_1 の導関数は

$$\begin{aligned}
\dot{V}_1(S,I) &= \left(1 - \frac{S^0}{S}\right)\frac{dS}{dt} + \frac{dI}{dt} \\
&= \left(1 - \frac{S^0}{S}\right)(b - \beta SI - \mu S) + \beta SI - (\mu + \gamma)I \\
&= \left(1 - \frac{S^0}{S}\right)(b - \mu S) + \beta S^0 I - (\mu + \gamma)I \\
&= -\frac{\mu}{S}(S - S^0)^2 + (\mu + \gamma)(R_0 - 1)I
\end{aligned}$$

となる．したがって，$R_0 < 1$ ならば $\dot{V}_1(S,I) \leq 0$ であり，V_1 はリアプノフ関数である．$\dot{V}_1 = 0$ となる Ω_1 の最大の不変集合は $\{E_0\}$ であるため，ラサールの不変原理より，感染症のない平衡点 E_0 が大域的に漸近安定であることがわかる．一方，$R_0 > 1$ ならば，(P2) よりエンデミックな平衡点 $E^* = (S^*, I^*)$ がただ一つ存在する．このとき，$\Omega_2 := \{(S,I) \subset \Omega_1 : I > 0\}$ 上の関数 V_2 を次のように定める：

$$V_2(S,I) := S^* g\left(\frac{S}{S^*}\right) + I^* g\left(\frac{I}{I^*}\right), \quad (S,I) \in \Omega_2. \tag{5.55}$$

$V_2(S,I) = 0$ となるのは $(S,I) = (S^*, I^*) = E^*$ のときのみであり，$(S,I) \in \Omega_2 \setminus \{E^*\}$ ならば $V_2(S,I) > 0$ である．導関数は

$$\begin{aligned}
\dot{V}_2(S,I) &= \left(1 - \frac{S^*}{S}\right)\frac{dS}{dt} + \left(1 - \frac{I^*}{I}\right)\frac{dI}{dt} \\
&= \left(1 - \frac{S^*}{S}\right)(b - \beta SI - \mu S) + \left(1 - \frac{I^*}{I}\right)[\beta SI - (\mu + \gamma)I]
\end{aligned}$$

と計算できる．平衡点が満たす式より $b = \beta S^* I^* + \mu S^*$ および $\beta S^* = \mu + \gamma$ が成り立つことに注意すれば，

$$\dot{V}_2(S,I) = \left(1 - \frac{S^*}{S}\right)(\beta S^* I^* + \mu S^* - \beta SI - \mu S) + \left(1 - \frac{I^*}{I}\right)(\beta SI - \beta S^* I)$$

$$= -\frac{\mu}{S}(S - S^*)^2 + \beta S^* I^* \left(2 - \frac{S^*}{S} - \frac{S}{S^*}\right)$$

を得る．相加相乗平均より $S^*/S + S/S^* \geq 2$ が成り立つことに注意すると，$\dot{V}_2(S, I) \leq 0$ であり，V_2 はリアプノフ関数であることがわかる．また，$\dot{V}_2 = 0$ であるような Ω_2 の不変集合では $S = S^*$ が成り立つこともわかる．さらに，(5.53) の第 1 式に $S = S^*$ を代入することで，そのような不変集合では $I = I^*$ も成り立つことがわかる．したがって，$\dot{V}_2 = 0$ であるような Ω_2 の最大の不変集合は $\{E^*\}$ であり，ラサールの不変原理から，エンデミックな平衡点 E^* は大域的に漸近安定であることがわかる．

まとめると，出生と死亡を考慮した SIR モデル (5.53) の各平衡解の大域安定性に関して，次の**閾値定理**が成り立つ．

(P3) $R_0 < 1$ ならば，感染症のない平衡点 E_0 は Ω_1 において大域的に漸近安定であり，エンデミックな平衡点 E^* は存在しない．

(P4) $R_0 > 1$ ならば，感染症のない平衡点 E_0 は不安定であり，エンデミックな平衡点 E^* が Ω_2 にただ一つ存在する．また，E^* は Ω_2 において大域的に漸近安定である．

2) 免疫の減衰率 $\delta > 0$ を導入すれば，(5.52) を次の **SIRS モデル**に変えることができる：

$$\begin{aligned}
\frac{dS(t)}{dt} &= b - \beta S(t)I(t) - \mu S(t) + \delta R(t), \\
\frac{dI(t)}{dt} &= \beta S(t)I(t) - (\mu + \gamma)I(t), \\
\frac{dR(t)}{dt} &= \gamma I(t) - (\mu + \delta)R(t).
\end{aligned} \tag{5.56}$$

モデル (5.56) の平衡点は，$E^0 = (b/\mu, 0, 0) = (S^0, 0, 0)$ および $E^* = (S^*, I^*, R^*)$ $(I^* > 0)$ の 2 種類である．特に，SIR モデル (5.52) と同様に $R_0 := \beta b/[\mu(\mu+\gamma)]$ とすれば，上述と同様の閾値定理の成立を示すことができる．ただし，(5.54) や (5.55) のような関数を用いると，導関数のなかに現れる S と R をいずれも含む項をうまく処理することができない．ここで次のような関数を考えよう[5)]：

5) C. Vargas-De-León, Constructions of Lyapunov functions for classics SIS, SIR and SIRS epiemic models with variable population size, Rev. Electrón. Foro Red Mat. 26 (2009) 1–12.

$$V_3(S,I,R) := I + k_1R^2 + k_2(S - S^0 + I + R)^2,$$

$$V_4(S,I,R) := I^* g\left(\frac{I}{I^*}\right) + k_3(R - R^*)^2 + k_4(S - S^* + I - I^* + R - R^*)^2.$$

ここで V_3 は $R_0 < 1$ の場合の E^0 の大域漸近安定性を示すためのリアプノフ関数の候補，V_4 は $R_0 > 1$ の場合の E^* の大域漸近安定性を示すためのリアプノフ関数の候補である．k_1, k_2, k_3, k_4 は正定数で，それらの具体的な形は以下の計算のなかで与える．V_3 の導関数は

$$\begin{aligned}
\dot{V}_3(S,I,R) &= \beta SI - (\mu+\gamma)I + 2k_1R[\gamma I - (\mu+\delta)R] \\
&\qquad + 2k_2(S - S^0 + I + R)[b - \mu(S + I + R)] \\
&= \beta SI - (\mu+\gamma)I + 2k_1\gamma IR - 2k_1(\mu+\delta)R^2 \\
&\qquad - 2k_2\mu(S - S^0 + I + R)^2 \\
&= \beta SI - (\mu+\gamma)I + 2k_1\gamma IR - 2k_1(\mu+\delta)R^2 \\
&\qquad - 2k_2\mu[(S - S^0 + R)^2 + I^2] - 4k_2\mu(S - S^0 + R)I
\end{aligned}$$

となる．したがって，$k_1 = \beta/(2\gamma)$，$k_2 = \beta/(4\mu)$ とすれば，

$$\begin{aligned}
\dot{V}_3(S,I,R) &= \beta S^0 I - (\mu+\gamma)I - 2k_1(\mu+\delta)R^2 - 2k_2\mu[(S - S^0 + R)^2 + I^2] \\
&= (\mu+\gamma)(R_0 - 1)I - 2k_1(\mu+\delta)R^2 - 2k_2\mu[(S - S^0 + R)^2 + I^2]
\end{aligned}$$

となり，$R_0 < 1$ ならば $\dot{V}_3(S,I,R) \le 0$ であり，V_3 はリアプノフ関数である．よって，SIR モデルの場合と同様に，ラサールの不変原理より E^0 の大域漸近安定性を示すことができる．一方，$R_0 > 1$ のとき，V_4 の導関数は

$$\begin{aligned}
\dot{V}_4(S,I,R) &= \left(1 - \frac{I^*}{I}\right)[\beta SI - (\mu+\gamma)I] + 2k_3(R - R^*)[\gamma I - (\mu+\delta)R] \\
&\qquad + 2k_4(S - S^* + I - I^* + R - R^*)[b - \mu(S + I + R)]
\end{aligned}$$

となる．平衡点が満たす方程式より，

$$\mu + \gamma = \beta S^*, \quad b = \mu(S^* + I^* + R^*), \quad \gamma I^* = (\mu+\delta)R^*$$

が成り立つことに注意すると，

$$\begin{aligned}
\dot{V}_4(S,I,R) &= \left(1 - \frac{I^*}{I}\right)(\beta SI - \beta S^* I) \\
&\qquad + 2k_3(R - R^*)[\gamma(I - I^*) - (\mu+\delta)(R - R^*)] \\
&\qquad - 2k_4\mu(S - S^* + I - I^* + R - R^*)^2
\end{aligned}$$

$$
\begin{aligned}
&= \beta\,(I - I^*)\,(S - S^*) + 2k_3\gamma(R - R^*)(I - I^*) - 2k_3(\mu + \delta)(R - R^*)^2 \\
&\quad - 2k_4\mu[(S - S^* + R - R^*)^2 + (I - I^*)^2] \\
&\quad - 4k_4\mu(S - S^* + R - R^*)(I - I^*)
\end{aligned}
$$

となる．したがって $k_3 = \beta/(2\gamma)$, $k_4 = \beta/(4\mu)$ とすれば,

$$
\begin{aligned}
\dot{V}_4(S, I, R) &= -2k_3(\mu + \delta)(R - R^*)^2 - 2k_4\mu[(S - S^* + R - R^*)^2 + (I - I^*)^2] \\
&\leq 0
\end{aligned}
$$

を得て，V_4 はリアプノフ関数であることがわかる．再びラサールの不変原理より E^* の大域漸近安定性がわかる．

まとめると，SIRS モデル (5.56) に対しても閾値定理 (P3)–(P4) が成り立つことがわかる (ただし，集合 Ω_1, Ω_2 は $\mathbb{R}^3$ の部分集合に拡張される).

5.4.3 マルチグループモデル

異質性に応じて集団をいくつかのグループに細分するモデルのことを**マルチグループモデル**とよぶ．グループの数を n とし, グループを表す添え字を i, $1 \leq i \leq n$ とする．たとえば，$n = 2$ とし，$i = 1$ を男性，$i = 2$ を女性とすれば，性別を考慮することができる．出生と死亡を考慮した一般のマルチグループ SIR モデルは次の式で与えられる (ただし回復人口 R の式は省略する)：

$$
\begin{aligned}
\frac{dS_i(t)}{dt} &= b_i - S_i(t)\sum_{j=1}^{n} \beta_{ij} I_j(t) - \mu_i S_i(t), \\
\frac{dI_i(t)}{dt} &= S_i(t)\sum_{j=1}^{n} \beta_{ij} I_j(t) - (\mu_i + \gamma_i) I_i(t), \quad i = 1, 2, \cdots, n.
\end{aligned}
\tag{5.57}
$$

ここで $S_i, I_i, b_i, \mu_i, \gamma_i$ はそれぞれグループ i における感受性人口，感染人口，出生率，死亡率，回復率を表す．また，β_{ij} はグループ i の感受性者とグループ j の感染者の間の感染伝達係数を表す．各 i に対し b_i, μ_i, γ_i は正定数とする．また，行列 (β_{ij}) は非負の既約行列[6]とする．各 i に対し $S_i^0 := b_i/\mu_i$ とし，集合 Ω_1 と Ω_2 を次のように定める：

$$
\begin{aligned}
\Omega_1 &:= \{(S_1, S_2, \cdots, S_n, I_1, I_2, \cdots, I_n) \in \mathbb{R}_+^{2n} : S_i + I_i \leq S_i^0,\ S_i > 0,\ \forall i\}, \\
\Omega_2 &:= \{(S_1, S_2, \cdots, S_n, I_1, I_2, \cdots, I_n) \in \Omega_1 : I_i > 0,\ \forall i\}.
\end{aligned}
$$

---

6) 任意のグループから他の任意のグループへの感染の経路が存在する状況に対応する．3.5 節を参照.

モデル (5.57) の感染症のない平衡点は $E^0 := (S_1^0, S_2^0, \cdots, S_n^0, 0, \cdots, 0) \in \Omega_1$ である．n 次正方行列 K を次のように定める：

$$K := \left(\frac{S_i^0 \beta_{ij}}{\mu_j + \gamma_j}\right)_{1 \le i,j \le n} = \begin{pmatrix} \frac{S_1^0 \beta_{11}}{\mu_1+\gamma_1} & \cdots & \frac{S_1^0 \beta_{1n}}{\mu_n+\gamma_n} \\ \vdots & \ddots & \vdots \\ \frac{S_n^0 \beta_{n1}}{\mu_1+\gamma_1} & \cdots & \frac{S_n^0 \beta_{nn}}{\mu_n+\gamma_n} \end{pmatrix}.$$

パラメータに対する仮定より，行列 K は非負かつ既約である．すると，ペロン–フロベニウスの定理[7]より，K のスペクトル半径は K の正の固有値であり，対応する固有ベクトルはすべての成分が正であるようにとれる．数理疫学の分野では K は**次世代行列**とよばれ，そのスペクトル半径が基本再生産数 R_0 である[8]．R_0 に対応する K の正の左固有ベクトルを $v := (v_1, v_2, \cdots, v_n)$ とする．Ω_1 上の関数 $V_5 = V_5(S_1, S_2, \cdots, S_n, I_1, I_2, \cdots, I_n)$ を

$$V_5 := \sum_{i=1}^{n} v_i \left[S_i^0 g\left(\frac{S_i}{S_i^0}\right) + I_i \right]$$

のように定める．$R_0 < 1$ のとき，V_5 はリアプノフ関数であり，感染症のない平衡点 E^0 が大域漸近安定であることを示そう．V_5 の導関数は

$$\begin{aligned}
\dot{V}_5 &= \sum_{i=1}^{n} v_i \left[\left(1 - \frac{S_i^0}{S_i}\right)\left(b_i - S_i \sum_{j=1}^{n} \beta_{ij} I_j - \mu_i S_i\right) + S_i \sum_{j=1}^{n} \beta_{ij} I_j - (\mu_i + \gamma_i) I_i \right] \\
&= \sum_{i=1}^{n} v_i \left[\left(1 - \frac{S_i^0}{S_i}\right)(\mu_i S_i^0 - \mu_i S_i) + S_i^0 \sum_{j=1}^{n} \beta_{ij} I_j - (\mu_i + \gamma_i) I_i \right] \\
&= -\sum_{i=1}^{n} v_i \frac{\mu_i}{S_i}(S_i - S_i^0)^2 + \sum_{i=1}^{n} v_i \left[S_i^0 \sum_{j=1}^{n} \frac{\beta_{ij}}{\mu_j + \gamma_j}(\mu_j + \gamma_j) I_j - (\mu_i + \gamma_i) I_i \right] \\
&= -\sum_{i=1}^{n} v_i \frac{\mu_i}{S_i}(S_i - S_i^0)^2 + v(K - E_n) \begin{pmatrix} (\mu_1 + \gamma_1) I_1 \\ \vdots \\ (\mu_n + \gamma_n) I_n \end{pmatrix} \\
&= -\sum_{i=1}^{n} v_i \frac{\mu_i}{S_i}(S_i - S_i^0)^2 + v(R_0 - 1) \begin{pmatrix} (\mu_1 + \gamma_1) I_1 \\ \vdots \\ (\mu_n + \gamma_n) I_n \end{pmatrix}
\end{aligned}$$

---

7) 3.5 節参照．また，たとえば，A. Berman, R.J. Plemmons, Nonnegative Matirices in the Mathematical Sciences, Academic Press, New York, 1979 を参照.

8) 3.5 節参照．また，P. van den Driessche, J. Watmough, Reproduction numbers and sub-threshold endemic equilibria for compartmental models of disease transmission, Math. Biosci. 180 (2002) 29–48 を参照.

$$= \sum_{i=1}^{n} v_i \left[-\frac{\mu_i}{S_i}(S_i - S_i^0)^2 + (R_0 - 1)(\mu_i + \gamma_i) I_i \right] \leq 0$$

を満たす (ただし E_n は n 次単位行列). したがって, V_5 はリアプノフ関数であり, ラサールの不変原理より E^0 は Ω_1 において大域漸近安定であることがわかる.

一方, $R_0 > 1$ の場合, 次の等式を満たすエンデミックな平衡点 $E^* := (S_1^*, S_2^*, \cdots, S_n^*, I_1^*, I_2^*, \cdots, I_n^*) \in \Omega_2$ の存在を示すことができる[9]：

$$b_i = S_i^* \sum_{j=1}^{n} \beta_{ij} I_j^* + \mu_i S_i^*, \quad (\mu_i + \gamma_i) I_i^* = S_i^* \sum_{j=1}^{n} \beta_{ij} I_j^*, \quad i = 1, 2, \cdots, n.$$

E^* の大域漸近安定性を示すために, グラフ理論を利用する方法を紹介しよう[10]. Ω_2 上の関数 $V_6 = V_6(S_1, S_2, \cdots, S_n, I_1, I_2, \cdots, I_n)$ を次のように定める：

$$V_6 := \sum_{i=1}^{n} w_i \left[S_i^* g\left(\frac{S_i}{S_i^*}\right) + I_i^* g\left(\frac{I_i}{I_i^*}\right) \right].$$

ここで w_i, $i = 1, 2, \cdots, n$ は正定数であり, その具体的な選び方は後述する. V_6 の導関数は

$$\begin{aligned}
\dot{V}_6 &= \sum_{i=1}^{n} w_i \Bigg\{ \left(1 - \frac{S_i^*}{S_i}\right)\left(b_i - S_i \sum_{j=1}^{n} \beta_{ij} I_j - \mu_i S_i\right) \\
&\qquad + \left(1 - \frac{I_i^*}{I_i}\right)\left[S_i \sum_{j=1}^{n} \beta_{ij} I_j - (\mu_i + \gamma_i) I_i\right] \Bigg\} \\
&= \sum_{i=1}^{n} w_i \left[-\frac{\mu_i}{S_i}(S_i - S_i^*)^2 + \sum_{j=1}^{n} S_i^* \beta_{ij} I_j^* \left(2 - \frac{S_i^*}{S_i} - \frac{S_i I_i^* I_j}{S_i^* I_i I_j^*} + \frac{I_j}{I_j^*} - \frac{I_i}{I_i^*}\right) \right] \\
&= -\sum_{i=1}^{n} w_i \frac{\mu_i}{S_i}(S_i - S_i^*)^2 + \sum_{i=1}^{n} \sum_{j=1}^{n} w_i \alpha_{ij} \left(2 - \frac{S_i^*}{S_i} - \frac{S_i I_i^* I_j}{S_i^* I_i I_j^*} + \frac{I_j}{I_j^*} - \frac{I_i}{I_i^*}\right)
\end{aligned} \tag{5.58}$$

となる. ここで $\alpha_{ij} := S_i^* \beta_{ij} I_j^*$ とした. 行列

---

9) H. Guo, M.Y. Li, Z. Shuai, Global stability of the endemic equilibrium of multigroup SIR epidemic models, Canadian Applied Mathematics Quarterly 14 (2006) 259–284 を参照.

10) 同上参照. グラフ理論における**グラフ**とは, 頂点の集合と辺の集合の組である. **位数**とは, グラフに含まれる頂点の数のことをいう. 各辺が向き付けられているグラフを**有向グラフ**といい, そのときの辺を**弧**という. **木**とは**サイクル** (始点と終点が一致する道) を含まない**連結グラフ**のことをいう. 有向木において, ある頂点から他の任意の頂点に至る道が存在するとき, その頂点のことを**根**という. 辺に数が割り当てられているとき, それをその**辺の重み**という. グラフに含まれるすべての辺の重みの積を, その**グラフの重み**という.

$$A := \begin{pmatrix} \sum_{j\neq 1} \alpha_{1j} & -\alpha_{21} & \cdots & -\alpha_{n1} \\ -\alpha_{12} & \sum_{j\neq 2} \alpha_{2j} & \cdots & -\alpha_{n2} \\ \vdots & & \ddots & \vdots \\ -\alpha_{1n} & \cdots & & \sum_{j\neq n} \alpha_{nj} \end{pmatrix}$$

(**ラプラシアン行列**とよばれる) を定め，$w_i,\ i = 1, 2, \cdots$ は A の (i,i) 余因子とする．このとき，行列木定理[11)]より，

$$w_i = \sum_{T\in\mathbf{T}_i} \omega(T) = \sum_{T\in\mathbf{T}_i} \prod_{(k,\ell)\in E(T)} \alpha_{k\ell} \ > \ 0$$

が成り立つ．ここで，$\mathbf{T}_i$ は頂点 i を根とする位数 n の木 (全域木) の集合，$\omega(T)$ は木 T の重み，$E(T)$ は木 T に含まれる弧 (有向辺) の集合である．たとえば，$n = 3$ のとき，

$$w_1 = (-1)^{1+1} \begin{vmatrix} \alpha_{21} + \alpha_{23} & -\alpha_{32} \\ -\alpha_{23} & \alpha_{31} + \alpha_{32} \end{vmatrix} = \alpha_{21}\alpha_{31} + \alpha_{23}\alpha_{31} + \alpha_{32}\alpha_{21}$$

が成り立つが，これは頂点 1 を根とする位数 3 のすべての木の重みの和である (図 5.4)．

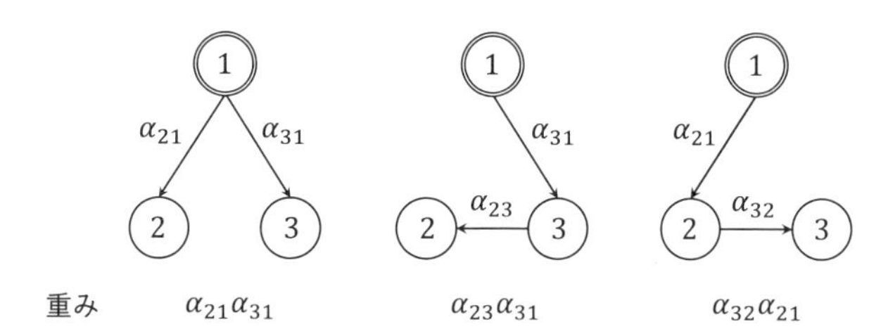

図 5.4 頂点 1 を根とする位数 3 の木とその重み ($\alpha_{k\ell}$ は頂点 ℓ から頂点 k への弧の重み)

$\dot{V}_6$ の式 (5.58) にもどると，右辺の第 1 項が 0 以下であり，0 となるのは，任意の i に対して $S_i = S_i^*$ のときに限ることは明らかである．右辺の第 2 項の $\omega_i\alpha_{ij}$ に注目すると，α_{ij} が頂点 j から頂点 i への弧の重みであることから，$\omega_i\alpha_{ij}$ は「頂点 i を根とする木に対し，頂点 j から頂点 i への弧を付け加えることでサイク

11) 重みなしの無向グラフの場合，$w_i = \sum_{T\in\mathbf{T_i}} 1 =$ (全域木の総数) となる．無向グラフのため，この式の最右辺は根 i の選び方によらないことに注意すると，「ラプラシアン行列 A の任意の余因子は全域木の総数と等しい」というよく知られた**行列木定理**の主張となる．重み付きの有向グラフに対する行列木定理については，P. de Leenheer, An elementary proof of a matrix tree theorem for directed graphs, SIAM Review 62 (2020) 716–726 の定理 3 を参照されたい．

ルを 1 つ含むようになった単サイクルグラフの重みの和」を表す．このことをふまえると，次の等式が成り立つことがわかる：

$$\sum_{i=1}^{n}\sum_{j=1}^{n} w_i\alpha_{ij}\left(2-\frac{S_i^*}{S_i}-\frac{S_iI_i^*I_j}{S_i^*I_iI_j^*}+\frac{I_j}{I_j^*}-\frac{I_i}{I_i^*}\right)$$
$$=\sum_{K\in\mathbf{K}}\omega(K)\sum_{(i,j)\in E(CK)}\left(2-\frac{S_i^*}{S_i}-\frac{S_iI_i^*I_j}{S_i^*I_iI_j^*}+\frac{I_j}{I_j^*}-\frac{I_i}{I_i^*}\right). \tag{5.59}$$

ここで $\mathbf{K}$ は位数 n の単サイクルグラフの集合，$\omega(K)$ は単サイクルグラフ K の重み，CK は単サイクルグラフ K に含まれるサイクル，$E(CK)$ はサイクル CK の弧の集合である．CK がサイクルであることから，すべての $(i,j)\in E(CK)$ について (5.59) の右辺の括弧内の式を足し上げると，相加相乗平均によってそれは 0 以下であることがわかる．よって，$\dot{V}_6\leq 0$ が得られ，V_6 がリアプノフ関数であることがわかる．

例として，$n=2$ の場合を考えよう．このとき，$w_1=\alpha_{21}$，$w_2=\alpha_{12}$ である．(5.59) の式は

$$\alpha_{21}\alpha_{11}\left(2-\frac{S_1^*}{S_1}-\frac{S_1}{S_1^*}\right)+\alpha_{12}\alpha_{22}\left(2-\frac{S_2^*}{S_2}-\frac{S_2}{S_2^*}\right)$$
$$+\alpha_{12}\alpha_{21}\left(4-\frac{S_1^*}{S_1}-\frac{S_2^*}{S_2}-\frac{S_1I_1^*I_2}{S_1^*I_1I_2^*}-\frac{S_2I_2^*I_1}{S_2^*I_2I_1^*}\right) \tag{5.60}$$

であるが，相加相乗平均よりこれは 0 以下である．第 1 項と第 2 項にはそれぞれサイクル (ループ) $1\to 1$ と $2\to 2$ が対応し，第 3 項にはサイクル $1\to 2\to 1$ が対応している．

○**演習問題** 5.17　$n=3$ の場合に，(5.59) の式を (5.60) のように α_{ij}，$i,j=1,2,3$ を用いて具体的に表せ．

5.5　豊かな社会と低出生力の罠

微分方程式による数理モデルは，経済学や社会学においても有効に利用されている．ここでは，経済学における新古典派成長モデルとその拡張例を紹介しよう．これまで議論した感染症の問題とともに，現代の社会が直面する最大の問題は，少子化とそれにともなう人口減少である．以下のモデルは単純なものではあるが，人口と経済の相互作用を通じて，貧困状態の持続の可能性や，豊かな社会における人口減少の可能性を示すものとして示唆的である．

5.5.1 ソローの経済成長モデル

経済学では，労働力 L と資本 K を投入すると，生産物が $F(K,L)$ だけ産出されるとき，F を**生産関数**とよんでいる．いま，正の定数 λ に対して

$$F(\lambda K, \lambda L) = \lambda^n F(K,L) \tag{5.61}$$

となるとき，F を $\boldsymbol{n}$ **次同次**という．時刻 t での，ある製品の生産量を $Y(t)$ とすると，

$$Y = F(K,L) \tag{5.62}$$

となる．ここで生産関数 $F(K,L)$ は一次同次であると仮定しよう．すなわち，$F(\lambda K, \lambda L) = \lambda F(K,L)$ であるから，すべての投入が λ 倍になると，産出量も λ 倍になるという「規模に関する収穫不変」が成り立つ[12)]．

時刻 t の関数として資本量を $K(t)$，労働力を $L(t)$ とすれば，産出 $Y(t)$ は生産関数 F によって，

$$Y(t) = F(K(t), L(t)) \tag{5.63}$$

と与えられる．このとき，資本の蓄積方程式は

$$\frac{dK(t)}{dt} = sY(t) - dK(t) \tag{5.64}$$

と記述される．ここで，d は資本の減耗率で，s は貯蓄率である．すなわち，貯蓄はすべて投資されると仮定する．

労働者一人当たりの資本を $k(t) = K(t)/L(t)$, 労働者一人当たりの産出を $y(t) = Y(t)/L(t)$ として，方程式を書き換えてみよう．生産関数は一次同次と仮定されるので，

$$Y = F(K,L) = LF(k,1) = Lf(k) \tag{5.65}$$

となる．ここで $f(k) := F(k,1)$ である．したがって，$y = f(k)$ を得る．そこで (5.64) から，

$$\frac{1}{k}\frac{dk}{dt} = \frac{1}{K}\frac{dK}{dt} - \frac{1}{L}\frac{dL}{dt} = s\frac{f(k)}{k} - (d + r) \tag{5.66}$$

を得る．ここで，

$$\frac{1}{L}\frac{dL}{dt} = r \tag{5.67}$$

は人口成長率で定数である．すなわち，労働力はマルサス的に成長 (指数関数的成長) していると仮定されている．したがって，一人当たりの資本の成長方程式

12)　生産関数と同次関数に関しては [30] 参照.

$$\frac{dk}{dt} = sf(k) - (d+r)k \tag{5.68}$$

を得る．これを**ソローの経済成長モデル**という．

一次同次生産関数は具体的にコブ–ダグラス型[13)]で与えられると仮定しよう：

$$F(K, L) = K^{\alpha} L^{1-\alpha}. \tag{5.69}$$

ここで $\alpha \in (0,1)$ は定数である．したがって，$f(k) = k^{\alpha}$ であり，

$$\frac{dk}{dt} = sk^{\alpha} - (d+r)k \tag{5.70}$$

を得る．これはベルヌーイ型の方程式であるから，$y := k^{1-\alpha}$ を新変数にとれば，

$$y' = (1-\alpha)(s - (d+r)y) \tag{5.71}$$

という線形方程式を得る．したがって，

$$y(t) = y(0)e^{-(1-\alpha)(d+r)t} + \frac{s}{d+r}\left(1 - e^{-(1-\alpha)(d+r)t}\right) \tag{5.72}$$

を得る．それゆえ，$y^* = \frac{s}{d+r}$ が大域安定な定常解であるから，

$$k^* = (y^*)^{\frac{1}{1-\alpha}} = \left(\frac{s}{d+r}\right)^{\frac{1}{1-\alpha}} \tag{5.73}$$

が (5.70) のただ一つの定常解で，大域安定である．

成長方程式 (5.68) の定常解 $k = k^*$ に対応して，$K(t) = k^* L(t)$, $Y(t) = f(k^*)L(t)$ となるから，産出も資本も人口成長率と同じ成長率 r で成長する均衡成長軌道が存在する．仮定 (5.69) のもとでは (5.68) の定常解はただ一つだから，複数の均衡成長軌道は存在しない．

5.5.2 人口成長の内生化

上記のソローのモデルでは人口成長は外生的に与えられていて，資本蓄積との相互作用がないから，与えられた人口成長と共立する資本蓄積が可能であることを示しているだけで，資本蓄積が人口に与える作用を考えていない．そこで，人口成長そのものを経済変数とリンクさせてみよう．マンフレディとファンティは，人口と経済の相互作用を考慮するために，人口成長率 r を一人当たりの産出 y の関数と考えて，(5.70) を以下のように書き換えた[14)]：

---

13) 経済学においてよく用いられる同次関数となる生産関数である [30].

14) P. Manfredi and L. Fanti (2003), The demographic transition and neo-classical models of balanced growth, In: N. Salvadori (ed), *The Theory of Economic Growth*, Edward Elger, Cheltenham.

$$\frac{dk}{dt} = sk^{\alpha} - (d + r(k))k. \tag{5.74}$$

ここで，r は y の関数と想定されたが $y = f(k)$ であったから，r は k の関数として記述されている．

このとき平衡点は

$$sk^{\alpha-1} = d + r(k) \tag{5.75}$$

の解として与えられるが，$sk^{\alpha-1}$ は $k > 0$ の関数として単調減少で，$+\infty$ から 0 まで変化する．さらに歴史的に観測された人口転換過程におけるように，$r(k)$ が山形の関数であれば，複数の平衡解をもちうる (図 5.5).

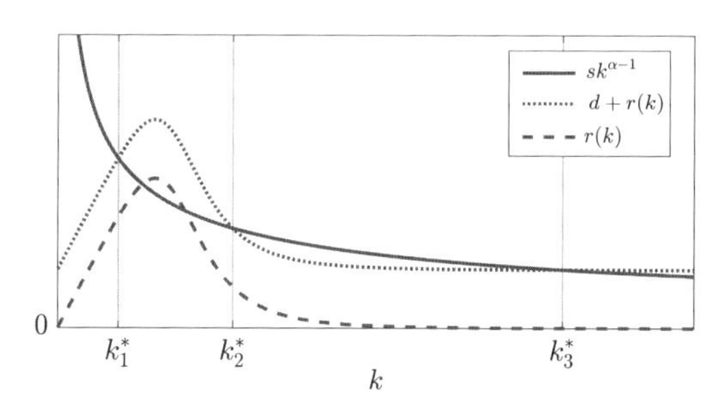

図 5.5　拡張されたソローモデル (5.74) における平衡解

$d + r(\infty) > 0$ であれば，最大で 3 つの平衡解が現れうる．それをそれぞれ $k_1^* < k_2^* < k_3^*$ としよう．$k' = g(k) := sk^{\alpha} - (d + r(k))k$ とおけば，

$$g'(k) = s\alpha k^{\alpha-1} - r'(k)k - (d + r(k)). \tag{5.76}$$

一方，平衡点では $s(k_j^*)^{\alpha-1} = d + r(k_j^*)$, $j = 1, 2, 3$ であるから，

$$g'(k_j^*) = -(1-\alpha)(d + r(k_j^*)) - r'(k_j^*)k^*. \tag{5.77}$$

それゆえ，$r'(k_j^*) > 0$ であるような平衡点は $g'(k_j^*) < 0$ となって，局所安定であるから，最小の平衡点 k_1^* は安定である．これは，高い人口成長率をもち，一人当たりの産出が最小の平衡解であり，貧困の持続という**マルサスの罠**に対応する．

他方，最も低い人口成長率と最も高い一人当たり産出をもつ「豊かな社会」に対応する平衡解 k_3^* は，人口転換後の近代社会に相当すると考えられる．k_3^* では $r'(k_3^*) < 0$ であるが，$d + r(k)$ は $sk^{\alpha-1}$ のグラフを下から上へ横切るから，

$$r'(k_3^*) > s(\alpha - 1)(k_3^*)^{\alpha-2} = -(d + r(k_3^*))(1-\alpha)(k_3^*)^{-1}. \tag{5.78}$$

よって，$g'(k_3^*) < 0$ となる．したがって，「豊かな社会」に対応する平衡点 k_3^* も

局所安定である．しかしこの第三の平衡点が現れるためには，$r(\infty)+d>0$ でなければならないから，このような「豊かな社会」の人口成長率は負であるかもしれないが，資本の減耗率 $-d$ よりは大きくなければならない．もし $d+r(\infty)<0$ であれば，すなわち，高い一人当たりの資本に対して人口成長率が $-d$ よりも小さくなれば，高々 2 つしか平衡解は存在せず，安定なのはマルサスの罠に対応する均衡解だけである．

このモデルでは人口の年齢構造を考慮していないが，年齢構造を取り入れれば，負の人口成長率と高い所得で特徴づけられる「豊かな人口減少社会」(**低出生力の罠**) に対応する均衡成長軌道はより一般的に存在するであろうことが示唆されている [15]．低出生力の罠に相当する均衡成長軌道が安定であるならば，出生力の自律的な反転は期待されない．社会の人口学的崩壊を避けるためには政策的介入が必要であろう．

5.5.3 一次同次力学系

上で考えた資本と人口の相互作用モデルを 2 次元の連立微分方程式としてみてみよう：

$$
\begin{aligned}
\frac{dK(t)}{dt} &= sF(K(t),L(t)) - dK(t), \\
\frac{dL(t)}{dt} &= r(K(t),L(t))L(t).
\end{aligned}
\tag{5.79}
$$

このとき，F は一次同次，r は零次同次と仮定すれば，右辺は (K,L) の一次同次式になっている．このような微分方程式システムを**一次同次力学系**という．

ソローのモデルでは (5.79) はスカラーの方程式に還元されてしまうが，スカラー方程式 (5.68) の平衡点 k^* に対応するもとの方程式 (5.64) の解は，$K(t)=k(t)L(t)=k^*L(0)e^{rt}$ という指数関数的な成長解である．したがって，モデル (5.68) における平衡点の安定性は，モデル (5.64) または (5.79) の指数関数的成長軌道の安定性にほかならない．このことを一般の一次同次の力学系で考えておこう．一次同次力学系は，結婚による人口再生産のモデルや性的感染症の数理モデルなどに広く使われているが，前章でみた力学系とは異なり，平衡点とそこでの線形化安定性の原理 (定理 4.2) がそのままでは適用できない点に注意が必要である [11, 13]．

いま，$f:\mathbb{R}^n\to\mathbb{R}^n$ を一次同次で，原点以外では連続微分可能な局所リプシッツ連続な関数としよう．すなわち，任意の $\alpha\in\mathbb{R}$, $x\in\mathbb{R}^n$ に対して，

$$
f(\alpha x)=\alpha f(x) \tag{5.80}
$$

とする．そこで，一次同次力学系は，一般に，

$$\frac{dx}{dt} = f(x) \tag{5.81}$$

と定式化される．ここで，$f(0) = 0$ であるから，原点は常に定常状態であるが，ある点 x^* で，$f(x^*) = 0$ であれば，その定数倍 λx^*, $\lambda > 0$ ですべて $f(\lambda x^*) = \lambda f(x^*) = 0$ となるから，ゼロ以外に孤立した平衡点はない．したがって，近傍の軌道をすべて引き寄せるような局所安定な非自明平衡点はない．代わりに，以下でみるように安定な指数関数解が存在しうる．応用上の観点からは，$\mathbb{R}^n_+$ が正不変集合になることが望ましいから，

$$x = (x_1, x_2, \cdots, x_n)^{\mathrm{T}} \geq 0,\ x_i = 0 \implies f_i(x) \geq 0 \tag{5.82}$$

と仮定する．したがって，初期データが $\mathbb{R}^n_+$ 内部にあれば，解 $x = x(t)$ はすべての $t > 0$ で $\mathbb{R}^n_+$ にとどまる．

$e = (1, 1, \cdots, 1)^{\mathrm{T}}$ として，正規化ベクトル z を

$$z = \frac{x}{\langle e, x \rangle}, \quad x \in \mathbb{R}^n_+ \setminus \{0\} \tag{5.83}$$

と定義する．ここで，$\langle u, v \rangle := \sum_{i=1}^{n} u_i v_i$ はベクトルの内積を表す．この変換によって，x のシステム (5.81) は，超平面 $S := \{z \geq 0 : \langle e, z \rangle = 1\}$ 上の力学系に変換される：

$$\frac{dz}{dt} = f(z) - \langle e, f(z) \rangle z. \tag{5.84}$$

逆に，z が (5.84) を満たせば，(5.81) の解は

$$x(t) = z(t) \exp\left(\int_0^t \langle e, f(z(s)) \rangle \, ds \right) \langle e, x(0) \rangle \tag{5.85}$$

として回復される．

○**演習問題** 5.18　このことを示せ．

$z^* \in S$ が (5.84) の定常点であれば，z^* は下記の非線形の固有値問題の解になっている：

$$f(z^*) = \lambda^* z^*, \quad \lambda^* = \langle e, f(z^*) \rangle. \tag{5.86}$$

対応する (5.81) の解は，

$$x(t) = z^* e^{\lambda^* t} \langle e, x(0) \rangle \tag{5.87}$$

という指数関数解である．

それゆえ，S 上の力学系の定常点は，もとの一次同次力学系の指数関数解であ

り，その安定性を調べるためには，S 上で通常の線形化安定性の原理 (定理 4.2) をあてにできる．実際，同次関数に関する**オイラーの定理**[15]から $f'(z)z = f(z)$ であるから，$z^* e^{\lambda^* t}$, $z^* \in S$ が一次同次システム (5.81) の指数関数解であるとき，(5.86) から

$$f'(z^*)z^* = f(z^*) = \lambda^* z^*$$

となり，λ^* はヤコビ行列 $f'(z^*)$ の固有ベクトル z^* に対応する固有値である．$f'(z^*)$ の λ^* 以外の任意の固有値 λ に対して，$\Re(\lambda - \lambda^*) < 0$ であれば，z^* は S 上で局所安定であることが示される．それは対応する指数関数解の軌道安定性を意味している[16]．

例 5.2 (両性人口モデル) ケンドールは，持続的な夫婦形成を考慮した非線形両性人口成長モデルを 1949 年に初めて提起した．ケンドールのモデルは，1988 年に至ってハデラーらによってその一般的性質が明らかにされた．ケンドール・ハデラーのモデルは一次同次力学系の典型例である．いま，両性の年齢構造は無視して，$x(t)$, $y(t)$, $p(t)$ をそれぞれ時刻 t における独身女性，独身男性およびペアの数であるとする．μ_x, μ_y はそれぞれ女性および男性の死亡率，σ はペアの解消率 (離婚率)，κ_x, κ_y はそれぞれ単位ペア当たり・単位時間当たりの女児および男児の出生率であるとする．x, y の単身男女人口から単位時間当たり形成されるペア数を $\psi(x, y)$ とする．ψ は**結婚関数**とよばれ，一次同次と仮定された．結婚関数が一次同次であれば，

$$\psi(x, y) = x\psi\left(1, \frac{y}{x}\right) = y\psi\left(\frac{x}{y}, 1\right)$$

となって，各人の結婚率は，異性の絶対数ではなく，相対的な数 (性比) のみによって決まる．

このときケンドール・ハデラーのモデルは以下のような一次同次連立微分方程式系として定式化される：

$$\begin{aligned}
\dot{x} &= (\kappa_x + \mu_y + \sigma)p - \mu_x x - \psi(x, y), \\
\dot{y} &= (\kappa_y + \mu_x + \sigma)p - \mu_y y - \psi(x, y), \\
\dot{p} &= -(\mu_x + \mu_y + \sigma)p + \psi(x, y).
\end{aligned} \tag{5.88}$$

---

15) 同次関数に対するオイラーの定理は，$f(x)$ が k 次同次であれば，$kf(x) = \sum_{j=i}^{n} x_j \frac{\partial f}{\partial x_j}$ が成り立つということである [30]．証明は $\lambda^k f(x) = f(\lambda x)$ を λ で微分して得られる式において $\lambda = 1$ とすればよい．

16) K. P. Hadeler, R. Waldstätter and A. Wörz-Busekros (1988), Models for pair formation in bisexual populations. *J. Math. Biol.* 26: 635–649.

この方程式は，男性独身者のみあるいは女性独身者のみが存在する自明な (指数関数的に滅亡する) 軌道が常に存在するが，一定の条件のもとで，独身男女と夫婦が共存する成長軌道が存在して安定になる[17]．■

5.6　少子化はなぜ超高齢社会を導くのか？

微分方程式による数理モデルの応用例として，人口モデルを多数紹介してきた．人口モデルは社会と生命の諸問題を考えていく際の基礎となるツールであるが，これまでは，人口の最も重要な要素である年齢構造を考慮してこなかった．ある時点の人口はさまざまな年齢の諸個人の集合であり，出生や死亡などの人口動態は年齢に依存する．年齢変数を導入すれば，モデルは必然的に時間と年齢の 2 つの独立変数を含むことになり，基礎方程式は偏微分方程式になる．したがってその扱いは本書の範囲を超えている．しかしながら，偏微分方程式は一般に解くことも解析することも難しく，その性質を明らかにするためには，何らかの方法で偏微分方程式の問題を常微分方程式の問題に還元するということが有力な研究手段である．

そこで，最後に，現代日本の最大の問題である少子高齢化のメカニズムを常微分方程式の知識で理解することを目標にして，以下では，年齢構造をもつ人口モデルにおけるそのような還元の典型例を紹介する．

5.6.1　安定人口モデル

以下では，人口移動のない封鎖された大規模な人口を考えよう．時刻 t における人口の年齢別分布を示す密度関数を $p(t,a)$ としよう．ここで $a \in \mathbb{R}_+$ は年齢変数であり，年齢 a_1 歳から a_2 歳の人口数は，

$$\int_{a_1}^{a_2} p(t,a)\,da$$

で与えられる．年齢別死亡率 $\mu(a)$ が与えられているとき，p は**マッケンドリック方程式**を満たす：

$$\left(\frac{\partial}{\partial t} + \frac{\partial}{\partial a}\right) p(t,a) = -\mu(a)p(t,a). \tag{5.89}$$

マッケンドリック方程式は，単位時間当たり・単位人口当たりの年齢 a の死亡率 $\mu(a)$ が，

17)　注 16 の論文および [11], [13], [15] 参照.

$$-\lim_{\Delta\to 0}\frac{p(t+\Delta,a+\Delta)-p(t,a)}{p(t,a)\Delta}$$

で与えられることを意味しているが，これは**瞬間的死亡率** (**死力**) の定義といってもよい．

また，単位時間当たりの出生数 $B(t)$ が，年齢別出生率 $\beta(a)$ によって以下のように内生的に決定されていると考えよう：

$$p(t,0)=B(t)=\int_0^\infty \beta(a)p(t,a)\,da. \tag{5.90}$$

モデル (5.89)–(5.90) に初期条件 $p(0,a)=p_0(a)$ を与えたものを**安定人口モデル**という[18)]．安定人口モデルは単性モデルであり，p を女性人口密度とすれば，β は女性が女児を生むときの出生率である．

(5.89) の解を求めるために，s を経過時間とすれば，時刻と年齢の座標が (t,a) である個体は s 時間後に $(t+s,a+s)$ に到達している．(t,a) を固定して $\widehat{p}(s):=p(t+s,a+s)$ と定義すれば，

$$\frac{d\widehat{p}}{ds}=\frac{\partial p(s+t,s+a)}{\partial t}+\frac{\partial p(s+t,s+a)}{\partial a}=-\mu(s+a)\widehat{p}(s) \tag{5.91}$$

となり，これを独立変数 s の常微分方程式として解けば，

$$p(s+t,s+a)=p(t,a)\exp\left(-\int_0^s \mu(a+\zeta)\,d\zeta\right) \tag{5.92}$$

を得る．(5.92) は，(t,a) にいた個体群の s 時間後の密度である．$a>t$ のとき，$s\to t$, $(t,a)\to(0,a-t)$ と置き換えれば，

$$p(t,a)=p_0(a-t)\exp\left(-\int_0^t \mu(a-t+\zeta)\,d\zeta\right) \tag{5.93}$$

となる．また $t>a$ のとき，$s\to a$, $(t,a)\to(t-a,0)$ と置き換えれば，

$$p(t,a)=B(t-a)\exp\left(-\int_0^a \mu(\zeta)\,d\zeta\right) \tag{5.94}$$

を得る[19)]．そこで，この表現を (5.90) に代入すれば，$t>0$ のとき，

---

18) 安定人口モデルの詳しい導き方は [10], [11] を参照．

19) このとき (t,a) 平面上の直線 $(t+s,a+s)$ は**特性線**とよばれる．年齢変数は，個体の特性を表す変数としては特殊であり，時間と原点が違うだけであるから，特性線は直線になっている．しかし一般に，年齢ではなく，時間とともに変化する個体の特性を示す量で個体を識別して，その密度分布の時間発展を考える場合は特性線は曲線になる．年齢 a と状態変数を両方用いれば，特性線は特定の状態に生まれた同時出生集団の加齢にともなう発展経路を表現することになる．このような個体のライフコースに沿った状態変化を集団レベルの発展方程式に統合する手法が**構造化個体群ダイナミクス**である [28]．

$$B(t) = \int_0^t \beta(a)\ell(a)B(t-a)\,da + \int_t^\infty \beta(a)\frac{\ell(a)}{\ell(a-t)}p(0,a-t)\,da \quad (5.95)$$

という未知関数 B に関する積分方程式を得る．ここで，$\ell(a) := \exp(-\int_0^a \mu(\sigma)\,d\sigma)$ である．上式の右辺第 2 項は初期条件から計算されるから，(5.95) は，例 2.13 で紹介したロトカの積分方程式 (再生積分方程式) にほかならない．この方程式から，B が定まれば，$p(t,a)$ が求められたことになる．例 2.13 で示唆したように，この方程式はラプラス変換によって解を表示することができる[20)]．

5.6.2 変数分離法と安定人口

次に視点を変えて，安定人口モデル (5.89)–(5.90) にマルサス人口型の解 (指数関数型の成長解) があるかどうかを考えよう．**変数分離形の解** $p(t,a) = w(t)u(a)$ を仮定して，マッケンドリック方程式 (5.89) に代入すれば，

$$w'(t)u(a) + w(t)u'(a) = -\mu(a)w(t)u(a).$$

ここで両辺を $w(t)u(a)$ で割れば，

$$\frac{w'(t)}{w(t)} = \frac{1}{u(a)}\left(-\frac{d}{da} - \mu(a)\right)u(a).$$

この左辺は t だけの関数であり，右辺は a だけの関数だから，両辺は定数でなければならない．それを r (分離定数) とすれば，

$$w'(t) = rw(t), \quad -\frac{du(a)}{da} - \mu(a)u(a) = ru(a)$$

を得る．これを解けば，

$$w(t) = e^{rt}w(0), \quad u(a) = e^{-ra}\ell(a)u(0). \quad (5.96)$$

上記の表現を境界条件 (5.90) に代入すれば，

$$u(0) = \int_0^\infty \beta(a)u(a)\,da = u(0)\int_0^\infty e^{-ra}\beta(a)\ell(a)\,da.$$

それゆえ， r が例 2.13 で現れたオイラー–ロトカの特性方程式

$$\int_0^\infty e^{-ra}\beta(a)\ell(a)\,da = 1 \quad (5.97)$$

の根であるときだけ，変数分離形の解が存在して，それは必然的に指数関数型の解である．特性方程式 (5.97) を満たす複素数 r を**特性根**とよぶ．その集合を Λ としよう：

20) 詳しい解析は [10], [11], [13] を参照.

$$\Lambda := \left\{ r \in \mathbb{C} : \int_0^\infty e^{-ra} \beta(a)\ell(a)\, da = 1 \right\}. \tag{5.98}$$

命題 5.1 Λ はただ一つの実根を含む．それを r_0 とした場合，そのほかの複素根の実部は r_0 よりも小さい．さらに $R_0 = \int_0^\infty \beta(a)\ell(a)\, da$ とおくとき，$R_0 - 1$ の符号と r_0 の符号は一致する．

証明 (5.97) の左辺を $r \in \mathbb{R}$ の関数とみて $F(r)$ とおけば，r が $-\infty$ から $+\infty$ へ動くとき，$F(r)$ は $+\infty$ から 0 へ減少するから，ちょうど一つだけ (5.97) を満たす実根が存在することはすぐにわかる．また，この実根が正であるか負であるかは，$F(0) = R_0$ が 1 よりも大きいか小さいかに対応している．オイラー–ロトカの特性方程式はそれ以外に複素根をもちうるが，複素根を $x + iy$, $y \neq 0$ とおけば，(5.97) の実部を比較することで，$\int_0^\infty e^{-xa} \cos(ya)\beta(a)\ell(a)\, da = 1$ となる．それゆえ，

$$F(x) \geq \int_0^\infty e^{-xa} \cos(ya)\beta(a)\ell(a)\, da = 1 = F(r_0)$$

であるから，F の単調減少性から $x \leq r_0$ を得る．ここで等号は $\cos(ya) \equiv 0$ のときしか成り立たないので，$y \neq 0$ であるかぎり $x < r_0$ である． □

オイラー–ロトカの特性方程式の実根 r_0 を**内的自然成長率**あるいは単に**内的成長率**とよぶ．上のことから，安定人口モデルは，比例定数を除いてただ一つの指数関数的な成長解 $e^{r_0(t-a)}\ell(a)$ を特殊解としてもつことがわかる．これを**安定人口**とよぶ．また，安定人口解の年齢プロファイル (正規化された年齢分布)

$$c(a) = \frac{e^{-r_0 a}\ell(a)}{\int_0^\infty e^{-r_0 x}\ell(x)\, dx} \tag{5.99}$$

を**安定年齢分布**という．ここでは証明しないが，現実的な条件のもとで以下が成り立つことが知られている [10, 11, 13]：

$$\lim_{t\to\infty} e^{-r_0 t} p(t,a) = q_0 e^{-r_0 a}\ell(a). \tag{5.100}$$

ここで，

$$q_0 := \frac{\langle v_0, p(0,\cdot)\rangle}{\langle v_0, u_0\rangle}$$

である．ただし $\langle v, u\rangle := \int_0^\infty v(a)u(a)\, da$ であり，u_0, v_0 は以下で与えられる：

$$u_0(a) = e^{-r_0 a}\ell(a), \quad v_0(a) = \int_a^\infty e^{-r_0(s-a)} \frac{\ell(s)}{\ell(a)} \beta(s)\, ds. \tag{5.101}$$

(5.100) は，安定人口モデルの強エルゴード性を示している．この結果は，形式的

には有限次元のマルサスモデルに関する定理 3.13 とまったく同様であることに気がつくであろう.

このとき人口サイズは漸近的に成長率 r_0 で指数関数的に成長し，年齢構造は，初期の年齢分布に無関係な安定年齢分布に収束する：

$$\lim_{t\to\infty}\frac{p(t,a)}{\int_0^\infty p(t,x)\,dx}=c(a). \tag{5.102}$$

以上のことから，ある時点で観測された出生率と死亡率を固定して将来人口を推計すれば，将来人口の年齢構造は安定年齢分布となり，その成長率は内的成長率であることになり，その結果は初期人口に依存しない．そこで，安定年齢分布をみれば，与えられた出生率と死亡率のセットがどういう人口構造をもたらすかがわかる.

安定年齢分布は $e^{-r_0 a}\ell(a)$ に比例していて，生残率 $\ell(a)$ は単調減少であるから，内的成長率 r_0 が正か負かで，安定年齢分布の形は定性的にまったく異なる. $r_0>0$ であれば，$e^{-r_0 a}\ell(a)$ は単調減少であるから，男女の安定年齢分布を左右に配置すれば典型的なピラミッド状の構造となる．このとき，高齢人口割合は $\int_{65}^\infty c(a)\,da \le \int_{65}^\infty \ell(a)\,da \Big/ \int_0^\infty \ell(a)\,da$ であるから，定常人口[21]の年齢構造である生残率 $\ell(a)$ における 65 歳以上人口割合を超えることはない[22]．一方，$r_0<0$ であれば，$e^{-r_0 a}\ell(a)$ は単調減少関数と単調増大関数の積になり，1 つの極大値をもつ．年率 1 パーセント程度の人口減少率では，極大値は後期高齢層に存在して，高齢人口割合は 3 割から 4 割に達する (図 5.6).

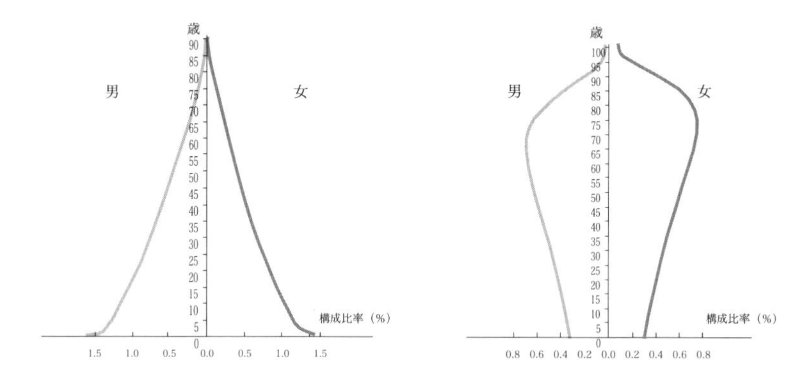

図 5.6　典型的な人口ピラミッド (年齢分布)．左は $r_0>0$，右は $r_0<0$ の場合.

21)　$r_0=0$ となる安定人口.
22)　文献 [12] 第 III 部参照.

死亡率が再生産年齢より高齢層で改善しても，オイラー–ロトカの方程式は影響されないから，内的成長率は変わらない．生残率は高齢層で増大するが，内的成長率が変わらないので年齢構造は定性的には変わらない．すなわち，高齢化の主因は，内的成長率が正から負になって年齢構造が定性的に変化すること (単調減少から単峰型に変化すること) である．内的成長率の低下に対しては，出生率の低下ないしは再生産年齢までの死亡率の増大が要因となるが，先進諸国では青年期までの死亡率は十分に小さく，出生率低下が人口高齢化の最大の要因であることがわかる．人口の高齢化という現象を漠然と死亡率の低下による個体の長寿化と混同している場合が多いが，長寿化は高齢化の促進要因であっても主因ではないのである．

5.6.3 線形連鎖トリック

安定人口モデルは年齢構造を考慮したマルサスモデルであるが，第 1 章でみたロジスティックモデルのように，密度依存性があって，出生率や死亡率が全人口サイズ $P(t)=\int_0^\infty p(t,a)\,da$ に依存するのであれば，安定人口モデル (5.89)–(5.90) は以下のような非線形人口モデルになる：

$$
\begin{aligned}
&\left(\frac{\partial}{\partial t}+\frac{\partial}{\partial a}\right)p(t,a)=-\mu(a,P(t))p(t,a).\\
&p(t,0)=\int_0^\infty \beta(a,P(t))p(t,a)\,da.
\end{aligned}
\tag{5.103}
$$

このモデルはガーティンとマッカミイによって 1974 年に提起，解析され，年齢構造をもつ人口モデル研究のブームを引き起こした[23]．**ガーティン–マッカミイモデル**は周期解を許容することがわかっている．このモデルを常微分方程式に還元してみよう．

いま，以下のようなガンマ関数型の分布を考えよう：

$$
G_j(a):=\frac{a^{j-1}\alpha^j}{(j-1)!}e^{-\alpha a},\quad j=1,2,\cdots,k. \tag{5.104}
$$

このとき，$\int_0^\infty G_j(a)\,da=1$ であり，G_j を確率密度分布とみなしたとき，平均は j/α，分散は j/α^2 である．さらに以下が成り立つ：

23) M.E. Gurtin and R.C. MacCamy (1974), Non-linear age-dependent population dynamics, *Arch. Rat. Mech. Anal.* 54, 281–300.

$$\frac{dG_1}{da} = -\alpha G_1,$$
$$\frac{dG_j}{da} = \alpha(G_{j-1} - G_j), \quad j = 2, 3, \cdots, k. \tag{5.105}$$

そこで，非線形人口モデル (5.103) において，年齢別出生率と年齢別死亡率は以下で与えられると仮定しよう：

$$\beta(a, P) = b(P)G_k(a), \quad \mu(a, P) = d(P). \tag{5.106}$$

この仮定は出生率の年齢分布が時間不変で，平均 k/α，分散 k/α^2 のガンマ分布で与えられ，時刻 t における女子の総再生産率と死力が全人口サイズのみに依存するということにほかならない．このとき，$Q_j(t) = \int_0^\infty G_j(a)p(t, a)\,da$ とすれば，$j = 2, 3, \cdots, k$ に対して，

$$\begin{aligned}
\frac{dQ_j(t)}{dt} &= \int_0^\infty G_j(a)\frac{\partial p(t, a)}{\partial t}\,da \\
&= -\int_0^\infty G_j(a)\frac{\partial p(t, a)}{\partial a}\,da - d(P(t))\int_0^\infty G_j(a)p(t, a)\,da \\
&= \int_0^\infty G_j'(a)p(t, a)\,da - d(P(t))Q_j(t) \\
&= \alpha(Q_{j-1}(t) - Q_j(t)) - d(P(t))Q_j(t)
\end{aligned}$$

となる．また，同様な計算で，

$$\frac{dP(t)}{dt} = p(t, 0) - d(P(t))P(t),$$
$$\frac{dQ_1(t)}{dt} = \alpha p(t, 0) - \alpha Q_1(t) - d(P(t))Q_1(t)$$

を得るが，ここで，$p(t, 0) = b(P(t))Q_k(t)$ であるから，以下の $(k + 1)$ 次元常微分方程式のシステムを得る：

$$\begin{aligned}
P'(t) &= b(P(t))Q_k(t) - d(P(t))P(t), \\
Q_1'(t) &= \alpha b(P(t))Q_k(t) - (\alpha + d(P(t)))Q_1(t), \\
Q_j'(t) &= \alpha Q_{j-1}(t) - (\alpha + d(P(t)))Q_j(t), \quad j = 2, 3, \cdots, k.
\end{aligned} \tag{5.107}$$

逆に，$(P(t), Q_k(t))$ が (5.107) から得られれば，$B(t) = p(t, 0) = b(P(t))Q_k(t)$ とおけば，$p(t, a)$ は 5.6.1 項でみた特性線の方法によって，以下のように得られることがわかる：

$$p(t,a) = \begin{cases} p_0(a-t)e^{-\int_0^t d(P(\sigma))d\sigma}, & a > t, \\ B(t-a)e^{-\int_0^a d(P(t-a+\sigma))d\sigma}, & a < t. \end{cases} \tag{5.108}$$

実際，$\widehat{p}(s) := p(t+s, a+s)$ とおけば，

$$\frac{d\widehat{p}(s)}{ds} = -\mu(P(t+s))\widehat{p}(s) \tag{5.109}$$

となるから，$\widehat{p}(s) = \widehat{p}(0)\exp(-\int_0^s \mu(P(t+\sigma))\,d\sigma)$ となり，$p(t+s, a+s) = p(t,a)\exp(-\int_0^s \mu(P(t+\sigma))\,d\sigma)$ を得る．これから (5.108) が得られる．したがって，上記の仮定 (5.106) のもとでは偏微分方程式モデル (5.103) は完全に常微分方程式モデル (5.107) と同値である．

上記のような時間遅れ[24)]をもつ無限次元系の有限次元系への還元は，一般に**線形連鎖トリック**とよばれる手法の一種である[25)]．

---

24)　年齢変数を考慮するということは，パラメータが過去の出来事からの経過時間 (時間遅れ) の影響を受けているということを表している．

25)　文献 [28] および O. Diekmann, M. Gyllenberg and J. A. J. Metz, Finite dimensional state representation of linear and nonlinear delay systems, *J. Dyn. Diff. Equat.* (2018) 30: 1439–1467 を参照.

参考文献

[1] L.J.S. アレン [著], 竹内康博・佐藤一憲・守田 智・宮崎倫子 [訳], 生物数学入門, 共立出版, 東京, 2011.

[2] N. バカエル [著], 稲葉 寿・國谷紀良・中田行彦・竹内康博 [訳], 人口と感染症の数理はいかに創られてきたか, 東京大学出版会, 東京, 2022.

[3] M. ブラウン [著], 一樂重雄・河原正治・河原雅子・一樂祥子 [訳], 微分方程式——その数学と応用 (上) (下), シュプリンガー・フェアラーク東京, 東京, 2001.

[4] D. バージェス・M. ボリー [著], 垣田高夫・大町比佐栄 [訳], 微分方程式でモデルを作ろう, 日本評論社, 東京, 1995.

[5] O. Diekmann, H. Heesterbeek and T. Britton, Mathematical Tools for Understanding Infectious Disease Dynamics, Princeton University Press, Princeton and Oxford, 2013.

[6] L. Farina and S. Rinaldi, Positive Linear Systems: Theory and Applications, Wiley Interscience, New York, 2000.

[7] 古屋 茂, 新数学シリーズ 5, 行列と行列式, 培風館, 東京, 1959.

[8] M. W. ハーシュ・S. スメール・R.L. デバネイ [著], 桐木 紳・三波篤郎・谷川清隆・辻井正人 [訳], 力学系入門 [原著 第 3 版], 共立出版, 東京, 2017.

[9] 一松 信, 解析学序説 (上) (下), 裳華房, 東京, 1971.

[10] ミンモ・イアネリ／稲葉 寿／國谷紀良, 人口と感染症の数理—年齢構造ダイナミクス入門—, 東京大学出版会, 東京, 2014.

[11] 稲葉 寿, 数理人口学, 東京大学出版会, 東京, 2002.

[12] 稲葉 寿, 現代人口学の射程, ミネルヴァ書房, 京都, 2007.

[13] Hisashi Inaba, Age-Structured Population Dynamics in Demography and Epidemiology, Springer, Singapore, 2017.

[14] 稲葉 寿 [編著], 感染症の数理モデル [増補版], 培風館, 東京, 2020.

[15] 稲葉 寿, 数理人口学入門, 森北出版, 東京, 2022.

[16] 稲葉三男, 共立全書 196, 常微分方程式, 共立出版, 東京, 1990.

[17] 伊藤雄二, 新数学講座, 微分積分学, 朝倉書店, 東京, 1984.

[18] 岩見真吾・佐藤 佳・竹内康博, シリーズ・現象を解明する数学, ウイルス感染と常微分方程式, 共立出版, 東京, 2017.

[19] 神永正博, Python と実例で学ぶ微分方程式—はりの方程式から感染症の数理モデルまで—, コロナ社, 東京, 2021.

[20] 金子 晃, ライブラリ 数理・情報系の数学講義 4, 微分方程式講義, サイエンス社, 東京, 2014.

[21] 加藤敏夫, 行列の摂動, シュプリンガー・フェアラーク東京, 東京, 1999.

[22] 黒田成俊, 共立数学講座 15, 関数解析, 共立出版, 東京, 1980.

[23] 木村俊房, 共立数学講座 13, 常微分方程式, 共立出版, 東京, 1974.

[24] 今 隆介・竹内康博, 常微分方程式とロトカ・ヴォルテラ方程式, 共立出版, 東京, 2018.

[25] M.A. Krasnosel'skij, Je. A. Lifshits and A.V. Sobolev, Positive Linear Systems, —The Methods of Positive Operators—, Helderman Verlag, Berlin.

[26] 桑村雅隆, シリーズ・現象を解明する数学, パターン形成と分岐理論：自発的パターン発生の力学系入門, 共立出版, 東京, 2015.

[27] D.G. ルーエンバーガー [著], 山田武夫・生田目章 [訳], 動的システム入門, ホルト・サウンダース, 東京, 1985.

[28] J.A.J. Metz and O. Dickmann (eds), The Dynamics of Physiologically Structured Populations, Lecture Notes in Biomathematics 68, Springer-Verlag, Berlin.

[29] K. マイベルク・P. ファヘンアウア [著], 及川正行 [訳], 工科系の数学 5, 常微分方程式, サイエンス社, 東京, 1997.

[30] 三土修平, 初歩からの経済数学　第 2 版, 日本評論社, 東京, 1991.

[31] 二階堂福包, 新数学シリーズ 22, 経済のための線型数学, 培風館, 東京, 1961.

[32] 佐藤總夫, 自然の数理と社会の数理 I, II, 日本評論社, 東京, 1984.

[33] 佐野 理, キーポイント 微分方程式, 岩波書店, 東京, 1993.

[34] 竹之内脩, 常微分方程式, ちくま学芸文庫, 筑摩書房, 東京, 2020.

[35] 寺本 英, 数理生態学, 朝倉書店, 東京, 1997.

[36] P.N.V. チュー [著], 永田 良・堂谷昌孝・笹倉和幸・大阿久博 [訳], 経済分析とダイナミカルシステム, 文化書房博文社, 東京, 1997.

[37] 宇野利男・洪 姙植, 共立全書 203, ラプラス変換, 共立出版, 1981.

[38] 山口昌哉, 基礎数学シリーズ 11, 非線形現象の数学, 朝倉書店, 1972. (2004 年復刊)

[39] 山口昌哉, 食うものと食われるものの数学, 筑摩書房, 1985. (2010 年に「数学がわかるということ」と改題されて, ちくま学芸文庫として再刊)

[40] 山本 稔, 常微分方程式の安定性, 実教出版, 東京, 1979.

[41] 柳田英二・栄伸一郎, 講座 数学の考え方 7, 常微分方程式論, 朝倉書店, 東京, 2002.

[42] 吉田博之, 景気循環の理論, 名古屋大学出版会, 2003.

[43] 吉沢太郎, 基礎数学シリーズ 13, 微分方程式入門, 朝倉書店, 東京, 1976.

演習問題の略解

第1章

演習問題 1.1　$w' = 0$ となるから，w は定数でなければならない．よって，C を任意定数として $ye^{-at} = C$ となるから，$y = Ce^{at}$ しか解はない．

演習問題 1.2　半減期の公式は，成長率の絶対値を a と考えれば，倍増時間の公式 (1.20) と同じである．$|a| = (\log 2)/T \sim 0.69/24000 \sim 2.89 \times 10^{-5}$

演習問題 1.3　(1) $y = Ce^{t^2/2}$　　(2) $y = Ce^{-\cos t}$

演習問題 1.4　$y(t) = y(t_0)\exp(-\frac{a}{b}(e^{-bt} - e^{-bt_0}))$

演習問題 1.5　(1) $y = Ce^{at} - \frac{a\sin t + \cos t}{1+a^2}$　　(2) $y = -(at + a + b) + (a + b + 1)e^t$

(3) $y = \frac{t^3}{2} + (y_0 - \frac{1}{2})t$

演習問題 1.6　$S(n)$ は以下の差分方程式を満たす：$S(n+1) - \frac{p}{r} = (1+r)(S(n) - \frac{p}{r})$. したがって，$S(n) = \frac{p}{r} + (1+r)^n(S(0) - \frac{p}{r})$. $S(T) = 0$ とすれば，$\frac{p}{S(0)} = \frac{r}{1-(1+r)^{-T}}$ となる．離散時間では，返済を期首に払うか期末に払うかで，結果に差がでるだろう．ここでは期末払いのモデルになっている．いずれにせよ，r が小さければ連続モデルでも離散モデルでも大きな違いはない．

演習問題 1.7　貯蓄額を $K(t)$ とすれば，$\frac{dK(t)}{dt} = \alpha K(t) + q, K(0) = 0$. したがって，$K(t) = \int_0^t e^{\alpha(t-z)}q\,dz = \frac{q}{\alpha}(e^{\alpha t} - 1)$ となる．$K(U) = S(0)$ から，$q = p\frac{1-e^{-\alpha T}}{e^{\alpha U}-1}$ を得る．

演習問題 1.8　(1) 解の表現 (1.56) を使えば，仮定から $t > T$ で $f = 0$ だから，$t \geq 0$ で常に以下が成り立つ：$|P(t)| \leq e^{rt}|P(0)| + \int_0^T e^{r(t-s)}|f(s)|\,ds$. したがって，$|P(t)| \leq Ce^{rt}$, $C := |P(0)| + \int_0^T e^{-rs}|f(s)|\,ds$ が成り立つ．

(2) 仮定から，任意の $\epsilon > 0$ に対して，大きな $T > 0$ が存在して，$t > T$ では $\int_T^\infty |f(s)|\,ds < \epsilon$. そこで，$|P(t)| \leq |P(0)|e^{rt} + \int_0^T e^{r(t-s)}|f(s)|\,ds + \int_T^\infty e^{r(t-s)}|f(s)|\,ds \leq \left(|P(0)| + \int_0^T e^{-rs}|f(s)|\,ds\right)e^{rt} + \epsilon$. したがって，$\limsup_{t\to\infty} |P(t)| \leq \epsilon$. ここで，$\epsilon$ は任意だったから，$\lim_{t\to\infty} |P(t)| = 0$ となる．

演習問題 1.9　定数変化法の公式から $x(t) = x(0)e^{\int_0^t \alpha(s)ds} + \int_0^t e^{\int_s^t \alpha(\zeta)d\zeta}\beta(s)\,ds$. よって $e^{-\alpha^* t}x(t) = x(0)e^{\int_0^t(\alpha(s)-\alpha^*)ds} + \int_0^t e^{\int_s^t(\alpha(\zeta)-\alpha^*)d\zeta}e^{-\alpha^* s}\beta(s)\,ds$. ここで，仮定から $\lim_{t\to\infty} \int_0^t(\alpha(s)-\alpha^*)\,ds$ が存在する．また，$\int_0^t e^{\int_s^t(\alpha(\zeta)-\alpha^*)d\zeta}e^{-\alpha^* s}\beta(s)\,ds = e^{\int_0^t(\alpha(\zeta)-\alpha^*)d\zeta} \times \int_0^t e^{-\int_0^s(\alpha(\zeta)-\alpha^*)d\zeta}e^{-\alpha^* s}\beta(s)\,ds$ であり，$e^{-\int_0^s(\alpha(\zeta)-\alpha^*)d\zeta} \leq e^{\int_0^\infty |\alpha(\zeta)-\alpha^*|d\zeta}$ である

から，$\alpha^* > 0$ であれば，$e^{-\int_0^s (\alpha(\zeta)-\alpha^*)d\zeta} e^{-\alpha^* s}\beta(s)$ は $[0,\infty)$ で絶対可積分である．それゆえ，$\lim_{t\to\infty} e^{-\alpha^* t}x(t) = x(0)e^{\int_0^\infty (\alpha(s)-\alpha^*)ds} + \int_0^\infty e^{\int_s^\infty (\alpha(\zeta)-\alpha^*)d\zeta} e^{-\alpha^* s}\beta(s)\,ds$ である．

演習問題 1.10 不等式 (1.67) の右辺を $y(t)$ とおけば，$y'(t) = bu(t) + c \le by(t) + c$，$y(0) = a$ という微分不等式を得る．(1.66) から，$u(t) \le y(t) \le ae^{bt} + \int_0^t e^{b(t-s)}c\,ds$ を得る．右辺の積分を実行すれば (1.68) を得る．

演習問題 1.11 $z = w^{1/3}$ とおけば，z に関する 1 階線形方程式が導かれる：$\frac{dz}{dt} = -\frac{\beta}{3}z + \frac{\alpha}{3}$．これに初期条件 $z(0) = w(0)^{1/3}$ を与えて，定数変化法の公式を使えば，すぐに z が求められる．あるいは $e^{\frac{\beta}{3}t}$ が積分因子になるので，両辺にかけてまとめれば，$\frac{d}{dt}(e^{\frac{\beta}{3}t}z(t)) = \frac{\alpha}{3}e^{\frac{\beta}{3}t}$ であるから，0 から t まで積分すれば，$e^{\frac{\beta}{3}t}z(t) - z(0) = \frac{\alpha}{3}\int_0^t e^{\frac{\beta}{3}\sigma}d\sigma$．この積分を実行して整理すれば，$z(t) = (z(0) - \frac{\alpha}{\beta})e^{-\frac{\beta}{3}t} + \frac{\alpha}{\beta}$ となる．したがって，$w(t) = \left(\frac{\alpha}{\beta}\right)^3 \left[1 + \left(\frac{\beta}{\alpha}w(0)^{\frac{1}{3}} - 1\right)e^{-\frac{\beta}{3}t}\right]^3$ であり，$\lim_{t\to\infty} w(t) = \left(\frac{\alpha}{\beta}\right)^3$ となる．この法則のもとではサカナは無限に大きくはなれない！

演習問題 1.12 1 つの特殊解 z が知られていると，$\frac{dz}{dt} = pz + qz^2 + r$ であるから，y の方程式から引き算すれば，$w = y - z$ として $\frac{dw}{dt} = pw + q(y^2 - z^2)$．そこで $y^2 - z^2 = (y+z)w = (w+2z)w$ となるから，$\frac{dw}{dt} = (p + 2qz)w + qw^2$．これはベルヌーイ型の微分方程式である．

演習問題 1.13 $y = g(x)$ が方程式 $y' = f(\frac{y}{x})$ を満たすから，$g'(x) = f(\frac{g(x)}{x})$ となる．いま $z = \frac{g(\alpha x)}{\alpha}$ とおけば，合成関数の微分と上の等式から，$z' = g'(\alpha x) = f(\frac{g(\alpha x)}{\alpha x}) = f(\frac{z}{x})$．よって，$z$ は方程式 $y' = f(\frac{y}{x})$ を満たす．

演習問題 1.14 (1) $\log(e^y + 4) = e^{-x}(1 + x) + C$ （C は任意定数）

(2) $y = -x + \tan x$ $(|x| < \pi/2)$

(3) 右辺は y/x の関数なので，同次系の定石どおりに $z = y/x$ として z の方程式にしてもよいが，この場合はじつは単なる線形方程式 $y' = \frac{2}{x}y - 1$，$y(1) = y_0$ なので，定数変化法の公式を使えばよい：$y(x) = y_0 \exp\left(\int_1^x \frac{2}{\zeta}\,d\zeta\right) + \int_1^x \exp\left(\int_s^x \frac{2}{\zeta}\,d\zeta\right)(-1)\,ds$．これを計算すると，$\exp\left(\int_1^x \frac{2}{\zeta}\,d\zeta\right) = \exp(2\log x) = x^2$，$\int_1^x \exp\left(\int_s^x \frac{2}{\zeta}\,d\zeta\right)(-1)\,ds = \int_1^x \left(\frac{x}{s}\right)^2(-1)\,ds = x - x^2$．したがって，$y(x) = (y_0 - 1)x^2 + x$ を得る．

演習問題 1.15 $P(t) = K/2$ となる点が変曲点になる．

演習問題 1.16 定石どおり，$z = P^{-1}$ とおけば，$\frac{dz}{dt} = -rz(t) + \frac{r}{K}$，$z(0) = P(0)^{-1}$．これを定数変化法で解けば，$z(t) = z(0)e^{-rt} + \frac{1}{K}(1 - e^{-rt}) = (\frac{1}{P(0)} - \frac{1}{K})e^{-rt} + \frac{1}{K}$．したがって，$P(t) = z(t)^{-1} = \frac{1}{(\frac{1}{P(0)} - \frac{1}{K})e^{-rt} + \frac{1}{K}} = \frac{K}{1 + (\frac{K}{P(0)} - 1)e^{-rt}}$ となる．

演習問題 1.17 $x^\alpha(1/x + xy) = P(x,y)$, $x^{\alpha+2} = Q(x,y)$ とすれば，$\partial P/\partial y = x^{\alpha+1}$，$\partial Q/\partial x = (\alpha+2)x^{\alpha+1}$ より，$\alpha = -1$ とすれば完全微分の条件が成り立つ．x^{-1} をかければ $(x^{-2} + y)\,dx + x\,dy = 0$ となる．$\phi(x,y) = C$ を求める解とすれば $\phi(x,y) = \int(x^{-2} + y)\,dx = -\frac{1}{x} + xy + C(y)$ となり，$\partial\phi/\partial y = C'(y) + x = x$ より $C(y)$ は定数とわかる．それゆえ C を任意定数として，$\phi(x,y) = -\frac{1}{x} + xy = C$ となる．

演習問題 1.18 $\phi_n(x) = y_0 + \int_{x_0}^x a\phi_{n-1}(s)\,ds$ であるから，$\phi_0 = y_0$，$\phi_1 = y_0 +$

$\alpha(x-x_0)y_0$, $\phi_2 = y_0 + a(x-x_0)y_0 + \frac{\{a(x-x_0)\}^2}{2}y_0$, $\cdots$ などから，$\phi_n(x) = y_0 \sum_{k=0}^{n} \frac{a^n(x-x_0)^n}{n!}$ となることが予想される．これを代入して確認すれば，$\phi(x) = y_0 \sum_{k=0}^{\infty} \frac{a^n(x-x_0)^n}{n!} = y_0 e^{a(x-x_0)}$ を得る．

第2章

演習問題 2.1 $y=\phi_1$, ϕ_2 が (2.5) の解であることから，$\phi_i''+a\phi_i'+b\phi_i=0$, $i=1,2$. よって，$\begin{pmatrix}\phi_1' & \phi_1\\ \phi_2' & \phi_2\end{pmatrix}\begin{pmatrix}a\\ b\end{pmatrix} = -\begin{pmatrix}\phi_1''\\ \phi_2''\end{pmatrix}$. $\{\phi_1,\phi_2\}$ が一次独立であることから，$\det W(\phi_1,\phi_2)(x) \neq 0$, $x\in I$ である．よって，$\begin{pmatrix}a\\ b\end{pmatrix} = \frac{1}{\det W(\phi_1,\phi_2)(x)}\begin{pmatrix}\phi_2 & -\phi_1\\ -\phi_2' & \phi_1'\end{pmatrix}\begin{pmatrix}\phi_1''\\ \phi_2''\end{pmatrix}$.

演習問題 2.2 (1) ロンスキー行列は $W(x) = \begin{pmatrix}x\cos x & x\sin x\\ \cos x - x\sin x & \sin x + x\cos x\end{pmatrix}$ より，$\det W(x) = x^2 > 0$ $(x\neq 0)$ であることから，$\{x\cos x, x\sin x\}$ は一次独立である．

(2) 先の演習問題 2.1 より，

$$\begin{pmatrix}a\\ b\end{pmatrix} = \frac{1}{x^2}\begin{pmatrix}x\sin x & -x\cos x\\ -\sin x - x\cos x & \cos x - x\sin x\end{pmatrix}\begin{pmatrix}-2\sin x - x\cos x\\ 2\cos x - x\sin x\end{pmatrix} = \begin{pmatrix}-\frac{2}{x}\\ 1+\frac{2}{x^2}\end{pmatrix}.$$

演習問題 2.3 $n=1$ のときは，$(D-\lambda)e^{\lambda x}\phi(x) = \lambda e^{\lambda x}\phi(x) + e^{\lambda x}\phi'(x) - \lambda e^{\lambda x}\phi(x) = e^{\lambda x}\phi'(x)$ で成立している．n で成立していれば，$(D-\lambda)^{n+1}e^{\lambda x}\phi(x) = (D-\lambda)e^{\lambda x}D^n\phi(x) = e^{\lambda x}D^{n+1}\phi(x)$ となるから，$n+1$ でも成立している．

演習問題 2.4 特性方程式は $\lambda^2 - 2a\lambda + a^2 + \pi^2 = 0$ なので，特性根は $\lambda = a \pm i\pi$. したがって，解の基底は $\{e^{ax}\cos\pi x,\ e^{ax}\sin\pi x\}$ となる．一般解は，c_j を定数として $y(x) = c_1e^{ax}\cos\pi x + c_2e^{ax}\sin\pi x$ である．$y(1/4)=0$ および $y'(0)=0$ より $c_1+c_2=0$, $ac_1+\pi c_2 = 0$ を得る．c_1, c_2 が 0 でない値をとるためには，$\begin{vmatrix}1 & 1\\ a & \pi\end{vmatrix} = \pi - a = 0$ であればよい．よって $a=\pi$.

演習問題 2.5 (i) 異なる 2 実根の場合，$c_1+c_2=x_0$, $c_1\lambda_1+c_2\lambda_2=x_1$ を解いて，$c_1 = \frac{\lambda_2x_0-x_1}{\lambda_2-\lambda_1}$, $c_2 = \frac{-\lambda_1x_0+x_1}{\lambda_2-\lambda_1}$. (ii) 重根の場合，$c_1=x_0$, $c_1\lambda+c_2=x_1$ より，$c_1=x_0$, $c_2=x_1-\lambda x_0$. (iii) 複素根の場合，(2.25) の表現から $c_1=x_0$ はすぐにわかる．また，$x'(0) = -\frac{\gamma}{2m}c_1 + \frac{\omega}{2m}c_2 = x_1$ であるから，$c_2 = \frac{\gamma}{\omega}x_0 + \frac{2m}{\omega}x_1$ となる．

演習問題 2.6 (1) $e^{1.1x} - xe^{1.1x}$ (2) $(\sqrt{2}+1)e^{\sqrt{2}x} - e^{(2-\sqrt{2})x}$

演習問題 2.7 (1) $\frac{\sinh 4x}{\tanh 4}$ (2) $4e^x\cos\frac{x}{2} + 2e^x\sin\frac{x}{2}$

演習問題 2.8 (2.26) において，独立変数を $x=e^t$ によって変換すると，$\frac{dy}{dx} = \frac{dy}{dt}\frac{dt}{dx} = \frac{1}{x}\frac{dy}{dt}$, $\frac{d^2y}{dx^2} = -\frac{1}{x^2}\frac{dy}{dt} + \frac{1}{x^2}\frac{d^2y}{dt^2}$ となるから，y を t の関数とみれば，$x^2y''+axy'+by=0$ は $\frac{d^2y}{dt^2} + (a-1)\frac{dy}{dt} + by = 0$ という定数係数の線形微分方程式になる．

演習問題 2.9 演習問題 2.8 の結果をこの問題に適用すると，$y''-3y'+2y=0$ となるから，t の関数としては $\{e^t, e^{2t}\}$ が解の基底になる．x にもどせば，$\{x, x^2\}$ が解の基底になることがわかる．

演習問題 2.10 摩擦力がある場合は，例 2.5 において $a \neq 0$ となるケースである．このときは特性根は純虚数ではないので，$A\cos\omega t$ という形の特殊解がある．同次方程式の解は例 2.3 でみたように有界であるから，周期的な外力を与えても解は有界にとどまる．ただし，外力の振幅が増幅されるという意味での共鳴は起こる場合がある ([29] 参照).

演習問題 2.11 (2.47) は明らか．そこで，(2.44) を微分すると，

$y' = R(x,x)c(x) + \int_{x_0}^{x} \frac{\partial R}{\partial x}(x,\sigma)c(\sigma)\,d\sigma = \int_{x_0}^{x} \frac{\partial R}{\partial x}(x,\sigma)c(\sigma)\,d\sigma,$

$y'' = \frac{\partial R}{\partial x}(x,x)c(x) + \int_{x_0}^{x} \frac{\partial^2 R}{\partial x^2}(x,\sigma)c(\sigma)\,d\sigma = c(x) + \int_{x_0}^{x} \frac{\partial^2 R}{\partial x^2}(x,\sigma)c(\sigma)\,d\sigma.$

よって，$y'' + ay' + by = c + \int_{x_0}^{x} \left[\frac{\partial^2 R}{\partial x^2}(x,\sigma) + a\frac{\partial R}{\partial x}(x,\sigma) + bR(x,\sigma)\right] c(\sigma)\,d\sigma = c.$
ここでは R が同次方程式の解であることを使った．したがって，(2.44) で表される y は非同次問題の解であり，ゼロ初期条件を満たす．

演習問題 2.12 λ_1, λ_2 を特性根とすれば，$u_1 = e^{\lambda_1 x}, u_2 = e^{\lambda_2 x}$ として，$\lambda_1 \neq \lambda_2$ であれば $R(x,\sigma) = \frac{e^{\lambda_2(x-\sigma)} - e^{\lambda_1(x-\sigma)}}{\lambda_2 - \lambda_1}$，$\lambda_1 = \lambda_2$ であれば $R(x,\sigma) = (x-\sigma)e^{\lambda(x-\sigma)}$.

演習問題 2.13 演習問題 2.12 の結果を使えば，定数変化法の公式では，$y(x) = \int_0^x (e^{2(x-\sigma)} - e^{x-\sigma})(\sigma^2 - \sigma)\,d\sigma$. これを計算すれば，$y(x) = \frac{1}{2}x^2 + x + 1 - e^x$ を得る．ここで e^x は対応する同次方程式の解である．一方，未定係数法では，$y = Ax^2 + Bx + C$ を代入すれば，$2A = 1$，$2B - 6A = -1$，$2A - 3B + 2C = 0$ となるから，$A = \frac{1}{2}$，$B = 1$，$C = 1$ となって，特殊解 $(1/2)x^2 + x + 1$ を得る．いずれにせよ一般解は $y(x) = \frac{1}{2}x^2 + x + 1 + c_1 e^{2x} + c_2 e^x$. そこで，$y(0) = y'(0) = 0$ とおけば，$1 + c_1 + c_2 = 0$，$1 + 2c_1 + c_2 = 0$ となるから，$c_1 = 0$，$c_2 = -1$ である．

演習問題 2.14 解を $\psi = u_1\phi$ とおいて,非同次方程式に代入する．$\psi' = u_1'\phi + u\phi'$, $\psi'' = u_1''\phi + 2u_1'\phi' + u_1\phi''$ であるから，$\psi'' + a\psi' + b\psi = [u_1'' + au_1' + bu_1]\phi + [2u_1' + au_1]\phi' + u_1\phi'' = c$ から, u_1 が同次方程式の解であることより，$[2u_1' + au_1]\phi' + u_1\phi'' = c$ を得る．

演習問題 2.15 関数のテイラー展開を直接計算することが難しい場合, その関数が満たす微分方程式を求め, それをべき級数の方法で解くことで, テイラー展開を得ることができる．(この例は [9] による．) 方程式 (2.58) は関数 $y = \frac{1}{2}(\arcsin x)^2$ が満たす式である．実際, $y = (\arcsin x)^2/2$ を微分すると, $y' = \frac{\arcsin x}{\sqrt{1-x^2}}$. よって, $\sqrt{1-x^2}y' = \arcsin x$. もう一度微分して, $\frac{1}{2}(1-x^2)^{-\frac{1}{2}}(-2x)y' + \sqrt{1-x^2}y'' = \frac{1}{\sqrt{1-x^2}}$. 分母をはらえば (2.58) が得られる．むろん, $z := y'$ として 1 階方程式として (2.58) を解けば, 上記の解が得られる．べき級数の方法で (2.58) の解を求めてみよう．$y(x) = \sum_{n=0}^{\infty} c_n x^n$ とおく．初期条件 $y(0) = y'(0) = 0$ から, $c_0 = c_1 = 0$ となる．そこで, 微分すると, $y'(x) = \sum_{n=1}^{\infty} c_n n x^{n-1} = \sum_{n=0}^{\infty} c_{n+1}(n+1)x^n$, $y''(x) = \sum_{n=1}^{\infty} c_{n+1}(n+1)nx^{n-1} = \sum_{n=0}^{\infty} c_{n+2}(n+2)(n+1)x^n$. これを方程式に代入して，整理すると $2c_2 + 6c_3 x + \sum_{n=2}^{\infty}\left[c_{n+2}(n+2)(n+1) - c_n n^2\right]x^n = 1$. よって，$c_2 = \frac{1}{2}$，$c_3 = 0$，$c_{n+2} = \frac{n^2}{(n+2)(n+1)}c_n$，$n \geq 2$. これより，$c_{2k+1} = 0$，$c_{2k} = \frac{2^{k-2}(k-1)!}{k(2k-1)!!}$，$k \geq 1$ となる．ここで，偶数べきの係数については，$n = 2(k-1)$ とおくと，$c_{2k} = \frac{[2(k-1)]^2}{2k(2k-1)}c_{2k-2} = \cdots = \frac{[2^{k-1}(k-1)!]^2}{(2k)!}$. ここで，$(2k)! = 2^k k!(2k-1)!!$ に注意すれ

ば，$c_{2k}=\frac{2^{k-2}(k-1)!}{k(2k-1)!!}=\frac{(2k-2)!!}{2k(2k-1)!!}$ となる．すなわち，$y(x)=\sum_{k=1}^{\infty}\frac{(2k-2)!!}{2k(2k-1)!!}x^{2k}$ を得る．

演習問題 2.16 ϕ_1 と ϕ_2 の一次結合を考える：

$$C_1(x-x_0)^{\lambda_1}\sum_{n=0}^{\infty}c_n(x-x_0)^n+C_2(x-x_0)^{\lambda_2}\sum_{n=0}^{\infty}k_n(x-x_0)^n=0.$$

ここで，係数の決め方から $c_0=k_0=1$ としてよい．また，$\lambda_1<\lambda_2$ と仮定して一般性を失わないから，$(x-x_0)^{\lambda_1}\left[C_1\sum_{n=0}^{\infty}c_n(x-x_0)^n+C_2(x-x_0)^{\lambda_2-\lambda_1}\sum_{n=0}^{\infty}k_n(x-x_0)^n\right]=0$ が恒等的に成り立つためには $C_1\sum_{n=0}^{\infty}c_n(x-x_0)^n+C_2(x-x_0)^{\lambda_2-\lambda_1}\sum_{n=0}^{\infty}k_n(x-x_0)^n=0$ でなければならない．ここで，$x\to x_0$ とすれば $C_1c_0=0$ となるから $C_1=0$ となるが，そのときは，残りの項を $(x-x_0)^{\lambda_2}$ で割って $x\to x_0$ とすれば，やはり $C_2k_0=0$ になるが，仮定から $C_2=0$ になる．よって一次独立である．

演習問題 2.17 省略．

演習問題 2.18 $\widehat{f}(s)=\frac{1}{2a^3}\left(\frac{a}{s^2+a^2}-\frac{a(s^2-a^2)}{(s^2+a^2)^2}\right)=\frac{1}{(s^2+a^2)^2}$

演習問題 2.19 $\int_0^\infty e^{-st}H_a(t)\,dt=\int_a^\infty e^{-st}dt=\frac{e^{-as}}{s}$，
$\int_0^\infty e^{-st}f(t-a)H_a(t)\,dt=\int_a^\infty e^{-st}f(t-a)\,dt=\int_0^\infty e^{-s(a+x)}f(x)\,dx=e^{-sa}\widehat{f}(s)$

演習問題 2.20 $\int_0^\infty e^{-st}\frac{f(t)}{t}\,dt=\int_0^\infty\int_s^\infty e^{-xt}dx\,f(t)\,dt=\int_s^\infty\int_0^\infty e^{-xt}f(t)\,dtdx=\int_s^\infty\widehat{f}(x)\,dx$，$\int_0^\infty e^{-st}e^{at}f(t)\,dt=\int_0^\infty e^{-(s-a)t}f(t)\,dt=\widehat{f}(s-a)$．
(2.85) は演習問題 2.17 ですでにやっている．

演習問題 2.21 $\mathcal{L}(y'')=s^2\mathcal{L}(y)-(\alpha s+\beta)$ であるから，両辺のラプラス変換をとれば，$s^2\mathcal{L}(y)-(\alpha s+\beta)+4\mathcal{L}(y)=\frac{\omega}{s^2+\omega^2}$．よって，$\mathcal{L}(y)=\frac{1}{s^2+4}\left(\alpha s+\beta+\frac{\omega}{s^2+\omega^2}\right)=\frac{\omega}{(s^2+\omega^2)(s^2+4)}+\frac{\alpha s}{s^2+a^2}+\frac{\beta}{s^2+a^2}$．原像を求めれば，

$$y(t)=\alpha\cos 2t+\frac{\beta}{2}\sin 2t+\begin{cases}\frac{1}{2(\omega^2-4)}(\omega\sin 2t-2\sin\omega t), & \omega^2\neq 0,\\ \frac{1}{8}(\sin 2t-2t\cos 2t), & \omega^2=4.\end{cases}$$

特に共鳴 $(\omega=2)$ の場合のラプラス変換は，演習問題 2.18 の結果から原像がわかる．

演習問題 2.22 両辺のラプラス変換をとれば，合成積のラプラス変換の公式から，$\widehat{y}(s)=\frac{1}{s}+\frac{1}{s^2+1}\widehat{y}(s)$．したがって，$\widehat{y}(s)=\frac{1}{s}+\frac{1}{s^3}$ であり，逆変換すれば，$y(t)=1+\frac{1}{2}t^2$．

演習問題 2.23 両辺のラプラス変換をとると，$s\mathcal{L}(y)-1+\mathcal{L}(y)\frac{s}{s^2-1}=0$．よって，$\mathcal{L}(y)=\widehat{y}(s)=\frac{1}{s}-\frac{1}{s^3}$ であり，$y(t)=1-\frac{1}{2}t^2$．

演習問題 2.24 $y(t)=|\sin t|$ は周期 π の関数であるから，(2.99) を用いると，$\mathcal{L}(y)=\frac{1}{1-e^{-\pi s}}\int_0^\pi e^{-st}\sin t\,dt=\frac{1+e^{-\pi s}}{1-e^{-\pi s}}\frac{1}{s^2+1}$．ここで，$\coth\frac{\pi s}{2}=\frac{1+e^{-\pi s}}{1-e^{-\pi s}}=\frac{e^{\pi s/2}+e^{-\pi s/2}}{e^{\pi s/2}-e^{-\pi s/2}}$．

演習問題 2.25 仮定からゼロではない定数ベクトル $\boldsymbol{c}=(c_1,c_2,\cdots,c_m)^{\mathrm{T}}$ が存在して，$\sum_{k=1}^{m}c_k\phi_k=0$．これを微分すれば，$\sum_{k=1}^{m}c_k\phi_k^{(j)}=0$，$j=1,2,\cdots,m-1$ となる．これから，c は $W(\phi_1,\phi_2,\cdots,\phi_m)(x)\boldsymbol{c}=0$ という連立方程式を各点 $x\in I$ で満たす．$\boldsymbol{c}$ はゼロではないから，ロンスキー行列 $W(\phi_1,\phi_2,\cdots,\phi_m)(x)$ は正則ではない．よってロンス

キー行列式 $\det W(\phi_1, \phi_2, \cdots, \phi_m)(x)$ は I で常にゼロである．ここでは，ϕ_k が微分方程式の解である必要はないことに注意しよう．

第3章

演習問題 3.1 $n=2$ で考える．$A(t) = \big(a_{ij}(t)\big)_{1\le i,j\le 2}$, $\Phi(t) = \big(u_{ij}\big)$ などとおいて，$\det\Phi(t)$ を展開して微分すれば，$\frac{d}{dt}\det\Phi(t) = (a_{11}+a_{22})\det\Phi(t)$ となることを示せばよい．一般の n でも同様である．

演習問題 3.2 $\Phi(t)\Phi(s)^{-1} = \begin{pmatrix} \frac{4}{3}e^{(t-s)} - \frac{1}{3}e^{-2(t-s)} & -\frac{1}{3}e^{(t-s)} + \frac{1}{3}e^{-2(t-s)} \\ \frac{4}{3}e^{(t-s)} - \frac{4}{3}e^{-2(t-s)} & -\frac{1}{3}e^{t} + \frac{4}{3}e^{-2(t-s)} \end{pmatrix}$

演習問題 3.3 例 3.2 の方程式では $(A-6I_d)^2 + I_d = 0$ になっているので，$[(A-6I_d)^2+I_d]\boldsymbol{a} = \boldsymbol{0}$ を満たすベクトルとしては，2 次元空間の標準基底ベクトル $\boldsymbol{u}_1 = \begin{pmatrix}1\\0\end{pmatrix}$, $\boldsymbol{u}_2 = \begin{pmatrix}0\\1\end{pmatrix}$ がとれる．このとき，$\boldsymbol{v}_j = (A-6I_d)\boldsymbol{u}_j$ として，$\boldsymbol{v}_j$, $j=1,2$ を定めれば，$\boldsymbol{v}_1 = \begin{pmatrix}1\\2\end{pmatrix}$, $\boldsymbol{v}_2 = \begin{pmatrix}-1\\-1\end{pmatrix}$ を得る．したがって解として，$e^{6t}\left[\cos t\begin{pmatrix}1\\0\end{pmatrix} + \sin t\begin{pmatrix}1\\2\end{pmatrix}\right]$, $e^{6t}\left[\cos t\begin{pmatrix}0\\1\end{pmatrix} + \sin t\begin{pmatrix}-1\\-1\end{pmatrix}\right]$ が得られる．この解は，例 3.2 で得られた解の一次結合として表現されることはすぐにわかる．このように基本系はいろいろあるので，注意しなくてはならない．

演習問題 3.4 もし一次独立でなければ，定数 $(c_1, c_2) \neq (0,0)$ が存在して，$c_1\boldsymbol{a} + c_2\boldsymbol{b} = \boldsymbol{0}$ となる．これに $A-\lambda$ を作用させれば $c_2(A-\lambda)\boldsymbol{b} = c_2\boldsymbol{a} = \boldsymbol{0}$ となり，$c_2 = 0$ になる．それゆえ，$c_1\boldsymbol{a} = \boldsymbol{0}$ となり $c_1 = 0$ となるが，これは仮定に反する．

演習問題 3.5 特性方程式は $(\lambda-1)^2(\lambda+2) = 0$ となる．$\lambda = -2$ では，$(1,-1,-1)^{\mathrm{T}}$ が一つの固有ベクトルになる．$\lambda = 1$ のときは，一次独立な固有ベクトルが 2 つみつかる．たとえば，$(1,1,0)^{\mathrm{T}}$, $(1,0,1)^{\mathrm{T}}$ とすればよい．よって解の基底は，

$$\left\{ e^{-2t}\begin{pmatrix}1\\-1\\-1\end{pmatrix},\ e^{t}\begin{pmatrix}1\\1\\0\end{pmatrix},\ e^{t}\begin{pmatrix}1\\0\\1\end{pmatrix} \right\}.$$

演習問題 3.6 特性方程式は $(\lambda-1)^2(\lambda-2) = 0$ となる．$\lambda = 2$ では，$(0,1,1)^{\mathrm{T}}$ が対応する固有ベクトルになる．重根 $\lambda = 1$ のときは，対応する固有ベクトルは $\boldsymbol{a} = (1,1,0)^{\mathrm{T}}$ の定数倍しかない．そこで，標数 2 の一般化固有ベクトル $\boldsymbol{b}$ を $(A-I_d)\boldsymbol{b} = \boldsymbol{a}$ によって求めれば，$(0,0,-1)^{\mathrm{T}}$ を得る．よって解の基底は，

$$\left\{ e^{2t}\begin{pmatrix}0\\1\\1\end{pmatrix},\ e^{t}\begin{pmatrix}1\\1\\0\end{pmatrix},\ e^{t}\left(\begin{pmatrix}0\\0\\-1\end{pmatrix} + te^{t}\begin{pmatrix}1\\1\\0\end{pmatrix}\right) \right\}.$$

演習問題 3.7 解であることは微分してみればわかる．一次独立性を示すために一次結合をつくると，$c_1e^{\lambda t}\boldsymbol{a} + c_2e^{\lambda t}(\boldsymbol{b}+\boldsymbol{a}t) + c_3e^{\lambda t}(\boldsymbol{c}+\boldsymbol{b}t+\boldsymbol{a}\frac{t^2}{2}) = \boldsymbol{0}$．よって，$(c_1+c_2t+c_3\frac{t^2}{2})\boldsymbol{a}$ $+(c_2+c_3t)\boldsymbol{b}+c_3\boldsymbol{c} = \boldsymbol{0}$．$(A-\lambda I_d)$ を左から作用させれば $(c_2+c_3t)(A-\lambda)\boldsymbol{b}+c_3(A-\lambda)\boldsymbol{c}$ $= \boldsymbol{0}$．さらにもう一度 $(A-\lambda I_d)$ を左から作用させれば $c_3(A-\lambda)^2\boldsymbol{c} = \boldsymbol{0}$ となり，仮定か

ら $c_3 = 0$ となる．上の式から $c_2 = 0,\ c_1 = 0$ が順次導かれる．よって，一次独立である．

演習問題 3.8 (3.45) になればよい．

演習問題 3.9 任意のデータ $\boldsymbol{y}_0$ に対して，$\Phi(t+s)\boldsymbol{y}_0$ は，$t=0$ での初期値が $\Phi(s)\boldsymbol{y}_0$ の (3.14) の解とみなせる．よって，$\Phi(t+s)\boldsymbol{y}_0 = \Phi(t)\Phi(0)^{-1}\Phi(s)\boldsymbol{y}_0$ となる．$\boldsymbol{y}_0$ は任意だから，$\Phi(t+s) = \Phi(t)\Phi(0)^{-1}\Phi(s)$ となる．ここで $s=-t$ とおけば，$\Phi(0) = \Phi(t)\Phi(0)^{-1}\Phi(-t)$ を得る．これより $\Phi(t)^{-1} = \Phi(0)^{-1}\Psi(-t)\Phi(0)^{-1}$ となる．

演習問題 3.10 $\int_0^t \sum_{n=0}^{\infty} \frac{A^n t^n}{n!}\,dt = \sum_{n=0}^{\infty} \frac{A^n t^{n+1}}{(n+1)!} = A^{-1}\sum_{n=0}^{\infty}\frac{A^{n+1}t^{n+1}}{(n+1)!} = A^{-1}(e^{At}-I_d)$

演習問題 3.11 (1) 定義式を微分すれば $S'(t) = e^{At}$，$S''(t) = Ae^{At} = AS'(t)$．したがって，$\int_0^t S''(\sigma)\,d\sigma = S'(t) - I_d = A\int_0^t S'(\sigma)\,d\sigma = AS(t)$．よって $S'(t) = AS(t) + I_d$．これを 0 から t まで積分すれば求める関係式を得る．

(2) (1) の結果から，$\|S(t)\boldsymbol{x} - S(t)\boldsymbol{y}\| \le \|A\|\int_0^t \|S(\sigma)\boldsymbol{x} - S(\sigma)\boldsymbol{y}\|\,d\sigma + t\|\boldsymbol{x}-\boldsymbol{y}\|$．この右辺を $g(t)$ とおけば，$\|S(t)\boldsymbol{x} - S(t)\boldsymbol{y}\| \le g(t)$ かつ $g'(t) = \|A\|\,\|S(t)\boldsymbol{x} - S(t)\boldsymbol{y}\| + \|\boldsymbol{x}-\boldsymbol{y}\|$．よって，$g'(t) \le \|A\|g(t) + \|\boldsymbol{x}-\boldsymbol{y}\|$．この微分不等式を解けば，
$g(t) \le \|\boldsymbol{x}-\boldsymbol{y}\|\frac{1}{\|A\|}(1-e^{-\|A\|t})e^{\|A\|t}$ を得る．したがって，$M = 1/\|A\|,\ \omega = \|A\|$ とすれば題意の式が成り立つ．

演習問題 3.12 (1) 行列 A の特性方程式は $\det(A-\lambda) = -\lambda(\lambda+3)(\lambda-12) = 0$ となるから，固有値は $-3,\ 0,\ 12$ となる．それぞれに対応する A の固有ベクトルを求めれば，$(1,2,2)^{\mathrm{T}},\ (2,1,-2)^{\mathrm{T}},\ (2,-2,1)^{\mathrm{T}}$ となるから，解の基底は

$$\left\{ e^{-3t}\begin{pmatrix}1\\2\\2\end{pmatrix}, \begin{pmatrix}2\\1\\-2\end{pmatrix}, e^{12t}\begin{pmatrix}2\\-2\\1\end{pmatrix} \right\}.$$

(2) 上で得た固有ベクトルを使えば，変換行列 $P = \begin{pmatrix}1 & 2 & 2\\ 2 & 1 & -2\\ 2 & -2 & 1\end{pmatrix}$ によって A は以下のように対角化される：$P^{-1}AP = \begin{pmatrix}-3 & 0 & 0\\ 0 & 0 & 0\\ 0 & 0 & 12\end{pmatrix} =: J$．したがって，$e^{At}$ は以下のように計算できる：$e^{At} = e^{PJP^{-1}t} = Pe^{Jt}P^{-1}$

$$= \frac{1}{9}\begin{pmatrix} e^{-3t}+4+4e^{12t} & 2e^{-3t}+2-4e^{12t} & 2e^{-3t}-4+2e^{12t}\\ 2e^{-3t}+2-4e^{12t} & 4e^{-3t}+1+4e^{12t} & 4e^{-3t}-2-2e^{12t}\\ 2e^{-3t}-4+2e^{12t} & 4e^{-3t}-2-2e^{12t} & 4e^{-3t}+4+e^{12t} \end{pmatrix}.$$

$t=0$ で単位行列になることを確かめよう．固有値にゼロがあるということは，$A\boldsymbol{y} = 0$ となる定数解 $\boldsymbol{y}$ があるということであるが，これは非自明な，孤立していない平衡解 (平衡直線) があるということである．

演習問題 3.13 $A = \begin{pmatrix}2 & -1\\ 4 & -3\end{pmatrix}$ とおけば，例 3.8 から，推移行列は

$$e^{A(t-s)} = \begin{pmatrix} \frac{4}{3}e^{(t-s)} - \frac{1}{3}e^{-2(t-s)} & -\frac{1}{3}e^{(t-s)} + \frac{1}{3}e^{-2(t-s)}\\ \frac{4}{3}e^{(t-s)} - \frac{4}{3}e^{-2(t-s)} & -\frac{1}{3}e^{t} + \frac{4}{3}e^{-2(t-s)} \end{pmatrix}$$

となる．定数変化法の公式から，

$$\boldsymbol{y}(t)=\int_0^t e^{A(t-s)}\begin{pmatrix}e^s\\ e^{-s}\end{pmatrix}ds=\begin{pmatrix}(4t-\frac{1}{2})e^t+\frac{1}{2}(-1+e^{-t}+e^{-2t})\\ (4t-\frac{11}{6})e^t+\frac{9}{2}e^{-t}-\frac{8}{3}e^{-2t}\end{pmatrix}.$$

演習問題 3.14 定数変化法の公式から $\boldsymbol{u}(t)=e^{At}\boldsymbol{u}_0+\int_0^t e^{A(t-s)}\boldsymbol{f}(s)\,ds$. 一方, 仮定から A は正則で, 演習問題 3.10 の結果から, $\int_0^t e^{A(t-s)}\boldsymbol{f}_0\,ds=\int_0^t e^{As}ds\,\boldsymbol{f}_0=A^{-1}(e^{At}-I_d)\boldsymbol{f}_0$. したがって, $\boldsymbol{u}(t)+A^{-1}\boldsymbol{f}_0=e^{At}\boldsymbol{u}_0+\int_0^t e^{A(t-s)}(\boldsymbol{f}(s)-\boldsymbol{f}_0)\,ds+A^{-1}e^{At}\boldsymbol{f}_0$. ここで A の固有値の実部がすべて負であるから, 命題 4.2 から, $M>0$, $\mu>0$ が存在して, $\|e^{At}\|\le Me^{-\mu t}$ であり, $\lim_{t\to\infty}\|e^{At}\boldsymbol{u}_0\|=0$, $\lim_{t\to\infty}\|A^{-1}e^{At}\boldsymbol{f}_0\|=0$ となる. また, 任意の $T>0$ に対して, $t>T$ において, $\left\|\int_0^t e^{A(t-s)}(\boldsymbol{f}(s)-\boldsymbol{f}_0)\,ds\right\|\le M\int_0^t e^{-\mu(t-s)}\|\boldsymbol{f}(s)-\boldsymbol{f}_0\|\,ds=M\int_0^T e^{-\mu(t-s)}\|\boldsymbol{f}(s)-\boldsymbol{f}_0\|\,ds+M\int_T^t e^{-\mu(t-s)}\|\boldsymbol{f}(s)-\boldsymbol{f}_0\|\,ds$. ここで前者は $t\to\infty$ でゼロに収束し, 後者は T を十分に大きくとっておけば, 仮定の条件のどちらかが成り立てば任意に小さくできる. よって $\lim_{t\to\infty}\boldsymbol{u}(t)=-A^{-1}\boldsymbol{f}_0$ が示された.

演習問題 3.15 いま, θ を正数として $B+\theta I_d\ge 0$ とできるから, そのフロベニウス根 $r(B+\theta I_d)\ge 0$ と対応する非負固有ベクトル $\boldsymbol{\psi}=(\psi_1,\psi_2,\cdots,\psi_n)^{\mathrm{T}}\ge 0$ が存在する. $(B+\theta I_d)\boldsymbol{\psi}=r(B+\theta I_d)\boldsymbol{\psi}$ の要素の和をとれば, 仮定から $\sum_{j=1}^n b_{jk}=-\mu_k<0$ であることから, $\sum_{k=1}^n(-\mu_k+\theta)\psi_k=r(B+\theta I_d)\sum_{k=1}^n\psi_k$ であり, $r(B+\theta I_d)\le-\min_{1\le k\le n}\{\mu_k\}+\theta$ となるが, $r(B+\theta I_d)=\theta+s(B)$ であるから, $s(B)\le-\min_{1\le k\le n}\{\mu_k\}<0$ を得る. μ_k がすべてゼロのときは, $r(B+\theta I_d)=\theta$ であるから, $s(B)=0$ となる.

演習問題 3.16 平衡点を $\boldsymbol{y}^*$ とすれば, $0=A\boldsymbol{y}^*+\boldsymbol{b}$ である. もし $s(A)<0$ であれば, 補題 3.4 から $(-A)^{-1}$ が存在して正であるから, $\boldsymbol{y}^*=(-A)^{-1}\boldsymbol{b}\ge 0$ となる. すなわち正の平衡点がある. 逆に, $0=A\boldsymbol{y}^*+\boldsymbol{b}$ となる正のベクトル $\boldsymbol{y}^*$ が存在したとしよう. ペロン–フロベニウスの定理から $s(A)$ が固有値であり, 対応して非負の左固有ベクトルが存在する. それを $\boldsymbol{v}$ として左からかけると, $0=\langle\boldsymbol{v},A\boldsymbol{y}^*+\boldsymbol{b}\rangle=\langle\boldsymbol{v},A\boldsymbol{y}^*\rangle+\langle\boldsymbol{v},\boldsymbol{b}\rangle$. ここで, 仮定から $\langle\boldsymbol{v},\boldsymbol{b}\rangle>0$ であり, $\langle\boldsymbol{v},A\boldsymbol{y}^*\rangle=\langle\boldsymbol{v}A,\boldsymbol{y}^*\rangle=s(A)\langle\boldsymbol{v},\boldsymbol{y}^*\rangle$ となる. $\langle\boldsymbol{v},\boldsymbol{y}^*\rangle>0$ であるから, $s(A)=-\frac{\langle\boldsymbol{v},\boldsymbol{b}\rangle}{\langle\boldsymbol{v},\boldsymbol{y}^*\rangle}<0$ となる. 正の平衡点を $\boldsymbol{y}^*$ とすれば, $(\boldsymbol{y}-\boldsymbol{y}^*)'=A(\boldsymbol{y}-\boldsymbol{y}^*)$ であるから, $\boldsymbol{y}=\boldsymbol{y}^*+e^{At}(\boldsymbol{y}(0)-\boldsymbol{y}^*)$ であり, $s(A)<0$ であるから, $\lim_{t\to\infty}e^{At}=0$, すなわち, $\lim_{t\to\infty}\boldsymbol{y}(t)=\boldsymbol{y}^*$ となる.

演習問題 3.17 推移強度行列の対角要素は死力を含み, 負であるが, 最大年齢以下の年齢の近傍では, ある大きな整数 $\alpha>0$ をとれば, $\alpha I_d+Q(a)\ge 0$ となる. 前進方程式を常微分方程式とみて, $\frac{dL(b,a)}{da}=-\alpha L(b,a)+(\alpha I_d+Q(b))L(b,a)$ と変形して, これを非同次の線形微分方程式とみなすと, $L(b,a)=e^{-\alpha(b-a)}I_d+\int_a^b e^{-\alpha(b-x)}(\alpha I_d+Q(x))L(x,a)\,dx$. これは非負の不動点問題で, 逐次近似で解を構成できる. 非負の列 $L_n(b,a)=e^{-\alpha(b-a)}I_d+\int_a^b e^{-\alpha(b-x)}(\alpha I_d+Q(x))L_{n-1}(x,a)\,dx$, $L_0(b,a)=e^{-\alpha(b-a)}I_d$ をつくれば $L(b,a)=\lim_{n\to\infty}L_n(b,a)$ となるから, $L(b,a)$ は非負である.

演習問題 3.18 まず, 周期関数 p については, $\int_t^{t+\theta}p(x)\,dx=\int_0^\theta p(x)\,dx$ となることを示しておく. これは左辺を微分すると, 周期性からゼロになることからわかる. $y(t)=$

$y(0)\exp(\int_0^t p(x)\,dx)$ であるから，$y(t+\theta)=y(t)$ であれば $\int_t^{t+\theta} p(x)\,dx = \int_0^\theta p(x)\,dx$ $=0$ となる必要がある．逆に $\int_0^\theta p(x)\,dx=0$ であれば, $y(t+\theta)=y(0)\exp(\int_0^{t+\theta} p(x)\,dx)$ $=y(t)\exp(\int_0^\theta p(x)\,dx)=y(t)$ となる．よって条件は $\int_0^\theta p(x)\,dx=0$ である．

演習問題 3.19 リューヴィルの定理 (3.13) から $\det\Phi(\theta)=\det\Phi(0)\exp\Bigl(\int_0^\theta \mathrm{tr}A(s)\,ds\Bigr)$ なので，以下が成り立つ：$\det C=\prod_{j=1}^n \lambda_j=\exp\Bigl(\theta\sum_{j=1}^n \rho_j\Bigr)=\exp\Bigl(\int_0^\theta \mathrm{tr}A(s)\,ds\Bigr)$.

演習問題 3.20 $k=[t/T]$ とする．ただし $[a]$ は a を超えない最大の自然数を表す．このとき，$kT\le t<(k+1)T$ である．よって，$\frac{1}{(k+1)T}\int_0^{kT}\alpha(s)\,ds<\frac{1}{t}\int_0^t\alpha(s)\,ds<\frac{1}{kT}\int_0^{(k+1)T}\alpha(s)\,ds$. ここで，周期性から $\int_0^{kT}\alpha(s)\,ds=k\alpha^*T$ であるから，$\frac{kT}{(k+1)T}\alpha^*<\frac{1}{t}\int_0^t\alpha(s)\,ds<\frac{(k+1)T}{kT}\alpha^*$. $k\to\infty$ で不等式の左右は α^* に収束するから結論を得る．

第4章

演習問題 4.1 (1) $x'=0,\ y'=0$ となるのは，$2x+y-1=0$ となる直線上のすべての点であり，それらが平衡点である．そこで，(x^*,y^*) を上記の平衡直線上の任意の点として，それを原点にするために，新しい変数 (u,v) を $x=x^*+u,\ y=y^*+v$ と定義すれば，$\frac{d}{dt}\begin{pmatrix}u\\v\end{pmatrix}=\begin{pmatrix}-6&-3\\2&1\end{pmatrix}\begin{pmatrix}u\\v\end{pmatrix}$. この係数行列の固有値は 0, -5 で，それぞれの対応する固有ベクトルは $(1,-2)^{\mathrm{T}}$, $(-3,1)^{\mathrm{T}}$ であるから，$\begin{pmatrix}1&-2\\-3&1\end{pmatrix}$ を変換行列にすると，係数行列は対角型 $\begin{pmatrix}0&0\\0&-5\end{pmatrix}$ になる．すなわち，平衡直線上の点は安定であるが，漸近安定ではない．また，$(x+3y)'=0$ であるから，C を任意定数として $x+3y=C$ となる．

(2) (a,b) を通る場合は，$C=a+3b$ である．$y'=2x+y-1$ から x を消去して，$y'=-5y+(2C-1)$. これを解いて，$y(t)=be^{-5t}+\frac{1}{5}(1-e^{-5t})(2(a+3b)-1)$, $x(t)=(a+3b)-3y(t)$ となる．

演習問題 4.2 定理 4.1 から，解が有界となるのは原点が漸近安定であるか，安定である場合である．したがって，任意の固有値 λ_k に対して $\Re\lambda_k\le 0$ であり，$\Re\lambda_k=0$ の場合は，λ_k の代数的重複度と幾何学的重複度が一致する，ことが必要十分である．

演習問題 4.3 仮定から, V は x^* 近傍で正定符号な関数で, $\frac{d}{dt}V=mv\cdot v'+\mathrm{grad}\,\Phi(x)\cdot x'$ $=0$ であるから，V はリアプノフ関数で，V が定数 (エネルギー保存) なので，x^* は安定な平衡点である．

演習問題 4.4 (1) 原点でのヤコビ行列は $\begin{pmatrix}0&-4&0\\1&0&0\\0&0&0\end{pmatrix}$ となるから，固有値は 0, $\pm 2i$ となり双曲型ではない．

(2) $\dot V=2ax\dot x+2by\dot y+2cz\dot z$ に方程式の右辺を代入すれば，$\dot V=(4a-2b+2c)xyz+(-8a+2b)xy$ となる．これが定符号になるためには係数がゼロであればよい．$4a=b=2c$ とすれば，$\dot V=0$ となる．よって原点は安定であるが，漸近安定ではない．

演習問題 4.5 任意の $t\in\mathbb{R}_+$ で $\phi_t(M)=M$ であれば，$\phi_{-t}(M)=M$ となることを示せばよい．仮定から，任意の $x\in M$ に対して，ある $y\in M$, $t\ge 0$ が存在して

$x = \phi_t(y)$ となる．したがって，$\phi_{-t}(x) = y \in M$ であるから，$\phi_{-t}(M) \subset M$ である．一方，$x = \phi_{-t} \cdot \phi_t(x)$ より，$M \subset \phi_{-t}(M)$ である．よって，$\phi_{-t}(M) = M$ となる．

演習問題 4.6 $\frac{d}{dt}(x^2+y^2) = 2y^2(r - x^2 - ay^2)$ である．このとき，$r - a(x^2+y^2) \leq r - x^2 - ay^2 \leq r - (x^2+y^2)$ なので，$x^2+y^2 = \frac{r}{a}$ ならば $\frac{d}{dt}(x^2+y^2) \geq 0$ で，$x^2+y^2 = r$ ならば $\frac{d}{dt}(x^2+y^2) \leq 0$ となるので，軌道は半径が r/a と r の 2 つの円に囲まれた円環状領域に閉じ込められている．その中には定常点はないから，周期軌道が存在する．

演習問題 4.7 $A(t) = \begin{pmatrix} -2\cos^2 t & -2\cos t \sin t - 1 \\ -2\cos t \sin t + 1 & -2\sin^2 t \end{pmatrix}$

演習問題 4.8 (1) $(x+y+z)' = 0$ なので，$x+y+z$ は保存される．$x(0) > 0$ であるから，最初に $x(t) = 0$ になる点を考えると，そこで $x' = \mu > 0$ なので矛盾．$y' = [-(\mu+\gamma) + \beta(x + \sigma z)]y$ より $y(t) > 0$ である等々．

(2) 仮定のもとで以下の不等式が成り立つ：$y' \leq -(\mu+\gamma)y + \beta y = (\gamma+\mu)(R_0 - 1)y$．よって，$y(t) \leq y(0)\exp((\gamma+\mu)(R_0-1)t) \to 0$．また z に関しては，$z' \leq -\mu z + \gamma y$ より $z(t) \leq z(0)e^{-\mu t} + \int_0^t e^{-\mu(t-s)}\gamma y(s)\,ds$ より $z(t) \to 0$ が従う．

(3) (x^*, y^*, z^*) を定常解とすると，$x' = 0$, $z' = 0$ の式から $x^* = \frac{\mu}{\mu+\beta y^*}$，$z^* = \frac{\gamma y}{\mu+\beta\sigma y^*}$ となるが，これを $y' = 0$ の式に入れると，$y^* \neq 0$ であれば，$1 = R_0(x^* + \sigma z^*) = R_0(\frac{\mu}{\mu+\beta y^*} + \frac{\sigma\gamma y^*}{\mu+\beta\sigma y^*})$ という特性関係を得る．そこで，$f(y) := R_0(\frac{\mu}{\mu+\beta y} + \frac{\sigma\gamma y}{\mu+\beta\sigma y})$ とおけば，$f(y) = 1$ が正根を区間 $(0,1)$ でもてば，正の内部平衡点が存在することになる．ところが $f(0) = R_0 > 1$, かつ $f(1) = \frac{\beta}{\mu+\gamma}(\frac{\mu}{\mu+\beta} + \frac{\sigma\gamma}{\mu+\beta\sigma}) \leq \frac{\beta}{\mu+\gamma}(\frac{\mu}{\mu+\beta} + \frac{\gamma}{\beta}) < 1$ となる．したがって，区間 $(0,1)$ に少なくとも一つの根があり，内部平衡点が少なくとも一つ存在する．

(4) $R_0 = 1$ でかつ $\sigma > 1 + \frac{\mu}{\gamma}$ であれば $f(0) = 1$, $f'(0) > 0$ であり，また，上記の考察から $f(1) < 1$ となることは変わらない．そこで，$f(y) = 1$ となる根が区間 (0,1) に存在する．

(5) 背理法による．主張を否定すると，任意の $\epsilon > 0$ に対して，$\limsup_{t\to\infty} y(t) < \epsilon$ となるような解 $y(t)$ (ただし $y(0) > 0$) が存在する．したがって，ある $t_0 > 0$ が存在して，$t \geq t_0$ で $y(t) \leq \epsilon$ となる．$z' \leq -\mu z + \gamma y$ より，$t \geq t_0$ において $z(t) \leq z(t_0)e^{-\mu(t-t_0)} + \frac{\gamma\epsilon}{\mu}(1 - e^{-\mu(t-t_0)})$． よって，$t_1 > t_0$ を十分大きくとれば，$t > t_1$ で $z(t) < \frac{2\gamma\epsilon}{\mu}$ となる．そこで $t > t_1$ では，$x = 1 - y - z \geq 1 - \epsilon - \frac{2\gamma\epsilon}{\mu}$，$\frac{y'}{y} = -(\mu+\gamma) + \beta(x + \sigma z) \geq -(\mu+\gamma) + \beta(1 - \epsilon - \frac{2\gamma\epsilon}{\mu}) = (\mu+\gamma)(-1 + R_0(1 - \epsilon - \frac{2\gamma\epsilon}{\mu}))$．そこで，$\epsilon < \frac{R_0 - 1}{R_0(1+\frac{2\gamma}{\mu})}$ とあらかじめ ϵ を選んでおけば，$t > t_1$ で常に $y'/y > 0$ であって，$y \to \infty$ となる．これは矛盾である．

第5章

演習問題 5.1 微分方程式系 (5.4), (5.5) に対して，初期条件を $(S(0), R(0)) = ((1-p)N_0, pN_0)$ とおく．このとき，$f(a) = S(a)/N(a)$ は，初期条件 $f(0) = 1 - p$ と微分方程式 (5.8) を満たす．これより，$f(a) = \frac{1}{q + (\frac{1}{1-p} - q)e^{\lambda a}}$ を得る ($p = 0$ のときは，(5.9) を得

ることに注意). $N(a)$ が満たす微分方程式は, $N'(a)=-\left(\mu(a)+\frac{\lambda q}{q+(\frac{1}{1-p}-q)e^{\lambda a}}\right)N(a)$ であり, このとき, 個体が出生してから年齢 a となるまで生存する確率 (生存確率) は $\mathcal{F}^{**}(a)=e^{-\int_0^a \mu(s)ds}\left(1-(1-p)q+(1-p)qe^{-\lambda a}\right)$ である. したがって, $\mu(a)\equiv\mu$ (定数) としたときを考えると, 個体の平均寿命は $\int_0^\infty \mathcal{F}^{**}(a)\,da=\frac{1-(1-p)q}{\mu}+\frac{(1-p)q}{\mu+\lambda}$ と求められる.

演習問題 5.2 (5.19) は変数分離形であるから, $\frac{r-ay}{y}dy=\frac{-s+bx}{x}dx$ として積分すれば, $r\log y-ay=-s\log x+bx+C$ を得る. ここで C は任意定数である. よって $y^r x^s=\exp(bx+ay+C)$.

演習問題 5.3 H をハミルトニアンとして, ハミルトン系のヤコビ行列は

$$J=\begin{pmatrix}\frac{\partial^2 H}{\partial u\partial v} & \frac{\partial^2 H}{\partial v^2}\\ -\frac{\partial^2 H}{\partial u^2} & -\frac{\partial^2 H}{\partial v\partial u}\end{pmatrix}=\begin{pmatrix}A & B\\ -C & -A\end{pmatrix}$$ となる. ここで, $A:=\frac{\partial^2 H}{\partial u\partial v}$, $B:=\frac{\partial^2 H}{\partial v^2}$, $C:=\frac{\partial^2 H}{\partial u^2}$ である. したがって, 固有方程式は $(A-\lambda)(-A-\lambda)+BC=0$ となるが, これから, $\lambda^2=A^2-BC$ となる. したがって, 固有値 λ は実数であるか, 純虚数である.

演習問題 5.4 H は非負かつ (x^*,y^*) のみでゼロとなる. (5.24) を軌道に沿って微分すれば $\frac{dH}{dt}=-\frac{\lambda_1}{k_1}(x-x^*)^2-\frac{\lambda_2}{k_2}(y-y^*)^2\le 0$ となり, dH/dt は負定符号である. よって $P_2=(x^*,y^*)$ は漸近安定.

演習問題 5.5 $y=g(x)$ のグラフは x^* で上から下へ $y=x$ を横切るから, $g'(x^*)=R_0g(x^*)=R_0x^*=R_\infty<1$ となる. よって, 最終再生産数は 1 より小さい.

演習問題 5.6 $dI/dS=-1+\frac{\gamma}{\beta}\frac{1}{S}$ だから, f は $S^*=\gamma/\beta$ で最大値をとり, $f(S^*)=N(R_0-1+\log R_0)/R_0$ である.

演習問題 5.7 (5.37) から $1-p^*\le e^{-R_0p^*}$ であるが, (5.34) から, このような p^* はゼロであるか, $p^*\ge p$ を満たす. いま, p^* は正であるから, $p^*\ge p$ となる. $R_0\le 1$ の場合, $p=0$ と解釈すれば, この評価は常に成り立つ.

演習問題 5.8 (1) x, y が非負なことは方程式の形から明らか. z に関しては定数変化法の公式を使う. $x+y+z$ は定数なので Ω が正不変となる. $x(0)=0$ ならば x は恒等的にゼロなので Ω_0 も正不変.

(2) Ω_0 上では 2 次元のシステムになるが, $z=1-y$ として, さらに 1 次元の y に関するベルヌーイ型の方程式がでてくる : $y'=(\sigma\beta-\gamma)y-\beta\sigma y^2$. よって, $\sigma R_0>1$ ならば $y^*=1-1/\sigma R_0$ が大域安定で, $\sigma R_0\le 1$ ならば $y=0$ が大域安定となる. 証明は前者は具体的に解を書けばよい. 後者は, $\sigma R_0<1$ のところは微分不等式からでる. 臨界的なケース $\sigma\beta-\gamma=0$ は, 具体的に解けばよい.

(3) dx/dz をつくると, $\frac{dx}{dz}=\frac{-\beta x}{\gamma-\sigma\beta z}$ となって変数分離形なので, 積分できて $V(x,z)=x^{-\sigma}(z-\frac{1}{\sigma R_0})=\mathrm{const.}$ になる.

(4) x は単調減少, 非負なので $\lim_{t\to\infty}x(t)=x(\infty)$ が存在する. (x,z) の保存量 V があるから $\lim_{t\to\infty}z(t)=z(\infty)$ も存在する. $y=1-x-z$ なので, $\lim_{t\to\infty}y(t)=y(\infty)$ も存在する. これらは平衡点でなければならないが, $\sigma R_0\le 1$ ならば $y(\infty)>0$ となる平衡点はないので $y(\infty)=0$ である.

(5) $\sigma R_0 > 1$ であれば $(x^*, 0, 1-x^*)$, $(0, 1-1/\sigma R_0, 1/\sigma R_0)$ という 2 種類の平衡点がある．ただし，$x^* \in [0,1]$ である．そこで $y(\infty) > 0$ となることを示せばよい．$\frac{y'}{y} = -\gamma + \beta(x + \sigma z)$．もし $y(\infty) = 0$ であれば，$x(\infty) + z(\infty) = 1$ であるから，$-\gamma + \beta(x(\infty) + \sigma z(\infty)) = \beta(x(\infty) + \sigma z(\infty) - 1/R_0) > \beta(x(\infty) + \sigma z(\infty) - \sigma) = \beta(1-\sigma)x(\infty)$．よって，$1-\sigma > 0$ であれば，$t = \infty$ の近傍で $y'/y > 0$ となるから矛盾である．

演習問題 5.9 ウィルスや感染細胞のない平衡点 $(S_0, 0, 0)$ におけるヤコビ行列は $J(S_0, 0, 0)$ $= \begin{pmatrix} 0 & -\beta_1 S_0 & -\beta_2 S_0 \\ 0 & \beta_1 S_0 - \gamma & \beta_2 S_0 \\ 0 & \epsilon & -\alpha \end{pmatrix}$ であるから，特性方程式は $\lambda(\lambda^2 + A\lambda + B) = 0$ となる．ここで，$A := \alpha + \gamma - \beta_1 S_0$, $B := -\alpha(\alpha - A) - \epsilon\beta_2 S_0$ である．このとき 1 つの固有値が正であるためには $B < 0$ であることが必要十分となる．$B < 0$ を変形すれば (5.39) が得られる．この平衡点における線形化システムの解は，(5.38) の解を上から評価しているから，$B \geq 0$ であれば，平衡点 $(S_0, 0, 0)$ は大域的に安定である．

演習問題 5.10 (1) 境界におけるベクトル場の方向をみることで，非負の初期データに対しては，$t > 0$ で解は非負であることがわかる．そこで，初期データを Ω 内にとれば $(x+y)' \leq \lambda - \mu(x+y)$ となるから，$x + y \leq \lambda/\mu$ を得る．また，$z' \leq \frac{\delta\lambda}{\mu} - \epsilon z$ から z の上限評価が導ける．

(2) 平衡点を $(x^*.y^*, z^*)$ とすれば，$x^* = \frac{\epsilon\gamma}{\epsilon\beta_1 + \delta\beta_2}$, $y^* = x^* \frac{\mu}{\gamma}(R_0 - 1) = \frac{\epsilon}{\delta} z^*$ となるから，正の平衡点が $R_0 > 1$ でただ一つ存在する．これが Ω 内にあることは，$\frac{\lambda}{\mu} = x^* + \frac{\gamma}{\mu} y^* \geq x^* + y^*$ などから明らか．

(3) 境界上に自明な定常解 $(\lambda/u, 0, 0)$ が 1 つだけあることは明らか．そこでの線形化方程式は $y' = \frac{\lambda}{\mu}(\beta_1 y + \beta_2 z) - \gamma y$, $z' = \delta y - \epsilon z$ であるから，固有方程式は $f(v) := v^2 + (-(\lambda\beta_1/\mu) + \gamma + \epsilon)v + f(0)$, $f(0) = -\epsilon\gamma(R_0 - 1)$ となる．$R_0 < 1$ のとき $f(0) > 0$ で，f の軸は原点より左側にある：$(\lambda\beta_1/\mu) - \gamma - \epsilon < -\epsilon + \gamma(R_0 - 1) < 0$．したがって，固有方程式の根の実部はすべて負であり，自明定常解は局所漸近安定である．また，$t > 0$ で軌道が Ω 内にあることから，(y, z) に関して以下の微分不等式が成立する：$y' \leq \frac{\lambda}{\mu}(\beta_1 y + \beta_2 z) - \gamma y$, $z' = \delta y - \epsilon z$．すなわち，自明定常解における線形化方程式の解軌道によって上から評価されるから，自明定常解の局所漸近安定性から，大域的な安定性が導かれる．

演習問題 5.11 第 1 章のロジスティック方程式の $P(t)$ の式において $K = (\beta N - \gamma)/\beta$, $r = \beta N - \gamma$ とすればよい．

演習問題 5.12 $f(I) = (\beta N - \gamma - \beta I)I$ とすると，$f'(I) = \beta N - \gamma - 2\beta I$ を得る．平衡点 $I = 0$ において，$f'(0) = \beta N - \gamma = \gamma(R_0 - 1)$ であり，これは 1 次元のヤコビ行列の固有値とみなせる．したがって，平衡点 0 は $R_0 < 1$ ならば漸近安定であり，$R_0 > 1$ ならば不安定である．一方，平衡点 $I = I^* = N - \gamma/\beta$ において，$f'(I^*) = \gamma - \beta N = \gamma(1 - R_0)$ である．したがって，平衡点 I^* は ($I^* < 0$ も含めて考えると) $R_0 < 1$ ならば不安定であり，$R_0 > 1$ ならば漸近安定である．

演習問題 5.13 1.4 節と同様に解くと,

$$R(t)=\begin{cases}\frac{R(0)}{\frac{\beta R_0}{2}R(0)t+1}, & R_0=1,\\ \frac{\gamma(R_0-1)R(0)}{\frac{\beta R_0}{2}R(0)[1-e^{-\gamma(R_0-1)t}]+\gamma(R_0-1)e^{-\gamma(R_0-1)t}}, & R_0\neq 1.\end{cases}$$

演習問題 5.14 $a:=\gamma[N-S(0)]$, $b:=\beta S(0)-\gamma$, $c:=\beta^2 S(0)/(2\gamma)$ とすると, (5.47) は $\frac{dR}{dt}=a+bR-cR^2$ と書き換えられる．a,c はともに正なので, (5.47) はただ一つの正の平衡解 $R^*:=\frac{b+\sqrt{b^2+4ac}}{2c}$ をもつ．$W:=R-R^*$ とすると, (5.47) は $\frac{dW}{dt}=(b-2cR^*-cW)W=(d-cW)W$ と書き換えられる．ただし $d:=b-2cR^*=-\sqrt{b^2+4ac}$ とした．これはベルヌーイ型の方程式なので, 演習問題 5.13 と同様に, $W(t)=\frac{dW(0)}{cW(0)(1-e^{-dt})+de^{-dt}}$ を得る．$R=W+R^*$ なので $R(t)=\frac{d[R(0)-R^*]}{c[R(0)-R^*](1-e^{-dt})+de^{-dt}}+R^*$ を得る (もとの記号を用いて表すと煩雑になるため，この表現にとどめる．).

演習問題 5.15 一般の 2 次正方行列を $A=\begin{pmatrix}a & b\\ c & d\end{pmatrix}$ と表すと，その固有値は $\frac{a+d\pm\sqrt{(a+d)^2-4(ad-bc)}}{2}=\frac{\tau\pm\sqrt{\tau^2-4\Delta}}{2}$ である．ここで $\tau:=a+d$ は行列 A のトレース, $\Delta:=ad-bc$ は行列式である．この式より，$\tau<0$ かつ $\Delta>0$ ならば，固有値はいずれも負の実部をもつことがわかる．

演習問題 5.16 平衡点の存在と一意性については明らかなので，安定性を調べる．ヤコビ行列は $\begin{pmatrix}-\beta I-\mu & -\beta S\\ \beta I & \beta S-(\mu+\gamma)\end{pmatrix}$ である．感染症のない平衡点 $E_0=(b/\mu,0)$ においては $\begin{pmatrix}-\mu & -\beta\frac{b}{\mu}\\ 0 & \beta\frac{b}{\mu}-(\mu+\gamma)\end{pmatrix}=\begin{pmatrix}-\mu & -\beta\frac{b}{\mu}\\ 0 & (\mu+\gamma)(R_0-1)\end{pmatrix}$ なので，固有値は $-\mu$ と $(\mu+\gamma)(R_0-1)$ である．よって，$R_0<1$ ならば固有値はいずれも負であるため E_0 は漸近安定であり，$R_0>1$ ならば $(\mu+\gamma)(R_0-1)$ が正となるため E_0 は不安定である．エンデミックな平衡点 $E^*=(S^*,I^*)$ においては $\begin{pmatrix}-\beta I^*-\mu & -\beta S^*\\ \beta I^* & \beta S^*-(\mu+\gamma)\end{pmatrix}=\begin{pmatrix}-\beta I^*-\mu & -(\mu+\gamma)\\ \beta I^* & 0\end{pmatrix}$ である．$R_0>1$ ならば $I^*>0$ であるため, トレースは $-\beta I^*-\mu<0$ を満たし，行列式は $(\mu+\gamma)\beta I^*>0$ を満たす．よって，固有値はいずれも負の実部をもつため，E^* は漸近安定である．

演習問題 5.17 ループ $(1\to 1,\ 2\to 2,\ 3\to 3)$ に対応する項は

$$\begin{aligned}&w_1\alpha_{11}\left(2-\frac{S_1^*}{S_1}-\frac{S_1}{S_1^*}\right)+w_2\alpha_{22}\left(2-\frac{S_2^*}{S_2}-\frac{S_2}{S_2^*}\right)+w_3\alpha_{33}\left(2-\frac{S_3^*}{S_3}-\frac{S_3}{S_3^*}\right)\\ &=(\alpha_{21}\alpha_{31}+\alpha_{23}\alpha_{31}+\alpha_{32}\alpha_{21})\alpha_{11}\left(2-\frac{S_1^*}{S_1}-\frac{S_1}{S_1^*}\right)\\ &\quad+(\alpha_{12}\alpha_{32}+\alpha_{13}\alpha_{32}+\alpha_{31}\alpha_{12})\alpha_{22}\left(2-\frac{S_2^*}{S_2}-\frac{S_2}{S_2^*}\right)\\ &\quad+(\alpha_{13}\alpha_{23}+\alpha_{12}\alpha_{23}+\alpha_{21}\alpha_{13})\alpha_{33}\left(2-\frac{S_3^*}{S_3}-\frac{S_3}{S_3^*}\right)\end{aligned}$$

である．長さ 2 のサイクル $(1\to 2\to 1,\ 1\to 3\to 1,\ 2\to 3\to 2)$ に対応する項は

$$
\begin{aligned}
&(\alpha_{31}+\alpha_{32})\alpha_{12}\alpha_{21}\left(4-\tfrac{S_1^*}{S_1}-\tfrac{S_2^*}{S_2}-\tfrac{S_1I_1^*I_2}{S_1^*I_1I_2^*}-\tfrac{S_2I_2^*I_1}{S_2^*I_2I_1^*}\right)\\
&\quad+(\alpha_{21}+\alpha_{23})\alpha_{13}\alpha_{31}\left(4-\tfrac{S_1^*}{S_1}-\tfrac{S_3^*}{S_3}-\tfrac{S_1I_1^*I_3}{S_1^*I_1I_3^*}-\tfrac{S_3I_3^*I_1}{S_3^*I_3I_1^*}\right)\\
&\quad+(\alpha_{12}+\alpha_{13})\alpha_{23}\alpha_{32}\left(4-\tfrac{S_2^*}{S_2}-\tfrac{S_3^*}{S_3}-\tfrac{S_2I_2^*I_3}{S_2^*I_2I_3^*}-\tfrac{S_3I_3^*I_2}{S_3^*I_3I_2^*}\right)
\end{aligned}
$$

である．長さ 3 のサイクル $(1\to2\to3\to1,\ 1\to3\to2\to1)$ に対応する項は

$$
\begin{aligned}
&\alpha_{12}\alpha_{23}\alpha_{31}\left(6-\tfrac{S_1^*}{S_1}-\tfrac{S_2^*}{S_2}-\tfrac{S_3^*}{S_3}-\tfrac{S_1I_1^*I_2}{S_1^*I_1I_2^*}-\tfrac{S_2I_2^*I_3}{S_2^*I_2I_3^*}-\tfrac{S_3I_3^*I_1}{S_3^*I_3I_1^*}\right)\\
&\quad+\alpha_{13}\alpha_{32}\alpha_{21}\left(6-\tfrac{S_1^*}{S_1}-\tfrac{S_2^*}{S_2}-\tfrac{S_3^*}{S_3}-\tfrac{S_1I_1^*I_3}{S_1^*I_1I_3^*}-\tfrac{S_3I_3^*I_2}{S_3^*I_3I_2^*}-\tfrac{S_2I_2^*I_1}{S_2^*I_2I_1^*}\right)
\end{aligned}
$$

である．これらをすべて足したものが答えとなる．

演習問題 5.18 全人口サイズを $N(t) := \langle e, x\rangle$ とすれば，$x = N(t)z$ であり，$N'(t) = \langle e, x'\rangle = \langle e, f(x)\rangle = \langle e, f(z)\rangle N(t)$．よって，$N(t) = N(0)\exp\left(\int_0^t \langle e, f(z(s))\rangle\, ds\right)$．したがって，(5.85) を得る．

索　引

■さ 行

■た　行

■な　行

■は　行

■ま　行

■や　行

■ら　行

■わ

■人　名

著者略歴

稲　葉　　寿
いな　ば　　ひさし

1957年　神奈川県茅ヶ崎市に生まれる
1982年　京都大学理学部数学系卒
1989年　ライデン大学 Ph.D.
現　在　東京大学名誉教授・東京学芸大学特任教授

國　谷　紀　良
くに　や　とし　かず

1985年　神奈川県横浜市に生まれる
2013年　東京大学大学院数理科学研究科博士後期課程修了．博士(数理科学)
現　在　神戸大学大学院システム情報学研究科教授・同大学高等学術研究院卓越教授

中　田　行　彦
なか　た　ゆき　ひこ

1983年　奈良県奈良市に生まれる
2010年　早稲田大学大学院基幹理工学研究科博士後期課程修了．博士(理学)
現　在　青山学院大学理工学部准教授

2024年10月15日　　初　版　発　行

生命と社会の数理モデルのための
微分方程式入門

　　　　稲　葉　　寿
著　者　國　谷　紀　良
　　　　中　田　行　彦
発行者　山　本　　格

発 行 所　株式会社　培　風　館

東京都千代田区九段南4-3-12・郵便番号102-8260
電 話(03)3262-5256(代表)・振 替 00140-7-44725

平文社印刷・牧 製本

PRINTED IN JAPAN

ISBN 978-4-563-01174-1 C3041